ラクラクわかる！

ボイラー整備士試験 集中ゼミ

小谷松 信一 著

読者の皆さまへ

本書は『ボイラー整備士試験 精選問題集』を、技術の進歩、出題傾向の変化などに合わせて大幅に改題改訂した書籍です。年2回の公表問題過去18年（36回）分を分類し、分析を行い抽出した最新の問題に対応した解説の充実、「よく出る問題」の更新、各「レッスン」の終わりに一問一答の「おさらい問題」の追加、「模擬試験」を2回分など、充実を図りました。

ボイラー整備士の資格は、一定の規模以上のボイラーや第一種圧力容器の整備業務には不可欠な資格です。近年ボイラー等が高度に発展し、その整備にも正しい知識と高い技術、および技能が要求されています。現場で技術・技能を磨かれている皆さまには是非ボイラー整備士の資格を取得して、その実力を遺憾なく発揮する場を作っていただきたいと思います。

本書は、公表問題をもとに学期ごとに出題傾向をまとめ、各「レッスン」に重要度を記載し、出題回数に基づき「よく出る問題」に出題頻度を表示しています。また、各レッスンの終わりには、解答に関係した問題を全て網羅した一問一答形式の「おさらい問題」を配しました。

計算問題が多い試験では、計算問題を解答するサブノートを作らなければなりませんが、ボイラー整備士試験のように幅広い知識が要求される試験では、書いて覚えるより、繰り返し読み込んで覚えるやり方のほうが効率的だと思われます。本書では、解説をできるだけ箇条書きにまとめ、サブノートとして活用できるように作成しました。

巻末の「模擬試験」は、出題頻度の高い問題を中心に試験問題を再現しました。ひと通り学習が終わりましたら、実力測定として活用し、不確実な箇所や間違えたところは各レッスンに戻り、繰り返し学習をしてください。

本書を活用して一人でも多くの方が合格され、ボイラー整備士としてご活躍される一助となれば幸いです。

2024年10月

小谷松 信一

本書の特徴

本書は、これまでとはまったく違う発想のもとに編集された受験参考書です。

平成18年から、年2回の公表問題36回分を分類、集計し、各学期の出題傾向を表にまとめ、これをもとに各レッスンに重要度を付け、よく出る問題には出題頻度を付けて、わかりやすくまとめました。

以下に、その特徴を列記します。

(1) 各学期の最初に過去36回分の公表問題を分類・分析し「出題傾向」として表にまとめた。

(2) 原則、各レッスンの節ごとに見開き2ページとし、偶数ページ（左側）に解説、奇数ページ（右側）には、「よく出る問題」を配置し、左側で学習した内容をどれだけ理解しているかを、右側で確認できるように工夫した。

　また、各レッスンの最終ページには、試験の解答に関係した問題を集め、「一問一答」として「おさらい問題」を設けた。

(3) 解説は、簡潔明瞭を心がけ、わかりやすい箇条書きとした。重要箇所は太字として、読者のサブノート作成の手間を省略し、読んで覚える参考書となるよう心がけた。

(4) 図や表を多く掲載し、視覚的に理解しやすいよう配慮した。

(5) 各レッスンの節ごとに右肩に鉛筆マークを付け、重要度のランク付けをした。

　　：よく出題されるので必ず学ぼう
　　：比較的出題されやすいので取り組もう
　　：あまり出題されないができれば取り組もう

「よく出る問題」にも同様の趣旨で出題頻度のランク付けをした。

　　：よく出題されるので必ず理解しよう
　　：比較的出題されやすいので理解しよう
　　：あまり出題されないができれば理解しよう

合格への心構え

ボイラー整備士試験は、受験者の皆さまを落とすための試験ではなく、毎回これだけは覚えてほしいという箇所が出題されています。つまり、突飛な問題はあまり出ません。

したがって、学習にあたってはできるだけ間隔を空けずに、1日30分以上は参考書を繰り返し読み込むことを目標として、理解の定着を図りましょう。計算が必要な箇所や化学薬品名など覚えにくい箇所は、ノートにポイントを箇条書きにまとめて、覚えるようにしましょう。

また、試験合格には、問題の解答力が必要です。「よく出る問題」、一問一答の「おさらい問題」「模擬試験」などの問題を繰り返し解くことが大切です。

目　次

1 学期　ボイラーおよび第一種圧力容器の整備の作業に関する知識

3学期 関係法令

レッスン1 ボイラーおよび圧力容器安全規則

レッスン2 構造規格

4学期 ボイラーおよび第一種圧力容器に関する知識

レッスン1 ボイラーおよび圧力容器の定義および構造

レッスン2 材料および工作

レッスン3 附属設備および附属装置

ボイラーおよび第一種圧力容器の整備の作業に関する知識

「ボイラーおよび第一種圧力容器に関する知識」を免除されている方はこの学期から始めます。

「整備の作業に関する知識」の出題範囲は、①「機械的清浄作業」、②「化学洗浄作業」、③「附属設備および附属品の整備」、④「作業に伴う災害およびその防止方法」の４項目に関して、10 問出題されます。

テキストでは、①「機械的清浄作業」を「レッスン１の７分野」に、②「化学洗浄作業」を「レッスン2の５分野」に、④「作業に伴う災害およびその防止方法」を、「レッスン３ 危害防止の措置」にまとめました。また、③「附属設備および附属品の整備」を「レッスン４ 附属設備および附属機器の点検および整備の３分野」、「レッスン５ 自動制御装置の点検および整備の３分野」、「レッスン６ 燃焼方式および燃焼装置の点検および整備」に分けて解説しています。

各分野の出題の種類はあまり多くなく、同様の内容の問題が繰り返し出題されていますので、本文中の問題およびおさらい問題を確実に理解していただくことが重要です。

それでは、レッスン１から始めましょう。

過去18年（36回分）の出題傾向

出題項目	H18～27年	H28～R5年	H18～R5年
	出題数	出題数	出題ランク
レッスン1　機械的清浄作業			
レッスン1-1　作業計画および準備作業（ボイラーの冷却）	17	11	★★★
レッスン1-2　ボイラーの開放および開放後の点検	4	6	★★☆
レッスン1-3　外面の清浄作業	8	12	★★★
レッスン1-4　内面の清浄作業	6	6	★★☆
レッスン1-5　作業終了後の確認	5	3	★★☆
レッスン1-6　水圧試験	12	9	★★★
レッスン1-7　作業終了後の復旧および仮設の撤去	10	4	★★★
レッスン2　化学洗浄作業			
レッスン2-1　予備調査	17	9	★★★
レッスン2-2　作業計画（腐食の発生および防止）	16	16	★★★
レッスン2-3　準備作業および洗浄工程	11	7	★★★
レッスン2-4　酸洗浄および酸洗浄後の水洗と点検	11	8	★★★
レッスン2-5　中和防錆処理	6	8	★★★
レッスン3　危害防止の措置	18	13	★★★
レッスン4　附属設備および附属機器の点検および整備			
レッスン4-1　附属設備	7	10	★★★
レッスン4-2　安全弁	14	6	★★★
レッスン4-3　計測装置（圧力計、水面計）	6	7	★★★
レッスン5　自動制御装置の点検および整備			
レッスン5-1　オンオフ式蒸気圧力調節器および温度調節器	4	7	★★☆
レッスン5-2　水位検出器	7	6	★★★
レッスン5-3　燃料遮断弁（電磁弁）および火炎検出器	14	8	★★★
レッスン6　燃焼方式および燃焼装置の点検および整備	7	4	★★☆
合計	200	160	

※過去36回の試験中、13回以上出題★★★、12回～7回出題★★☆、6～1回出題★☆☆

レッスン 1 機械的清浄作業

機械的清浄作業では３～４問が出題されています。

よく出題される分野では、「ボイラーの冷却」「外面の清浄作業」「水圧試験」「作業終了後の復旧および仮設の撤去」などがあります。

各分野ともに、解答に関係した問題の種類は、6 種類程度なので各レッスンのよく出る問題やおさらい問題を理解するようにしましょう。

●1-1「作業計画および準備作業（ボイラーの冷却）」では、作業計画の項目が繰り返し出題されています。また、「ボイラーの冷却」では、①冷却作業の順序、②ダンパの開度、③冷却に要する時間と目標温度、④ブローを開始するボイラー水の温度、⑤ボイラー内に空気を送り込む時期などが出題されています。

●1-2「ボイラーの開放および開放後の点検」では、①胴内装着物の取り外す範囲、②残圧の確認、③全吹出しを行わない理由などが出題されています。

●1-3「外面の清浄作業」では、①スチームソーキング、②除去する対象物、③接近できない水管の清浄方法などが出題されています。

●1-4「内面の清浄作業」では、①チューブクリーナ使用時の注意事項、②内面清浄作業時に除去するもの、③チューブクリーナに取り付ける工具に関する問題が出題されています。

●1-5「作業終了後の確認」では、除去対象が残っている場合の処置についての問題が出題されています。

●1-6「水圧試験」では、①空気抜き用止め弁の操作、②試験後の圧力の降下方法、③安全弁の遮断方法、④試験圧力および保持時間、⑤試験用圧力計の取付け位置などが出題されています。

●1-7「作業終了後の復旧および仮設の撤去」では、①配管の接続に関する事項、②フランジなどのボルトの締付け方法などが出題されています。

レッスン 1-1 作業計画および準備作業（ボイラーの冷却）

重要度

1 機械的清浄作業の作業計画の項目

① 整備作業範囲

② 整備作業の方法

③ 作業手順・工程表の作成

④ 使用する機材用具の決定

⑤ 安全対策

2 ボイラーの冷却手順

ボイラーの冷却は、ボイラー設置者側が行います。

① ボイラーでは、燃焼が停止していることおよび燃料が燃えきっていることを確認後、**たき口、空気入口を開き、ダンパを半開にして自然通風**を行う

② **40℃以下**になるまで、なるべく時間をかけ**徐々に冷却**する

③ れんが積みのあるボイラーでは、少なくても**一昼夜以上冷却**する

④ 冷却を早める場合は、**循環吹出しの方法**（冷水を送りながら吹出しを行う）で行う

⑤ **ボイラーの圧力がなくなったことを確認**して、空気抜き弁（空気抜き用止め弁ともいう）その他の気室部の弁を開き、ボイラー内に空気を送り込む

⑥ ボイラー水の温度が**90℃以下**になってから吹出しコックまたは吹出し弁を開き、ボイラー水を排出する（フラッシュ防止）

⑦ 圧力容器の場合は、高温流体容器との**連絡を完全に遮断する**（熱源側の高温流体を完全に排除する、入口側の止め弁に遮断板を入れるなど）

高温の熱水が大気中で蒸気になることをフラッシュといいます。
危険ですから、ボイラー水が90℃以下になってから排水します。

よく出る問題

問 1

出題頻度

ボイラーの機械的清浄作業について、その作業計画を作成する際に決定する必要のある事項に該当しないものは次のうちどれか。

(1)　整備作業の範囲　(2)　腐食発生防止対策　(3)　整備作業の方法
(4)　作業手順　(5)　安全対策

解説　(2) 腐食発生防止対策は、**化学洗浄作業の作業計画**の項目です。

問 2

出題頻度

機械的清浄作業の準備としてのボイラーの冷却に関し、次のうち適切でないものはどれか。

(1)　ボイラーは、燃焼が停止していることおよび燃料が燃えきっていることを確認した後、ダンパを全開し、たき口や空気入口を閉止する。
(2)　ボイラーは長時間かけて徐々に冷却し、少なくとも40℃以下にする。
(3)　やむをえずボイラーの冷却を早める必要があるときは、冷水を送りながら吹出しを行う循環吹出しの方法をとる。
(4)　ボイラーの残圧がなくなったことを確認した後、空気抜き弁その他の気室部の弁を開いてボイラー内に空気を送り込む。
(5)　ボイラー内に空気を送り込んだ後、吹出しコックや吹出し弁を開いてボイラー水を排出する。

解説　(1) ボイラーは、燃焼が停止していることおよび燃料が燃えきっていることを確認した後、**ダンパを半開**にし、**たき口や空気入口を開いて**自然通風を行います。

問 3

出題頻度

機械的清浄作業の準備としてのボイラーの冷却に関し、一般的な操作順序として、適切なものは (1)～(5) のうちどれか。ただし、A～Eは、それぞれ次の操作をいうものとする。

A　ボイラーの圧力がなくなったことを確認し、空気抜弁その他の気室部の弁を開く。
B　なるべく時間をかけて徐々に冷却する。
C　ダンパを半開し、たき口および空気入口を開き自然通風する。
D　燃焼が停止していることおよび燃料が燃え切っていることを確認する。
E　吹出しコックまたは吹出し弁を開いてボイラー水を排出する。

(1)　A→D→C→B→E　(2)　A→E→D→C→B　(3)　C→D→A→B→E
(4)　D→C→A→B→E　(5)　D→C→B→A→E

解説　一般的な操作手順は、D→C→B→A→Eの順です。

解答　問１－(2)　問２－(1)　問３－(5)

レッスン 1-2

ボイラーの開放および開放後の点検

重要度

1 開　放

① マンホール、掃除穴などを取り外すときは、**圧力計の指示がゼロ**になっていても**残圧・負圧に注意**する

② マンホール、掃除穴などが内ふた式のものは取り外す際、内部に落とし込まないように注意する

③ 取り外した部品には、**照合番号、合マーク**をつけておく

④ 胴内部の装着物を全部取り外し外へ出す（**給水内管、給水とい、プライミング防止管、仕切板、気水分離器および支持金具など**）

⑤ 燃焼室、煙道、エコノマイザ、過熱器、風道などの**出入口のふたを全部開放**する

2 開放後の点検

① ボイラーなどの内部の換気、通風を確認し、必要に応じ、**換気装置を仮設して通風**を行う

② 酸欠のおそれがある場合は、あらかじめ**酸素量を測定し、18%以下の場合は、強制換気**などの処置を行う

③ マンホールから内部に入り、スケールの付着状況およびスケールの性状を観察する

④ 水に浸漬するほうが容易にはく離する性質のスケールであるときには、全吹出しを行わず**必要最小限の水を残して開放**する

⑤ 胴の吹出し穴、水管などで、清浄作業の際、異物が落ち込んで**閉そくするおそれがある部分は、布や木栓でふさぐ**

⑥ 炉内および**煙道各部が十分冷却されていることを確かめてから**中に入り、**すすの付着状況、バードネスト**（水管群中の溶灰の塊）および**灰のたい積状況**を観察する

⑦ 炉壁、煙道の損傷状態を調べる。燃焼室が水冷壁の水管ボイラーでは、水管挿入部からの漏れの形跡、水管の湾曲、ガスの短絡の形跡などを調べる

⑧ 煙管ボイラーや熱交換器の伝熱管の取付け部からの漏れの形跡を調べる

伝熱面のすすや未燃油などの除去は、手工具のスクレッパおよびワイヤブラシを使って行います。
スクレッパをスクレーパということもありますが、同じものです。

問 1

出題頻度

ボイラーの機械的清浄作業におけるボイラーの開放および開放後の点検に関し、次のうち適切でないものはどれか。

(1)　マンホール、掃除穴などのふたを外すときは、圧力計の指示がゼロになっていても残圧に注意する。

(2)　マンホール、掃除穴などのふたが内ふた式の場合には、これらを取り外すとき、内部に落とし込まないようにする。

(3)　炉内や煙道各部が十分冷却されていることを確認してから中へ入り、すすの付着状況、灰のたい積状況などを観察する。

(4)　胴の吹出し穴、水管などで、清浄作業を行うときに異物が落ち込んで閉そくするおそれがある部分は、布や木栓でふさぐ。

(5)　胴の装着物は、気水分離器を除き、取り外して胴の外へ運び出す。

解説　(5) 胴内部の装着物を**全部取り外し、外へ出します**（給水内管、給水とい、プライミング防止管、仕切板、気水分離器および支持金具など）。

問 2

出題頻度

ボイラーの機械的清浄作業におけるボイラーの開放および開放後の点検に関し、次のうち適切でないものはどれか。

(1)　マンホール、掃除穴などのふたを外す場合、圧力計の指示がゼロであれば、残圧はゼロであると判断してふたを外してよい。

(2)　水に浸漬する方が容易にはく離できるスケールの場合は、全吹出しを行わず、必要最小限の水を残して開放する。

(3)　炉内や煙道各部が、十分、冷却・換気されていることを確認してから中へ入り、すすの付着状況、灰のたい積状況などを観察する。

(4)　マンホール、掃除穴などのふたが内ふた式の場合には、これらを取り外すときに内部に落とし込まないようにする。

(5)　給水内管、仕切板、気水分離器などの胴内部の装着物は、一般に全て取り外し、胴の外へ運び出す。

解説　(1) マンホール、掃除穴などのふたを外す場合、**圧力計の指示がゼロであっても、残圧や負圧に十分注意しながら**取り外します。

解答　問１－(5)　　問２－(1)

レッスン 1-3 外面の清浄作業

重要度

1 外面清浄作業の目的

外面清浄は、本体（胴やドラム）、燃焼室、煙管、水管群などの燃焼ガス側に付着またはたい積した**すす**、**ダスト**、**クリンカ**（灰が溶けて固まったもの）、**灰**、**未燃油**などを除去するために行います。

燃焼ガス、高温ガスなどの**流体温度が高い伝熱面ほど、清浄にする重要度が高くなります**。したがって、放射熱にさらされる**燃焼室内の伝熱面が清浄であることが最も重要**になります。

2 外面清浄作業の手順

① 燃焼室、煙管、水管、伝熱管、煙道など高温ガスの通路にたい積している**クリンカやすすおよび灰を外に搬出する**

② 灰に熱気があるかどうかを調べる。**水をかける場合には、高温の灰は、爆発の危険があるので慎重に行う**

③ 伝熱面のすすや未燃油などの除去は、**スクレッパおよびワイヤブラシを使用して手作業で行う**

④ 丸ボイラーの煙管は、**ブラシを付けた突棒**で付着物を除去し、必要に応じてチューブクリーナを使用する

⑤ 水管群中の水管で、接近することができないものに付着しているすすや未燃油などは、**長い柄の先端にワイヤブラシを取り付けて除去するか、または圧縮空気を吹き付けて除去する**

⑥ スチームソーキングを行う場合は、**余熱があるうちに湿り蒸気を吹かせて水分を十分に浸み込ませたうえで、長い柄の先端にワイヤブラシを取り付けて付着物を除去するか、または圧縮空気を吹き付けて除去する**

よく出る問題

問 1

出題頻度

次のＡからＥのうち、ボイラーの燃焼室内部ならびに煙管および水管の高温ガス側の清浄作業において除去する対象物に該当するものの組合せとして、正しいものは（1）～（5）のうちどれか。

Ａ クリンカ　Ｂ スラッジ（かま泥）　Ｃ 灰　Ｄ 未燃油　Ｅ 浮遊固体物

（1） Ａ、Ｂ、Ｃ　（2） Ａ、Ｃ、Ｄ　（3） Ａ、Ｄ、Ｅ

（4） Ｂ、Ｃ、Ｅ　（5） Ｂ、Ｄ、Ｅ

解説　高温ガス側に付着・たい積するものは、**すす、灰、クリンカ、未燃油、未燃物**です。
また、水側に付着するものには、スケール、スラッジ、浮遊固体物、酸化鉄などがあります。

問 2

出題頻度

ボイラーの水管の高温ガス側の清浄作業に関し、次の文中の［　　］内に入るAからCの語句の組合せとして、正しいものは（1）～（5）のうちどれか。

「スチームソーキングを行う場合は、余熱のあるうちに［A］を吹き付けて［B］を付着物にしみ込ませてから、付着物を［C］で除去したり、圧縮空気を吹き付けて除去する。」

	A	B	C
(1)	過熱蒸気	水分	平形ブラシ
(2)	圧縮空気	空気	平形ブラシ
(3)	湿り蒸気	空気	ワイヤブラシ
(4)	湿り蒸気	水分	ワイヤブラシ
(5)	湿り蒸気	水分	平形ブラシ

解説　スチームソーキングを行う場合は、余熱のあるうちに［**湿り蒸気**］を吹き付けて［**水分**］を付着物にしみ込ませてから、付着物を［**ワイヤブラシ**］で除去したり、圧縮空気を吹き付けて除去します。

問 3

出題頻度

ボイラーの燃焼室内部ならびに煙管および水管の高温ガス側の清浄作業に関するAからDまでの記述で、適切なもののみを全てあげた組合せは、次のうちどれか。

A　清浄作業では、火炎の放射熱にさらされる燃焼室内の伝熱面を清浄にすることが最も重要とされている。

B　燃焼室内部の伝熱面に付着しているすすや未燃油は、チューブクリーナを使用して除去する。

C　接近することができない水管に付着しているすすや未燃油は、長い棒の先端に取り付けたワイヤブラシで除去するか、圧縮空気を吹き付けて除去する。

D　スチームソーキングを行う場合は、余熱が冷めた後に、付着物に乾き蒸気を吹き付けてから、ワイヤブラシで除去するか、圧縮空気を吹き付けて除去する。

(1)　A、B、C　　(2)　A、C　　(3)　A、C、D　　(4)　B、C　　(5)　B、D

解説　B　燃焼室内部の伝熱面のすすや未燃油は、**スクレッパやワイヤブラシを使用して手作業**で除去します。

D　スチームソーキングを行うときは、**余熱があるうちに湿り蒸気を吹き付けて湿分を付着物にしみ込ませてから**、付着物をワイヤブラシで除去したり、圧縮空気を吹き付けて除去します。

A、Cは正しい記述です。

解答　問1－(2)　　問2－(4)　　問3－(2)

レッスン 1-4 内面の清浄作業

重要度 

1 内面清浄作業の目的

内面清浄は、本体（胴やドラム）、水管群などの**蒸気および水側に付着またはたい積するスケール、スラッジ（かま泥）、浮遊固体物、酸化鉄などを除去するため**に行います。

2 内面清浄作業の手順

① 水管以外の部分の清浄作業は、主として手工具を用いて手作業で行うが、必要に応じ、電動クリーナなどの機械工具を使用する

② 水管にチューブクリーナをかける場合には、予備調査を行って、水管の長さおよび管の変形、凹凸、曲げ工作によるくびれた部分の有無およびそれらの位置を確認し、**チューブクリーナの先端がその部分に届く直前の位置をフレキシブルチューブに標示しておく**

③ チューブクリーナでカッタを用いる場合は、**カッタを水管の同一部分に5秒以上とどめない**。チューブクリーナを1回かけただけで付着物を完全に除去できない場合には、**2～3回を限度として繰り返し、作業を行う**

④ 圧力計、水面計および自動制御系検出用の**穴は完全に清掃する**

⑤ 吹出し管、給水管、安全弁および主蒸気弁用の管台その他の附属品取り付け部の内面を清掃する

⑥ 清浄作業終了後水洗し、除去した**スケール、異物などを容器に集めて外に搬出**し、残留物がないことを確認する

⑦ 手作業には、スクレッパおよびワイヤブラシを使用する。スケーリングハンマを使用する場合は、刃の鋭くないものを使用し、板面を傷つけないようにする

⑧ 水管の清浄作業には、チューブクリーナを使用し、カッタまたは穂ブラシなどの工具でスケールを除去する

よく出る問題

問 1

出題頻度

次のAからEのうち、ボイラーの胴内部ならびに煙管および水管の水側の清浄作業において除去する対象物に該当するものの組合せとして、正しいものは（1）～（5）のうちどれか。

A クリンカ　B 灰　C すす　D 浮遊固体物　E 酸化鉄

（1） A、B　（2） A、C　（3） B、C　（4） B、D　（5） D、E

解説 水側に付着・たい積する主な物質には、①**かま泥（スラッジ）**、②**スケール**、③**浮遊固体物**、④**酸化鉄**などがあります。

問 2

出題頻度

ボイラーのドラムの内側ならびに煙管および水管の水側の清浄作業に関し、次のうち適切でないものはどれか。

(1)　水管の清浄にチューブクリーナを使用するときは、水管の変形、凹凸、曲げ工作によるくびれた部分の位置を確認し、チューブクリーナの先端がその部分に届く直前の位置をフレキシブルチューブに標示しておく。

(2)　水管を、チューブクリーナを使用して清浄する場合、カッタを同一箇所に止めて、時間をかけて1回でスケールを完全に除去する。

(3)　水管以外の部分の清浄作業は、主に手工具を用いて手作業で行うが、必要に応じて、電動クリーナなどの機械工具を使用する。

(4)　ドラムについては、圧力計、水面計および自動制御系検出用の穴を入念に清掃するほか、吹出し管、給水管、安全弁および主蒸気弁用の管台その他附属品取付け部の内面を清掃する。

(5)　清浄作業終了後は水洗し、除去したスケール、異物などは容器に集めて外に搬出するとともに、残留物がないことを確認する。

解説　(2) チューブクリーナでカッタを用いる場合は、カッタを水管の**同一部分に5秒以上とどめない**ようにしなければなりません。チューブクリーナを1回かけただけで付着物を完全に除去できない場合には、**2～3回を限度として、繰り返し作業を行います。**

問 3

出題頻度

ボイラーのドラムの内側ならびに煙管および水管の水側の清浄作業に関し、次のうち適切でないものはどれか。

(1)　水管をチューブクリーナを用いて清浄する場合は、予備調査を行い、ヘッドが水管のくびれた部分に届く直前の位置をチューブに標示しておく。

(2)　ドラム内の清浄作業では、チューブクリーナを使用し、主としてカッタヘッドなどの工具でスケールを除去する。

(3)　水管をチューブクリーナを用いて清浄する場合で、容易にスケールを除去できないときは、同一箇所に工具を止めて一度で除去することはしない。

(4)　水管以外の部分の清浄作業は、主に手工具を用いて手作業で行うが、必要に応じて、電動クリーナなどの機械工具を使用する。

(5)　清浄作業終了後は、水洗し、除去したスケール、異物などを容器に集めて外に搬出するとともに、残留物がないことを確認する。

解説　(2) カッタヘッドは、主に水管内部のスケールの除去に使用します。ドラム内の硬質スケールの除去には、**LGブラシやハンマヘッドなど**を使用します。

解答　問1－(5)　　問2－(2)　　問3－(2)

レッスン 1-5 作業終了後の確認

重要度

1 清浄後の確認事項

① 内面および外面の**除去対象物が完全に除去されたことを確認する**

② 付着物が残り、再仕上げを要すると判断される部分があれば、**マークを施し、付着物の除去方法を検討して清浄仕上げを行う**

2 損傷、欠陥の調査内容

① 清浄作業による**摩耗、損傷の有無**

② **腐食発生または潜在傷の有無**

③ 各部に使用上欠陥となる状態の有無

④ れんが積みや保温材の**水ぬれ、湿気の有無**

⑤ **ガス通路内の状態**（**支持金具**、吊り金具、**バッフル**、れんが積み、キャスタブル耐火物など）の異状の有無

⑥ 附属品取付け用連絡管の状態

⑦ 管および穴に**布切れ、木栓、その他異物による閉そく**などがないか

⑧ 総合的な外観

3 性能検査の準備

① ボイラーおよび圧力容器の周囲を清掃、整理する

② ボイラー内部、煙道内部の換気を再確認する

③ 予備点検を行い、水圧試験が必要なボイラーは水圧試験の準備をする。検査前にあらかじめ社内水圧試験を行っておく

④ 検査に必要な照明を再点検する

⑤ 分解した部品は、整とんしてならべておく

⑥ 足場を必要とする場合は、足場板、はしごなどの構造を再確認する

⑦ 清浄作業の責任者は検査に立会う

デスタンスピースは、過熱器などの管の間隔が一定になるように設けられた支えのことです。

よく出る問題

問 1

出題頻度 ///

ボイラーの機械的清浄作業終了後の確認などに関し、次のうち適切でないものはどれか。

(1)　ボイラーの内面および外面の除去対象物が完全に除去されたか調べる。

(2)　腐食の発生や潜在傷がないか調べる。

(3)　れんが積みや保温材に水濡れや湿気がないか調べる。

(4)　布切れなどの異物による管および穴のふさがりや落ち込みがないか調べる。

(5)　除去対象物が残っているときは、必ず化学洗浄より再仕上げを行う。

解説　(5) 付着物が残り、再仕上げが必要と判断される部分があれば、マークを施し、**付着物の除去方法を検討して清浄仕上げを行います。**

問 2

出題頻度 ///

ボイラーの機械的清浄作業終了後の確認などに関するAからDまでの記述で、正しいもののみを全てあげた組合せは、次のうちどれか。

A　腐食の発生や潜在傷がないか確認する。

B　ガス通路内の状態（支持金具、ディスタンスピースなど）に異状がないか調べる。

C　布切れなどの異物による管および穴の塞がりや落ち込みがないか調べる。

D　除去対象物が残っているときは、必ず化学洗浄により再仕上げを行う。

(1)　A、B、C　　(2)　A、C　　(3)　A、C、D　　(4)　B、C　　(5)　B、D

解説　D　付着物が残り、再仕上げが必要と判断された場合は、**付着部分にマークを施し付着物の除去方法を検討したうえで**清浄仕上げを行います。

A～Cは、正しい記述です。

問 3

出題頻度 /

ボイラーの機械的清浄作業終了後の確認などに関し、次のうち適切でないものはどれか。

(1)　ボイラーの内面および外面の除去対象物が完全に除去されたか確認する。

(2)　ガス通路内の支持金具、ディスタンスピースなどに潜在傷または腐食がないか確認する。

(3)　ボイラーの炉壁材には、作業終了後、適度に湿気を与えることにより、たき始めに急激な熱膨張で目地割れなどが生じないようにする。

(4)　布切れなどの異物による管および穴の塞がりや落ち込みがないか調べる。

(5)　除去対象物が残っているときは、マークを施し、付着物の除去方法を検討し清浄作業を行う。

解説　(3) 清浄作業終了後は、**炉壁材やれんが積み、保温材の水ぬれ、湿気の有無により、水漏れの有無を調べます。**

解答　問1－(5)　　問2－(1)　　問3－(3)

レッスン 1-6 水圧試験

重要度 ✎✎✎

1 水圧試験の準備

① **空気抜き弁（空気抜き用止め弁）を残し、他の弁は完全に閉止する**

② フランジで取り付けられている安全弁および逃がし弁は、**フランジに遮断板を入れてふさぐ**。ねじ込みで取り付けられている安全弁および逃がし弁は、**ねじ込み部から取り外し、プラグでふさぐ**

③ ばね安全弁は、**ばねを締め付けて密閉する方法を取ってはならない**

④ 自動制御装置用連絡管の途中に取り付けられている弁が**閉止されていること**を確認する

⑤ 水圧試験用圧力計を**直接ボイラー本体に取り付ける**

⑥ 空気抜き弁を開けたまま水を張り、**オーバフローを確認してから閉止する**

2 水圧試験の圧力および試験方法

① 水圧試験は、原則として**最高使用圧力**で行う

② 徐々に水圧を上げ、**規定圧力を30分間保持**し、圧力降下および漏れを確認する

3 水圧試験後の処置

① 水圧試験で漏れを認めた場合は、適当な対策を講じる

② 異状が認められない場合は、**できるだけ徐々に圧力を降下**させる

よく出る問題

問 1

出題頻度 ✎✎✎

ボイラーの性能検査における水圧試験の準備および水圧試験後の措置に関して、次のうち適切でないものはどれか。

(1) 水圧試験の準備では、フランジ形の安全弁および逃がし弁は、取付け部のフランジに遮断板を当ててふさぐ。

(2) 水圧試験の準備では、ばね安全弁は、水圧試験を超えた圧力にばねを締め付けてふさいではならない。

(3) 水圧試験の準備では、水圧試験用圧力計は、ボイラー本体に直接取り付ける。

(4) 水圧試験の準備では、水を張る前に、空気抜き用止め弁を閉止し、他の止め弁を開放する。

(5) 水圧試験後、異状が認められない場合は、圧力をできるだけ徐々に降下させる。

解説 (4) 水圧試験の準備では、**空気抜き用止め弁以外の弁は全閉にし、空気抜き用止め弁を開けたまま水を張り、オーバフローを確認してから**閉止します。

問 2

出題頻度

ボイラーの性能検査において水圧試験が行われるときの実施事項に関し、次のうち正しいものはどれか。

(1)　水を張る前に、空気抜き弁を閉止し、他の止め弁は開放する。
(2)　ばね安全弁は、ばねで締め付けて弁座接触部を密閉する。
(3)　自動制御装置用連絡管の途中の弁が開放となっていることを確認する。
(4)　水圧試験用圧力計は、ボイラー本体に直接取り付ける。
(5)　水圧試験後、異状が認められないときは、圧力をできるだけ早く降下させる。

解説

(1) 水を張る前に**空気抜き弁を開け**、水を張り、オーバフローを確認してから閉止します。**他の弁は、水を張る前に閉止**します。

(2) フランジで取り付けられている安全弁および逃がし弁は、**フランジに遮断板を入れてふさぎ**、ねじ込みで取り付けられている安全弁および逃がし弁は、**ねじ込み部から取り外してプラグでふさぎます。**

ばね式安全弁は、**ばねを締め付けて弁座接触部を密閉してはなりません。**

(3) 自動制御装置用連絡管に取り付けられている**途中の弁が、閉止されていること**を確認します。

(4) 正しい記述です。

(5) 水圧試験後、異状が認められない場合は、できるだけ**徐々に圧力を降下**させます。

問 3

出題頻度

ボイラーの性能検査における水圧試験に関するAからDまでの記述で、適切なもののみを全てあげた組合せは、次のうちどれか。

A　水圧試験の準備では、水圧試験用の圧力計はボイラー本体に直接取り付けなければならないが、高所となる圧力計については、容易に確認できないため連絡管に取り付けることができる。

B　水圧試験の準備では、空気抜弁を開き、他の止め弁を完全に閉じてから水を張り、オーバフローを認めてから空気抜弁を閉じる。

C　水圧試験の圧力は、最高使用圧力の値とする。

D　水圧試験は、水圧を徐々に上げ、設定圧力のところで30分以上保持して圧力の降下や漏れの有無を調べる。

(1)　A、B、D　　(2)　A、C　　(3)　B、C　　(4)　B、C、D　　(5)　C、D

解説

A　水圧試験用圧力計は、**ボイラー本体に直接取り付けます。**

B～Dは正しい記述です。

解答 問1－(4)　　問2－(4)　　問3－(4)

レッスン 1-7 作業終了後の復旧および仮設の撤去

重要度 ///

1 復旧作業準備および注意事項

① 必要な寸法、形状の**ガスケットおよびパッキンを準備する**

② 使用するボルト・ナット類のねじ山および寸法が適正か確認する

③ ドラム内の装置を組み立てるときに、水管、穴などに工具やボルトなどが落ち込むおそれがあるときは、**落ち込まないように敷物などを設置する**

④ 水圧試験のときに使用した**プラグや遮断板を取り除く**

2 復旧作業

① **仮設機器を取り外し、本設機器を接続する**

② 機器の復旧には、取り付け位置、順序を間違えないよう、**標示や合マークに注意する**

③ フランジやふたなどのガスケット**当たり面の状態を確認する**

④ すり合わせ面（弁座、フランジなど）に**傷をつけないように取り付ける**

⑤ 多数のボルトで固定するものは、軽く一通り締めた後、**対称的に締め、締め付けが均一になるようにする**

⑥ 配管の接続部に食い違いが生じた場合は、**原因を確かめ、配管に無理を生じさせないで接続できるよう、適切な措置を講ずる**

⑦ 電気配線の誤配線に注意する

⑧ 煙道出入口戸の取り付け部は、ガスポケットとならないように煙道内部と同一面にれんがをから積みして、ふたを取り付ける

3 試運転および増し締め

① 復旧後は試運転をボイラー取扱者に一任し、立会う

② 昇圧後、水側、蒸気側の開口部、バルブグランド部から漏れがないか確認する

③ 漏れがある場合は、漏れが止まるまで増締めし、漏れがない場合でも軽く増し締めする

④ 燃焼側、配管などから漏れがないことを確認する

4 仮設設備の撤収

① 足場の取り外しは、高所から順に下方に移行する

② 材料の撤去移動に際し、他の機器、装置などを損傷しないように注意する

③ **器材点検表により、仮設工事用器材、使用機械、工具類などの撤収状況を点検する**るとともに、消耗品使用量と残存量を確認し、残物を整理する

問 1

出題頻度

ボイラーの機械的清浄作業終了後の組立て復旧作業および仮設設備の撤収作業に関し、次のうち適切でないものはどれか。

(1)　弁座やフランジのすり合わせ面に傷をつけないようにする。

(2)　煙道出入口戸の取付け部は、ガスポケットとならないように煙道内側と同一面にれんがをから積みしてふた板を取り付ける。

(3)　多数のボルトで固定するものは、一通り軽く締めた後、締め付けが均一になるように時計回りに順次強く締めていく。

(4)　水圧試験の際に使用したプラグまたは遮断板を取り外す。

(5)　仮設機器を取り外し、本設機器を接続する。

解説　(3) 多数のボルトで固定するものは、軽く一通り締めた後、**対称的に締め、締め付けが均一になるようにします。**

問 2

出題頻度

ボイラーの機械的清浄作業終了後の組立て復旧作業および仮設設備の撤収作業に関し、次のうち適切でないものはどれか。

(1)　ふた、フランジなどのガスケット当たり面の状態を目視により確かめる。

(2)　ドラム内部装着物は、取付け部のボルトやナットに薄く焼付け防止剤などを塗布して組み立てる。

(3)　多数のボルトで固定するものは、軽く一通り締めた後、締め付けが均一になるように対称の位置にあるボルトを順次締めていく。

(4)　配管の接続部分に食い違いが生じた場合は、その原因を確かめ、配管に無理を生じさせないよう接続する。

(5)　足場の解体は、高所から順に行い、足場材の移動は、他の機器、装置などを損傷しないように注意して行う。

解説　(2) 油脂類は熱伝導率が悪いので、**内面側には使用しません。**

解答　問1－(3)　　問2－(2)

レッスン 1 機械的清浄作業のおさらい問題

機械的清浄作業に関する以下の設問について、正誤を○、×で答えよ。

	1-1 作業計画および準備作業（ボイラーの冷却）	
1	ボイラーの機械的清浄作業計画に関し、腐食防止対策は含まれない。	○
2	ボイラーの冷却に関し、燃焼が停止していることおよび燃料が燃え切っていることを確認した後、ダンパを全開し、たき口や空気入口を閉止する。	×：ダンパを半開にし、たき口や空気入口は開として自然通風を行う
3	燃焼停止後、直ちに全ブローを行う。	×
4	ボイラー水の温度が 110℃になってから、吹出し弁を開いてボイラー水を排出する。	×：ボイラー水が 90℃以下になってから吹出し弁を開く
5	れんが積みのないボイラーは、できるだけ短時間で冷却し、40℃以下にする。	×：時間をかけて徐々に冷却する
6	空気抜き弁その他の気室部の弁は、吹出しコックや吹出し弁を開いてボイラー水を排出し始めてから開く。	×
7	ボイラーに残圧があるうちに、空気抜き弁その他の気室部の弁を開いてボイラー内に空気を送り込む。	×：気室部の弁は、ボイラーの圧力がなくなったことを確認してから開ける
	1-2 ボイラーの開放および開放後の点検	
8	胴内の装着物は、一般に給水内管を除き、取り外して胴の外へ運び出す。	×：胴内の装着物などは、全部取り外して外に出す
9	マンホール、掃除穴などのふたが内ふた式の場合には、内部に落し込まないようにするため、一般にこれらは取り外さない。	×：落し込まないように注意して外す
10	マンホール、掃除穴などのふたを外す場合、圧力計の指示がゼロであれば、残圧はゼロであると判断してふたを外してよい。	×：圧力指示がゼロでも残圧、負圧に注意してふたを外す
11	水に浸漬したほうが容易にはく離できるスケールの場合は、全吹出しを行わず、必要最小限の水を残して開放する。	○
12	炉内や煙道各部が十分冷却されたことを確認してから炉内に入り、スケールの付着状況、スラッジのたい積状況などを観察する。	×：調査するのは、すす、たい積している灰、バードネストの状態
	1-3 外面の清浄作業	
13	スチームソーキングを行う場合は、ボイラーの冷却が完了し、余熱がなくなってから行う。	×：スチームソーキングは余熱のあるうちに行う
14	スチームソーキングを行うときは、余熱のあるうちに乾き蒸気を吹かせてから、圧縮空気を吹き付けて付着物を除去する。	×：湿り蒸気を吹かせ水分を含ませ、圧縮空気を吹き付けるか柄を長くしたワイヤブラシにより取り除く
15	ボイラーの燃焼室内部ならびに煙管および水管の高温ガス側の清浄作業は、スケール、シリカを除去するために行う。	×：付着・たい積するのは、すす、灰、クリンカなど
16	燃焼室内部の伝熱面に付着しているすすや未燃油は、一般にチューブクリーナを使用して除去する。	×：スクレッパ、ワイヤブラシなどで手作業で行う

17	接近することができない水管に付着しているすすや未燃油は、水を散布してから、スクレッパを使用して除去する。	×：柄を長くしたワイヤブラシや圧縮空気で除去する
18	火炎の放射熱にさらされる燃焼室内の伝熱面を清浄にすることが最も重要とされる。	○
■ 1-4　内面の清浄作業		
19	ドラム内の清浄作業では、チューブクリーナを使用し、主にカッタヘッドなどの工具でスケールを除去する。	×：主に手工具を用いた手作業で行う
20	水管の清浄作業には、チューブクリーナを使用し、ハンマヘッド、LG ブラシなどの工具でスケールを除去する。	×：ハンマヘッドや LG ブラシは、ドラム内の硬質スケールの除去に用いる
21	水管をチューブクリーナを用いて清浄する場合は、カッタを同一箇所に止めて、時間をかけて1回でスケールを完全に除去する。	×：カッタは同一部分に5秒以上とどめない
22	内面の清浄作業において除去する対象物は、クリンカ、灰、すすである。	×：除去対象物は、スケール、スラッジ（かま泥）、酸化鉄など
23	手作業では、主としてスクレッパおよびワイヤブラシを使用し、スケールハンマを使用するときは刃先の鋭いものを使用する。	×：スケールハンマは刃先の鋭くない物（鈍い物）を使用する
■ 1-5　清浄状況の確認		
24	ボイラーの炉壁材には、作業終了後、適度に湿気を与えることにより、たき始めに急激な熱膨張で目地割れなどが生じないようにする。	×：損傷や欠陥がないか、れんが積みや保温材の水ぬれ、湿気の有無を調べる
25	除去対象物が残っているときは、必ず化学洗浄により再仕上げを行う。	×：付着物にマークを行い、除去方法を検討して清浄仕上げを行う
26	れんが積みや保温材に適正な湿気が残っていることを確認する。	×：問24と同じ
27	腐食の発生や潜在傷がないか確認する。	○
28	ガス通路の状態（支持金具、ディスタンスピースなど）に異状がないか調べる。	○
29	布切れなどの異物による管および穴の塞がりや落ち込みがないか調べる。	○
■ 1-6　水圧試験		
30	水圧試験の準備では、空気抜き弁を開き、他の止め弁を完全に閉じてから水を張りオーバフローを認めてから空気抜き弁を閉じる。	○
31	水圧試験の圧力は、最高使用圧力の値とする。	○
32	水圧試験は、水圧を徐々に上げ、設定圧力のところで30分間保持して圧力の降下や漏れの有無を調べる。	○
33	水圧試験用圧力計は、ボイラー本体に直接取り付ける。	○
34	水圧試験では、ばね安全弁は水圧試験の設定圧力を超えた圧力で、ばねを締め付けて塞ぐ。	×：ばねを締め付けて塞いではならない
35	水圧試験の圧力は、常用圧力とする。	×：最高使用圧力
36	水圧試験は、水圧を徐々に上げ、設定圧力のところで約1時間保持して、圧力の降下や漏れの有無を調べる。	×：圧力の保持時間は30分間保持
37	水圧試験後、異状が認められないときは、圧力をできるだけ早く下げる。	×：徐々に圧力を降下させる

■ 1-7 作業終了後の復旧および仮設の撤去		
38	多数のボルトで固定するものは、締め付けが均一になるように、対称の位置にあるボルトを初めから順次強く締めていく。	×：最初は一通り軽く締める
39	多数のボルトで固定するものは、一通り軽く締めた後、締め付けが均一になるように時計回りに順次強く締めていく。	×：ボルトは対称的に締める
40	配管の接続部分に食い違いが生じた場合は、ジャッキでフランジのボルト穴の位置を合わせた後、ボルトを強く締める。	×：原因を確かめ、配管に無理を生じさせないよう接続する
41	ドラム内装着物は、取り付け部のボルトやナットに薄く焼付防止剤などを塗布して組み立てる。	×：焼付防止剤に含まれる油脂は、伝熱面を過熱させるおそれがあるため使用しない
42	ふた、フランジなどのガスケット当たり面の状態を目視により確かめる。	○
43	足場の解体は、高所から順に行い、足場材の移動は、他の機器、装置などを損傷しないように注意する。	○

間違えたら、各レッスンに戻って再学習しよう！

レッスン 2 化学洗浄作業

「化学洗浄作業」は毎回 3 問程度が出題されています。「化学洗浄作業」の 5 レッスンは問題の偏りが少なくまんべんなく出題されています。その中では、「予備調査」「作業計画（腐食の発生および防止）」「酸洗浄および酸洗浄後の水洗と点検」が比較的多く出題されています。

各レッスンの中で出題が特に多い問題は、「予備調査の付着物の試料の採取場所」「作業計画（腐食の発生および防止）の腐食の防止対策の穴埋め問題」「準備作業および洗浄工程の順序」「酸洗浄後の水洗および水洗後の点検では酸洗浄後の水洗の方法」などです。

● 2 - 1「予備調査」に関連した出題は、①試料としてのスケールの採取箇所、②溶解試験の方法、③洗浄作業時の水の量、④スケールおよび腐食の予備調査などが多く出題されています。

● 2 - 2「作業計画（腐食の発生および防止）」に関連した出題は、①酸化性イオンに比例する腐食量、②異種金属による腐食、③温度差・濃度差による腐食に関する問題が多く出題されています。また、穴埋めの問題も多いので、本文 1 から 4 を覚えておきましょう。

● 2 - 3「準備作業および洗浄工程」に関連した出題は、①ボイラー本体から取り外す附属品、②ドラムや胴の内部から取り外す附属品に関する問題が多く出題されています。また、③洗浄工程に関する問題は、ほぼ同一の問題が繰り返し出題される傾向にあるので、基本的な工程を覚えておきましょう。

● 2 - 4「酸洗浄および酸洗浄後の水洗と点検」に関連した出題は、「酸洗浄」では①洗浄液の流速に関する問題、②酸洗浄の終了を判断する酸液の濃度および溶解する鉄イオンの濃度、③洗浄液の温度などが出題されています。また、「酸洗浄後の水洗と点検」では④脱酸素剤を使用する場合、⑤洗浄液が行き止まりの場合、⑥洗浄水の温度や pH などに関する問題が多く出題されています。

● 2 - 5「中和防錆処理」に関連した出題は、①薬品の種類（中和剤、防錆剤）、②薬液の pH、③水洗の省略に関する問題が多く出題されています。

レッスン 2-1 予備調査

重要度 ///

1 予備調査項目

① 保有水量または容量や液の循環が均一に行われる構造か（液の注入口と排出口、水管群の配列など）を調べる

② 配管系統図および**実地調査により配管系統を確認**し、薬液の注入用と排出用に、循環用の配管・薬液ポンプの仮設位置を決定する

③ 止め弁などの洗浄液に触れる部分の材質（**銅合金やオーステナイト鋼などの特殊鋼**）や**表面処理の有無**を調べる

④ スケールのサンプル位置は、ボイラー水の**流れの悪い部分や停滞しやすい部分および熱負荷の最も高い部分、過去に障害を起こした部分**とし、採取したスケールは、化学分析を行い、成分および性質を把握する

⑤ ドラムなど開放可能な部分から**スケールを採取し、全体のスケール付着状況を観察する**

⑥ 内部の状況が観察できないボイラーで、管の一部を切り取ることが可能なものは、**管の一部からサンプルチューブを採取してスケールなどの付着状況を調査し、全体の付着量を推定する**

⑦ 採取したスケールは、**一定量を洗浄液に投入して溶解試験を行い**、効果的な洗浄方法を検討する

⑧ 洗浄作業にはボイラー内容積の**5～20倍程度の水**を必要とするため、水の使用可能量を調査する

⑨ 洗浄廃液の中和や廃液中のCOD成分の処理などの排水の処理を検討する

⑩ 洗浄中に**発生するガスの排気方法**を検討する

⑪ 鋳鉄製ボイラーの場合は、はがれ落ちたスケールを完全に取り出せる構造であること

2 運転状況の調査

① ボイラー内処理、**清缶剤の種類、使用量、注入方法、ボイラー水の分析値**（pH、硬度、酸消費量など）

② **吹出し量**および**吹出し方法**

③ 給水量および**復水の回収率、燃料の種類および使用量**

④ 過熱器の場合は、蒸気圧力、温度、過熱器入口および出口のガス温度

⑤ 前回洗浄作業後の実働時間

⑥ 軟水、脱塩水の再生サイクル

よく出る問題

問 1

出題頻度

ボイラーの化学洗浄作業において、スケールおよび腐食の状況を推測するための調査項目に最も関連のないものは、次のうちどれか。

(1)　燃料の種類および使用量　　(2)　油加熱器の加熱方法
(3)　ボイラー水の分析値　　(4)　清缶剤の種類、使用量および注入方法
(5)　吹出し量および吹出し方法

解説　(2) **油加熱器の加熱方法および加熱温度**は、調査項目に**入っていません。**

問 2

出題頻度

ボイラーの化学洗浄作業における予備調査に関する記述として、適切でないものは次のうちどれか。

(1)　試料としてのスケールは、熱負荷が低い部分またはボイラー水の流れの良い部分からは採取しない。
(2)　材料にオーステナイト鋼などの特殊な材質が用いられていないかどうか調べる。
(3)　管系統図および実地調査により配管系統を確認し、薬液の注入用、排出用および循環用の配管並びに薬液用ポンプの仮設位置を決定する。
(4)　試料として採取したスケールの一定量を、いったん、洗浄液を含まない温水に投入して溶解試験を行い、経済的な洗浄方法を検討する。
(5)　化学洗浄した廃液の中和、廃液中のCOD成分の処理など、排水処理方法を検討する。

解説　(4) 溶解試験はスケールを洗浄液に投入して経済的かつ効果的な洗浄方法を検討するために行います。**温水では溶解試験は行いません。**

問 3

出題頻度

ボイラーの化学洗浄作業における予備調査に関し、次のうち適切でないものはどれか。

(1)　管系統図および実地調査により配管系統を確認し、薬液の注入用、排出用および循環用の配管並びに薬液用ポンプの仮設位置を決定する。
(2)　止め弁の洗浄液が触れる部分の材質や表面処理の有無を調べる。
(3)　試料としてのスケールは、熱負荷が最も高い部分およびボイラー水の流れの良い部分から採取する。
(4)　試料として採取したスケールは、化学分析を行い、その成分および性質を把握する。
(5)　試料として採取したスケールは、その一定量を洗浄液内に投入して溶解試験を行い、効果的な洗浄方法を検討する。

解説　(3) スケールを試料としてサンプリングする場所は、**ボイラー水の停滞しやすい部分および流れが悪い部分、熱負荷が最も高い部分、過去に障害を起こしたことのある部分から採取**します。

解答　問1－(2)　　問2－(4)　　問3－(3)

レッスン 2-2 作業計画（腐食の発生および防止）

重要度 ✎✎✎

酸洗浄では、次の各点に注意し腐食を防止します。

1 酸化性イオンによる腐食防止対策

スケール組成によっては、洗浄液中に溶出してくる**酸化性イオン**（Fe^{3+}およびCu^{2+}など）の量に比例して鋼材が腐食されるので、洗浄液に洗浄助剤として添加する**還元剤**および**銅イオン封鎖剤**を考慮し、**酸化性イオン濃度**を次の値に保持します。

$$Fe^{3+}\,〔mg/L〕+ 2Cu^{2+}\,〔mg/L〕< \mathbf{1\,000}\,〔mg/L〕$$

2 濃度差および温度差による腐食防止策

酸液の濃度および**温度**に著しい差が生じると、**濃淡電池**を形成し、腐食の原因となりますので、これらが常に均一に保たれるように**酸液**の注入方法、**流速**および液の循環方法などに注意します。

3 金属組成の変化による腐食防止策

残留応力が存在する部分および配管系統の**異種金属**が接触する部分には、**電気化学的腐食**が発生するおそれがあるので、**洗浄時間の短縮**、**液の循環系統にバイパスの設置**などの対策を考慮する必要があります。

4 金属の自然電位

銅と鋼・鋳鉄がある場合、**銅がマイナス**になり**鋼・鋳鉄はプラス**となって**鋼・鋳鉄が腐食**されます。

よく出る問題

問 1

出題頻度 ✎✎✎

ボイラーの酸洗浄における腐食防止対策に関し、次の文中の［　　］内に入れるAからCの語句の組合せとして、正しいものは（1）～（5）のうちどれか。

「残留応力が存在する部分および配管系統の［A］が接触する部分には［B］が発生するおそれがあるので、［C］、液の循環系統にバイパスの設置などの対策を考慮する必要がある。」

	A	B	C
(1)	酸化性イオン	電気化学的腐食	酸化剤の添加
(2)	異種金属	電気化学的腐食	洗浄時間の短縮
(3)	異種金属	アルカリ腐食	酸化剤の添加
(4)	酸化性イオン	アルカリ腐食	酸化剤の添加
(5)	異種金属	アルカリ腐食	洗浄時間の短縮

解説　残留応力が存在する部分および配管系統の**異種金属**が接触する部分には**電気化学的腐食**が発生するおそれがあるので、**洗浄時間の短縮**、液の循環系統にバイパスの設置などの対策を考慮する必要があります。

問 2

出題頻度

酸洗浄時における腐食防止対策に関し、次の文中の［　　］内に入れるAからCの語句の組合せとして、正しいものは（1）～（5）のうちどれか。

「スケール組成によっては、洗浄液中に溶出してくる酸化性イオン（Fe^{3+}、Cu^{2+}）の量に比例して鋼材が腐食されるので、洗浄液に洗浄助剤として添加する［ A ］および［ B ］を考慮し、酸化性イオン濃度を次の値に保持する。

Fe^{3+}〔mg/L〕+ $2Cu^{2+}$〔mg/L〕<［ C ］〔mg/L〕

	A	B	C
(1)	還元剤	銅イオン封鎖剤	1 000
(2)	潤化剤	銅イオン封鎖剤	100
(3)	潤化剤	腐食抑制剤	1 000
(4)	還元剤	腐食抑制剤	100
(5)	還元剤	銅イオン封鎖剤	100

解説　スケール組成によっては、洗浄液中に溶出してくる酸化性イオン（Fe^{3+}、Cu^{2+}）の量に比例して鋼材が腐食されるので、洗浄液に洗浄助剤として添加する**還元剤**および**銅イオン封鎖剤**を考慮し、酸化性イオン濃度を次の値に保持します。

Fe^{3+}〔mg/L〕+ $2Cu^{2+}$〔mg/L〕<**1 000**〔mg/L〕

問 3

出題頻度

ボイラーの酸洗浄時における腐食防止対策に関する次の文中の［　　］内に入れるAからCの語句の組合せとして、正しいものは（1）～（5）のうちどれか。

「［ A ］の濃度および［ B ］に著しい差が生じると、［ C ］を形成し、腐食の原因となることから、これらが常に均一に保たれるよう［ A ］の注入方法および流速などに注意する。」

	A	B	C
(1)	酸液	温度	濃淡電池
(2)	酸液	湿度	濃淡電池
(3)	酸液	pH 値	残留応力
(4)	中和液	pH 値	残留応力
(5)	中和液	温度	濃淡電池

解説　**酸液**の濃度および**温度**に著しい差が生じると、**濃淡電池**を形成し、腐食の原因となることから、これらが常に均一に保たれるよう**酸液**の注入方法および流速などに注意します。

解答　問１－(2)　　問２－(1)　　問３－(1)

レッスン 2-3 準備作業および洗浄工程

重要度

1 附属品および胴内の装着物の取外し

① 本体に取り付けられている附属品（**安全弁、空気抜き弁、水面計など**）を**取り外**す。給水管、蒸気管などの**取外しができない部品は木栓でふさぐ**

② 胴内の装着物（**給水内管、プライミング防止管、仕切板、気水分離器および支持金具その他洗浄を必要としない**もの）および洗浄によって影響を受ける部分などは**撤去する**

2 仮設物の取付け

① 仮設機器を据え付け、仮設配管を取り付ける

② 仮設配管は洗浄中高温の液や常温の水を通すので、必要な箇所には**エキスパンション継手またはフレキシブルパイプを用いる**

③ 仮設の配管の途中に設ける止め弁は、**操作しやすい位置に取り付け、流れ方向を標示しておく**

④ 洗浄液の測定点に計器（**温度計、圧力計、流量計など**）を取り付ける

⑤ 必要に応じ、**テストピース**を胴、管寄せ、循環タンクに取り付け、動かないように固定する

3 洗浄工程の手順

標準的な化学洗浄作業は、次の手順で行います。

① **予熱**

② **潤化処理**（前処理として、スケールの性状など必要により行う）

③ **薬品洗浄**　(a) 洗浄液注入 →(b) 洗浄液循環 →(c) 洗浄液排出 →(d) 水洗

④ **防錆処理**　(a) 薬液注入 →(b) 中和防錆 →(c) 水洗

4 潤化処理

スケール中にシリカ、硫酸塩などの難溶性の物質を含むときは、事前に潤化処理を行いスケールの一部を溶解するとともに酸が浸透反応しやすくします。

① 使用薬品は、水酸化ナトリウム、炭酸ナトリウムに潤化剤を併用する

② ボイラーを低燃焼でたき、洗浄液を沸騰点近くの温度に上げ10 ～ 20時間保持する

③ 終了後は水洗水のpHが9前後になるまで水洗を行う

問 1

出題頻度

中小容量のボイラーの化学洗浄の通常の工程手順として、適切なものは次のうちどれか。

(1)　予熱 → 薬品洗浄 → 潤化処理 → 防錆処理
(2)　予熱 → 潤化処理 → 防錆処理 → 薬品処理
(3)　予熱 → 潤化処理 → 薬品洗浄 → 防錆処理
(4)　潤化処理 → 予熱 → 薬品洗浄 → 防錆処理
(5)　潤化処理 → 予熱 → 防錆処理 → 薬品洗浄

解説　中小容量ボイラーの化学洗浄工程は、①**予熱**→②**潤化処理**→③**薬品洗浄**→④**防錆処理**の手順で行われます。

問 2

出題頻度

ボイラーの化学洗浄の準備作業に関し、次のうち適切でないものはどれか。

(1)　ボイラーの本体に取り付けられている安全弁および水面計は、取り外さず、取り付けたままとする。
(2)　胴内の洗浄を必要としない装着物および洗浄によって影響を受ける部分は撤去する。
(3)　洗浄液の注入、循環および排出に使用する仮設の配管で高温の液を通すものには、伸縮継手を設けるか、またはフレキシブルパイプを用いる。
(4)　洗浄液の計測点に、圧力計、温度計などの計器を取り付ける。
(5)　テストピースは、必要に応じ、胴、管寄せなどにつるし、かつ、動かないように固定して取り付ける。

解説　(1) 本体に取り付けられている安全弁、水面計、空気抜き弁などは取り外します。取り外せない部品（給水管、蒸気管）は木栓でふさぎます。

問 3

出題頻度

ボイラーの化学洗浄の準備作業に関し、次のうち適切でないものはどれか。

(1)　ボイラーの本体に取り付けられている安全弁、水面計などの附属品を取り外す。
(2)　胴内の給水内管および気水分離器は、装着したままとする。
(3)　仮設配管の途中に設ける弁は、操作しやすい位置にハンドルを取り付け、流れ方向を標示しておく。
(4)　洗浄液の計測点に、圧力計、温度計などの計器を取り付ける。
(5)　必要に応じ、テストピースを胴、管寄せなどにつるし、かつ、動かないように固定する。

解説　(2) **胴内の装着物**（給水内管、プライミング防止管、仕切板、気水分離器および支持金具その他洗浄を必要としないもの）**および洗浄によって影響を受ける部分などは、撤去**しておきます。

解答　問１－(3)　　問２－(1)　　問３－(2)

レッスン 2-4

酸洗浄および酸洗浄後の水洗と点検

重要度

1 酸洗浄

洗浄には一般的に酸を用いますが、酸には**無機酸**と**有機酸**があります。

無機酸は、塩酸、硫酸、リン酸などがあり、価格が安いこと、スケールの反応性が大きいこと、反応生成物の溶解度が大きいこと、取扱上の危険性が比較的少ないことなどから、**塩酸が最も広く使用されています**。

また、有機酸には、クエン酸、ギ酸などがあり、**クエン酸が最も広く使用されています**。クエン酸は、有機酸としては反応性がよく、反応生成物の溶解度が大きい特徴があります。有機酸は、ボイラー運転時の高温で分解し、仮に酸が残留しても腐食の危険性が少なく、また、**オーステナイトステンレス鋼の部分を含むボイラーに対しては、塩化物イオンを含まない有機酸を使用**しなければなりません。

2 酸洗浄に用いる添加剤

(1) インヒビタ（腐食抑制剤）

金属の表面に吸着され、酸液と金属との直接の接触を妨げることにより、酸による腐食を防止する。インヒビタは、使用する酸に適合するものを、温度、酸濃度などの定められた条件で使用しなければならない

(2) 還元剤

酸液中にスケールが溶出することによって、酸化性のイオンが増加し、鋼材を腐食する。この**酸化性イオン**を**還元させるため**に**還元剤を添加する**

(3) 銅封鎖剤

銅をある程度溶解するとともに銅イオンを封鎖する作用があり、**酸液中に溶出した銅が、鉄表面にメッキされて鉄を腐食させるのを防止する**。**スケール中に銅が多量に含まれているときに使用する**

3 洗浄液の管理

スケールを完全に、かつ短時間で溶解するためには温度が高いほうがよいのですが、**温度を高くするとインヒビタの効果が減少し、酸自体が蒸発・分解して腐食が起こる**可能性があります。

① 液の温度測定は、**30分～1時間ごと**に測定し、**液温を一定に保持する**

② 液の流速は、速くなると腐食を起すことがあるので、**水管で3 m/s以下**とする

③ 液の分析は、**30分～1時間ごと**に採取し、**酸濃度**〔%〕および**溶出鉄イオン（Fe^{2+}およびFe^{3+}）濃度**を測定する。また、必要に応じ、銅イオン濃度も測定する

④　酸洗浄終了時点の判定は、酸濃度曲線の低下傾向および溶出鉄イオン曲線の上昇傾向がほとんどなくなった時点、すなわち**曲線が水平になり、濃度がほぼ一定値を示した時点**を終了点とする

4 洗浄液の排出

①　酸洗浄後は、できるだけすみやかに酸液を排出する

②　酸洗浄後の金属面は発錆(せい)しやすい状態にあるので、発錆の有無を特に重要視する必要がある場合は、**窒素を封入して酸液と置換し、空気との接触を防止する**

5 水　洗

①　水洗水の**pH が 5 以上**になるまで十分に水洗を行う

②　洗浄中に液の行き止まりとなる部分は、特に水洗を十分に行う

③　水洗には、なるべく温水を使用する。温度は**60℃以上**とする

④　窒素置換などにより、発錆を防止する場合には、**脱酸素剤を添加した温水**を使用する

⑤　洗浄液が行き止まりとなる部分に**バイパス弁やドレン弁が設けられている場合は、これらの弁を開放**して十分に水洗を行う

⑥　洗浄作業中に使用していた各弁については、水洗のとき、グランドパッキン押えをゆるめて、**パッキン部にしみ込んだ洗浄液を十分に洗い流す**

6 水洗後の点検

水洗後の点検は、特に必要な場合を除き省略して、**中和防錆後に行う**ほうがよいです。

①　マンホールその他の穴を開放し、洗浄効果を観察する

②　スケールの残留状態により、再洗浄および手作業による清浄仕上げの要否を判断し、必要な措置を講ずる

③　マンホールから内部に入り、水洗で除去できなかった溶解残留物をボイラー外に排出する。内部に入る場合、**換気を十分に行い酸素濃度が 18%以上あることを測定**し、危害防止に努める

④　テストピースが内部に配置されている場合は、それを取り出して点検する。テストピースを取り出した後、保存する場合は、発錆防止のため防錆紙などで密閉する

⑤　スケール残留物を排出した後、必要があれば水洗を行う。必要に応じ、**クエン酸**を用い**酸濃度 0.1 ～ 0.2%程度の希釈液で洗浄**を行い、これを水洗に代用してもよい

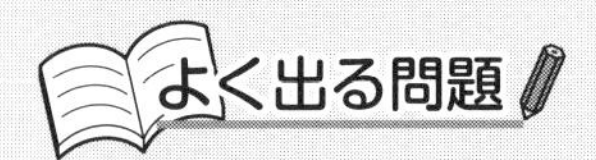

問 1

出題頻度

ボイラーの酸洗浄に関し、次のうち適切でないものはどれか。

(1) 30分～1時間ごとに洗浄液の温度を測定し、液温を一定に保持する。

(2) 洗浄液の流速が遅いときには腐食が起こりやすいので、水管内の流速は3 m/s以上とする。

(3) 洗浄は、洗浄液の酸濃度の低下傾向および洗浄液中のFe^{2+}やFe^{3+}の濃度の上昇傾向がほぼなくなったら終了する。

(4) 洗浄後の水洗は、一般に60℃以上の温水を使用し、水洗水のpHが5以上になるまで行う。

(5) 30～60分ごとに洗浄液を採取し酸濃度および洗浄液中に溶出したFe^{2+}、Fe^{3+}の濃度を測定する。

解説 (2) 洗浄液の流速が速いときには腐食が起こりやすいので、**水管内の流速は3 m/s以下**とします。

問 2

出題頻度

ボイラーの酸洗浄後の水洗に関し、次のうち適切でないものはどれか。

(1) 水洗水には、一般に60℃以上の温水を使用する。

(2) 水洗は、水洗水がpH5以上になるまで行う。

(3) 発錆を防止するため窒素置換を行うときは、水洗水に軟化剤を添加する。

(4) 洗浄液が行き止まりとなる部分にバイパス弁やドレン弁が設けられているときには、これらの弁を開放して水洗を行う。

(5) 洗浄作業中に使用した弁は、グランドパッキン押えをゆるめてパッキン部にしみ込んだ洗浄液を洗い流すように水洗を行う。

解説 (3) 発錆を防止するため窒素置換を行うときは、**水洗水に脱酸素剤を添加した温水**を使用します。

問 3

出題頻度

ボイラーの酸洗浄後の水洗に関し、次のうち適切でないものはどれか。

(1)　水洗は、一般に60℃以上の温水を使用する。

(2)　水洗は、水洗水がpH5以下となるまで行う。

(3)　発錆を防止するため窒素置換を行うときは、水洗水に脱酸素剤を添加する。

(4)　洗浄液が行き止まりとなる部分にバイパス弁やドレン弁が設けられているときは、これらの弁を開放して水洗を行う。

(5)　洗浄作業中に使用していた弁は、水洗のとき、グランドパッキン押えをゆるめてパッキン部にしみ込んだ洗浄液を洗い流す。

解説　(2) 水洗は、水洗水の**pHが5以上になるまで十分に水洗を行います。**

問 4

出題頻度

ボイラーの酸洗浄に関し、次のうち適切でないものはどれか。

(1)　洗浄液の流速が速くなると腐食が起こることがあるので、水管内の流速は3 m/s以下とする。

(2)　30～60分ごとに洗浄液を採取し、酸濃度および洗浄液中に溶出したFe^{2+}やFe^{3+}の濃度を測定する。

(3)　洗浄は、洗浄液の酸濃度の低下傾向および洗浄液中のFe^{2+}やFe^{3+}の濃度の上昇傾向がほぼなくなったら終了する。

(4)　洗浄後の水洗は、一般に、40℃以上の温水を使用し、水洗水のpHが3以上になるまで行う。

(5)　酸洗い後の金属面は発錆しやすい状態にあるので、必要に応じて不活性ガスを封入して酸液と置換する。

解説　(4) 洗浄後の水洗は、60℃以上の温水を使用して、水洗水のpHが5以上になるまで行います。

解答　問1－(2)　　問2－(3)　　問3－(2)　　問4－(4)

レッスン 2-5 中和防錆（せい）処理

重要度

中和防錆処理の概要

① 中和防錆処理は、酸洗浄後、金属表面が活性化され発錆しやすい状態になっているので、発錆や腐食を防止する目的で行う

② 中和剤として、**炭酸ナトリウム**、**水酸化ナトリウム**、**アンモニア**などがある

③ 防錆剤として、**リン酸ナトリウム**、**ヒドラジン**などがある

④ 薬液の循環で行う場合は、**80 ～ 100℃に加温し**、**pH を 9 ～ 10 に保持したまま 2 時間循環**する。または低燃焼で、**圧力を 0.3 ～ 0.5 MPa に上げ**、**pH を 9 ～ 10 にしたまま 2 時間程度**保持する

⑤ 処理後は、必要に応じて水洗を行うが、**省略するほうがよい場合が多い**

よく出る問題

問 1

出題頻度

ボイラーの化学洗浄における中和防錆処理に関し、次のうち適切でないものはどれか。

(1) 中和防錆処理は、酸洗浄後、金属表面が活性化されて発錆しやすい状態になるので、再び使用するまでの間の発錆や腐食を防止するために行う。

(2) 中和防錆処理では、中和剤としてリン酸ナトリウム、ヒドラジンなどを用い、防錆剤として炭酸ナトリウム、アンモニアなどを用いる。

(3) 薬液循環による中和防錆処理を行うときは、薬液温度を 80 ～ 100℃に加熱昇温し、約 2 時間循環させる。

(4) 薬液循環による中和防錆処理を行うときは、薬液の pH を 9 ～ 10 に保持する。

(5) 中和防錆処理後は、必要に応じて水洗を行うが、水洗を省略するほうがよい場合が多い。

解説 (2) 中和剤は、**水酸化ナトリウム**、**炭酸ナトリウム**、**アンモニア**など、防錆剤としては、**リン酸ナトリウム**、**ヒドラジン**などを用います。

問 2

出題頻度

中和防錆処理に関し、次のうち適切でないものはどれか。

(1)　中和防錆処理は、酸洗浄後、金属表面が活性化されて発錆しやすい状態になるので、発錆や腐食を防止するために行う。

(2)　薬液循環による処理は、一般に、薬液温度を 80 ～ 100℃に加熱昇温し、約２時間循環して行う。

(3)　中和防錆処理の薬品には、主なものとして、炭酸ナトリウム、水酸化ナトリウム、リン酸ナトリウム、亜硫酸ナトリウム、ヒドラジンおよびアンモニアがあり、これらを単独でまたは混合して用いる。

(4)　薬液の pH は、5 ～ 7 に保持する。

(5)　処理後は、必要に応じ水洗を行うが、水洗をしない場合が多い。

解説　(4) 薬液は、**pH9 ～ 10** に保持します。

問 3

出題頻度

ボイラーの化学洗浄における中和防錆処理に関する A から D までの記述で、適切なもののみを全てあげた組合せは、次のうちどれか。

A　中和防錆処理では、中和剤としてアンモニアなどを用い、防錆剤としてヒドラジンなどを用いる。

B　薬液循環による中和防錆処理を行うときは、薬液温度を 80 ～ 100℃に加熱昇温し、2 時間程度循環させる。

C　薬液による中和防錆処理としては、圧力を 0.5 ～ 1.0 MPa に上げて 2 時間程度保持する。

D　薬液循環による中和防錆処理を行うときは、薬液の pH を 9 ～ 10 に保持する。

(1)　A、B、C　　(2) A、B、D　　(3)　B、C　　(4)　B、C、D　　(5) C、D

解説　C は誤りで、薬液温度は **80 ～ 100℃に加熱昇温して 2 時間循環**させるか、または**低燃焼で圧力を 0.3 ～ 0.5 MPa に上げて 2 時間保持**します。

A、B、D の記述は適切です。

解答　問 1 − (2)　　問 2 − (4)　　問 3 − (2)

レッスン 2 化学洗浄作業のおさらい問題

化学洗浄作業に関する以下の設問についての正誤、または[　　]に入る語句を答えよ。

■ 2-1 予備調査

No.	設問	解答
1	試料として採取したスケールの一定量を、いったん洗浄液を含まない温水に投入して溶解試験を行い、経済的な洗浄方法を検討する。	×：スケールを温水ではなく洗浄液に投入して溶解試験を行う
2	ボイラーの化学洗浄作業においてスケールおよび腐食の状況を推測するための調査項目として、油加熱器の加熱方法は適正である。	×
3	ボイラーの化学洗浄作業においてスケールおよび腐食の状況を推測するための調査項目として、燃料の種類および使用量は適正である。	○
4	試料としてのスケールは、ボイラー水の停滞しやすい部分や熱負荷の低い部分から採取する。	×
5	ボイラーの化学洗浄作業において、スケールおよび腐食の状況を推測する調査項目として、「工業用水の再生サイクルの状況」は適正である。	×：軟水、脱塩水の再生サイクルを調査する
6	試料としてのスケールは、熱負荷が最も高い部分およびボイラー水の流れのよい部分から採取する。	×：熱負荷の最も高い部分、ボイラー水が滞留しやすい流れの悪い部分、過去に障害が発生した部分などから採取する
7	配管系統の蒸気の流速および流量も調査する。	×：配管系統を管系統図や現地調査により確認して、液の注入および排出用や循環用の配管およびポンプの仮設位置を決定する
8	洗浄作業は、一般に被洗浄物内容積の 3 倍程度の量の水を必要とするため、水の使用可能量を調査する。	×：内容積の 5 ～ 20 倍程度の水量が必要

■ 2-2 作業計画（腐食の発生および防止）

No.	設問	解答
9	銅と鋳鉄が接触する部分では、銅がプラスイオン、鋳鉄がマイナスイオンとなって、銅が腐食する。	×：銅がマイナス、鋳鉄がプラスとなり鋳鉄が腐食する
10	スケール中に銅が含まれている場合には、酸で溶質した銅イオンが、鋼材表面に金属銅として析出し、被膜を形成して腐食を防止する。	×：析出した銅は、鉄表面にメッキされて鉄を腐食する
11	止め弁などの異種金属が接触する部分には、アルカリ金属が発生するおそれがある。	×：電気化学的腐食が発生する
12	スケールの組成によっては、洗浄液中に溶出してくる還元性イオンの量に比例して、鋼材は腐食する。	×：酸化性イオンの量に比例する
13	著しい温度差による腐食を防止するため、リン酸ナトリウムなどを洗浄液に添加する。	×：酸液の注入方法、循環方法、流速などに注意する

No.	問題	解答
14	異種金属が接触する部分に発生する電気化学的腐食を防止するため、無機酸を洗浄剤に添加する。	×：防止対策は洗浄時間の短縮、バイパスの設置など
15	[A]の濃度および[B]に著しい差が生じると、[C]を形成し、腐食の原因となることから、これらが常に均一に保たれるように[A]の注入方法、循環方法、流速などに注意する。	A：酸液、B：温度、C：濃淡電池
16	[A]が存在する部分および[B]が接触する部分には[C]が発生するおそれがあるので、洗浄時間の短縮、洗浄液の循環系統バイパスの設置などの対策を考慮する必要がある。	A：残留応力、B：異種金属、C：電気化学的腐食
17	酸液には Fe^{3+}、Cu^{2+} などの酸化性イオンによる腐食を防止するため、[A]や[B]を洗浄助剤として添加する。	A：還元剤、B：銅イオン封鎖剤
■ 2-3	準備作業および洗浄工程	
18	ボイラー本体に取り付けられている安全弁および水面計は、取り外さず取り付けたままとする。	×：本体に取り付けられている附属装置は取り外す
19	胴内の給水内管および気水分離器は、装着したままとする。	×：洗浄によって影響を受ける胴内の装着物は撤去する
20	中小容量のボイラーの化学洗浄の通常の工程は、予熱→潤化処理→薬品洗浄→防錆処理である。	○
■ 2-4	酸洗浄および酸洗浄後の水洗と点検	
21	洗浄液の温度は、腐食抑制剤の効果を高めるため高い方がよい。	×：温度が高いと腐食抑制剤の効果が半減する
22	洗浄は、洗浄液の酸濃度の上昇傾向および洗浄液中の Fe^{2+}、Fe^{3+} の濃度の低下傾向がなくなったら終了する。	×：酸濃度の低下傾向および溶出鉄イオンの上昇傾向がなくなったとき
23	洗浄液の流速が遅いときには腐食が起こりやすいので、水管内の流速は 3 m/s 以上とする。	×：水管の流速は 3 m/s 以下とする
24	スケール残留物を排出後、必要に応じて水洗を行うが、スルファミン酸溶液で洗浄を行えば、これを水洗に代用することができる。	×：0.1 ～ 0.2 % 程度のクエン酸希釈水で水洗に代用する
25	洗浄後の水洗は、一般に 40 ℃以上の温水を使用し、水洗水の pH が 5 以下になるまで行う。	×：60 ℃以上の温水で pH5 以上になるまで洗浄を行う
26	洗浄液が行き止まりとなる部分にバイパス弁やドレン弁が設けられているときは、これらの弁を閉止して水洗を行う。	×：バイパス弁、ドレン弁を開放して水洗を行う
27	発錆を防止するため窒素置換を行うときは、水洗水に軟化剤を添加する。	×：水洗水に脱酸素剤を添加する
■ 2-5	中和防錆処理	
28	中和防錆処理では、中和剤としてヒドラジンなどを用い、防錆剤としてアンモニアなどを用いる。	×
29	中和防錆処理では、中和剤としてリン酸ナトリウム、ヒドラジンなどを用い、防錆剤として炭酸ナトリウム、アンモニアなどを用いる。	×：中和剤は炭酸ナトリウム、アンモニアなど、防錆剤はリン酸ナトリウム、ヒドラジンなどを用いる
30	薬液循環による中和防錆処理を行うときは、薬液温度を 80 ～ 100 ℃に加熱昇温し、2 時間程度循環させる。	○
31	薬液による中和防錆処理としては、圧力を 0.5 ～ 1.0 MPa に上げて 2 時間程度保持する。	×：圧力を 0.3 ～ 0.5 MPa に上げ、pH9 ～ 10 で 2 時間程度保持する

32	薬液循環による中和防錆処理を行うときは、薬液の pH を 9 ～ 10 に保持すること。	○
33	中和防錆処理は、中和防錆処理の効果を高めるために水洗しなければならない。	×：中和防錆処理後の水洗は、省略するほうがよい場合が多い
34	中和防錆処理では、強い酸性の水溶液を用いる。	×：水酸化ナトリウム、炭酸ナトリウムなどの強いアルカリ性の水溶液を用いる

間違えたら、各レッスンに戻って再学習しよう！

レッスン 3 危害防止の措置

危害防止の措置では、ほぼ毎回 1 問出題されています。

出題回数が多い問題は、酸洗浄によって発生するガスの名称や発生したガスの処理方法、ボイラー内部や煙道に入るときの酸素濃度に関する問題、灰出し作業の注水に関する問題などです。

「危害防止の措置」は、ほぼ毎回出題されている項目で、出題範囲も広く、①配管の切離し方法、②ダンパの開閉確認、③灰の注水に関する注意事項、④酸洗浄で発生するガス、⑤作業環境の酸素濃度、⑥取り外せないバーナの対応、⑦足場、⑧長期休止中のボイラーの酸化による影響などの問題が出題されています。問題文をそのまま覚えておくと解答に役立つ問題が多いでので、ぜひとも覚えましょう。

レッスン 3

危害防止の措置

重要度 

1 機械的清浄作業の災害および防止方法

① **高所かられんが、ボイラー部品、工具類などが落下**するおそれがないこと

② 他のボイラーとの**蒸気や給水の連絡配管の遮断**を完全に行い蒸気や給水の流入がないこと

・流入を遮断するため、**フランジ部に遮断板を取り付ける**

・遮断板が不可能な場合は、**止め弁を確実に閉止し、固縛するなどし、かつ操作禁止の標示を行う**

③ 他のボイラーの安全弁や吹出し管からの**突然の蒸気の吹出しによる危険がないこと**

④ **高温蒸気などの露出部分や配管系の蒸気漏れによるやけどの危険**がないことを確認し、おそれがある箇所はあらかじめ防護すること

⑤ 灰出し作業では、高所の灰はあらかじめ落としておくとともに、**熱灰には余熱が少なくなってから適宜注水を行う**（注水による爆発によるやけどの防止）

⑥ 休止中のボイラーは**内部が酸化され、酸欠**のおそれがある

⑦ ボイラーペイントを塗装する場合、**有機溶剤中毒、引火爆発**に注意する

⑧ 防錆塗料を塗布する場合は、**換気を行う**とともに**火気の使用を禁止**する

⑨ **煙道ダンパの全開を確認し**、煙道内換気を確認する。また、**他のボイラーと煙道が共通している場合は、合流部分のダンパの閉止状態を確認し**、操作禁止の標識を付ける

⑩ 燃焼室、煙道などガス通路内の**不完全燃焼によるガスの停滞**に注意する

⑪ ボイラー内部および煙道等ガス通路の換気、通風に努め、**必要により作業中も換気装置を使用する**

⑫ ボイラー内に立ち入る前には、**酸素濃度を測定し、18%以上**であることを確認する

⑬ ボイラーの内部および煙道内に立ち入るときは、**マンホール、出入口の外部に監視人をおく**

⑭ ボイラー本体が導電体であるため、**水や汗で身体がぬれた状態で電動工具を使用すると感電**するおそれがあるので注意する

⑮ チューブクリーナなどの**動力部は、胴の外に置く**

⑯ 構造上バーナの取り外しができないときは、**燃料遮断弁が完全に閉止**であること

⑰ 高所作業には、脱落制止器具を使用する

2 化学洗浄作業

① 洗浄作業には**ゴム製品**、**プラスチック製品**など、**耐薬品性の特殊作業衣**を着用する

② 洗浄作業付近に引火性、有毒性の物質の貯蔵や配管がないこと

③ 発生する**水素ガス**に対する拡散対策、ガス放出管が完全であること

3 足　場

① 足の踏み外しやつまずきにより、高所から墜落するおそれがないこと

② 高所作業で足場を使用する場合は、足場板の両端を支柱に縛るなど、安全性を確保する。また、**張出し足場の使用を避け、枠組み足場を優先**する

③ 昇降に使用する仮設はしごの**上部は支持金物に固く縛り、下部には滑り止めを付ける**。また、**はしご上端は床から 60 cm 以上突き出す**

問 1

出題頻度

ボイラーの機械的清浄作業および化学洗浄作業における危害防止の措置に関し、次のうち適切でないものはどれか。

(1) 昇降に使用する仮設はしごは、その上部を固く縛って固定したり、下端に滑り止めを設ける。また、はしご上端は床から 60 cm 以上突き出す。

(2) ボイラーの内部や煙道内に入る場合は、入る前に十分に換気を行う他、必要に応じて作業中も換気を行う。

(3) 他のボイラーの吹出し管や安全弁からの突然の吹出しによる危険および高温の蒸気管の露出部や蒸気漏れによる危険がないことを確認する。

(4) 酸洗浄によって発生する窒素ガスを安全な場所へ放出するためのガス放出管を設ける。

(5) 灰出し作業では、高所の熱灰をあらかじめ落としておくとともに、余熱が少なくなってから熱灰に適宜注水を行う。

解説 (4) 酸洗浄で発生するガスは、**水素ガス**です。

問 2

出題頻度

ボイラーの機械的清浄作業および化学洗浄作業における危害防止の措置に関し、次のうち適切でないものはどれか。

(1) 化学洗浄作業では、ゴム製品、プラスチック製品などの耐薬品性のある作業衣を着用する。

(2) ボイラーの内部や煙道内へ入る場合は、入る前に十分に換気を行う他、必要に応じて作業中も換気を行う。

(3) 他のボイラーの吹出し管や安全弁からの突然の吹出しによる危険がないか確認する。

(4) ボイラーの内部や煙道内に入るときには、マンホールや出入口の外側に監視人を置く。

(5) 灰出し作業では、高所の熱灰をあらかじめ落としておくとともに、多量の水を一度に熱灰に散布して冷却する。

解説 (5) 熱灰へ多量の水を注水すると爆発し、やけどをするおそれがあります。

問 3

出題頻度

機械的清浄作業に伴う危険または有害要因に関し、次のうち適切でないものはどれか。

(1)　長期間休止中のボイラーにあっては、内部が酸化されて爆発するおそれがある。
(2)　水や汗で身体がぬれた状態で電動工具を使用すると、ボイラー本体が導電体であるため感電しやすい。
(3)　足場の踏み外しやつまずきにより、高所から墜落するおそれがある。
(4)　ボイラー内部でボイラーペイントを塗装する場合には、有機溶剤中毒の発生のおそれがある。
(5)　高所作業では張出し足場より枠組み足場を優先して使用する。

解説　(1) 長期間休止中のボイラーは、内部が酸化されて**酸欠のおそれ**があります。

問 4

出題頻度

ボイラーが冷却された後に機械的清浄作業の準備作業として行う危害防止の措置に関するＡからＤまでの記述で、適切なもののみを全てあげた組合せは、次のうちどれか。

A　煙道ダンパおよび他のボイラーの煙道との合流部分のダンパが、完全に閉止されていることを確認する。
B　他のボイラーと蒸気管が接続している場合で、蒸気管の切り離しが不可能なため、止め弁の閉止だけで遮断するときは、止め弁を完全に閉止したうえで容易に操作できないようにし、操作禁止の標示をする。
C　蒸気管または他の高温流体の配管の露出した部分に触れたり、漏れた蒸気に吹かれてやけどをするおそれがないか点検し、おそれがある箇所はあらかじめ防護する。
D　バーナの取り外しが構造上できない場合は、燃料遮断弁の開閉の状態にかかわらず、燃料調節弁が完全に閉止となっていることを確認する。

(1)　A、B　　(2)　A、B、C　　(3)　A、D　　(4)　B、C　　(5)　B、C、D

解説　A　**煙道ダンパの全開を確認**し、煙道内の換気を確認します。また、他のボイラーと煙道が共通している場合は、合流部のダンパの閉止状態を確認し、操作禁止の標示を行います。

D　構造上、バーナの取り外しができない場合は、**燃料遮断弁が完全に閉止であることを確認**します。

B、Cは適切な記述です。

解答　問１－(4)　　問２－(5)　　問３－(1)　　問４－(4)

レッスン 3 危害防止の措置のおさらい問題

危害防止の措置に関する以下の設問について、正誤を○、×で答えよ。

■3　危害防止の措置		
1	煙道ダンパおよび他のボイラーの煙道との合流部分のダンパが、完全に閉止されていることを確認する。	×：煙道ダンパは全開、合流部のダンパは全閉
2	他のボイラーと蒸気管が接続している場合で、蒸気管の切り離しが不可能なため、止め弁の閉止だけで遮断するときは、止め弁を完全に閉止した上で容易に操作できないようにし、操作禁止の標示をする。	○
3	蒸気管または他の高温流体の配管の露出部に触れたり、ぬれた蒸気に吹かれて、やけどするおそれがないか点検し、おそれがある箇所はあらかじめ防護する。	○
4	バーナの取り外しが構造上できない場合は、燃料遮断弁の開閉の状態にかかわらず、燃料調節弁が完全に閉止となっていることを確認する。	×：燃料遮断弁が完全に閉止されていることを確認する
5	他のボイラーの吹出し管や安全弁からの突然の吹出しによる危険がないか確認する。	○
6	灰出し作業では、高所の熱灰をあらかじめ落としておくとともに、余熱が少なくなってから熱灰に適宜注水を行う。	○
7	灰出し作業では、ボイラーの温度が高いほど作業性が良いが、少なくとも50℃以下に冷却してから行う。	×：少なくとも40℃以下に冷却する
8	灰出し作業では、高所の熱灰をあらかじめ落としておくとともに、多量の水を一度に熱灰に散布して冷却する。	×：熱灰に注水を行うと爆発が起こるおそれがある
9	酸洗浄では、主に硫黄や塩素を含む有毒ガスが発生するので、このガスを安全な場所へ放出するためのガス放出管を設ける。	×：酸洗浄で発生するのは可燃性の水素ガス
10	酸洗浄によって主として塩素ガスが発生するが、このガスを安全な場所へ放出するためのガス放出管を設ける。	×
11	ボイラーの内部や煙道内に入る場合は、入る前に酸素濃度を測定して16%以上であることを確認する。	×：酸素濃度は18%以上であることを確認する
12	長期休止中のボイラーにあっては、内部が酸化されて爆発のおそれがある。	×：酸欠のおそれがある
13	ボイラー内部でボイラーペイントを塗布する場合には、有機溶剤中毒の発生のおそれがある。	○
14	昇降に使用する仮設はしごは、その上部を固く縛って固定したり、下端に滑り止めを設ける。	○
15	高所作業では、枠組み足場より張出し足場を優先して使用する。	×：枠組み足場を優先して使用する
16	昇降時に使用する仮設はしごの上部は、固く縛って固定し、はしご上端は床から40 cm以上突き出す。	×：60 cm以上突き出す
17	水や汗で身体がぬれた状態で電動工具等を使用すると、ボイラー本体が導電体であるため感電しやすい。	○

レッスン 4 附属設備および附属機器の点検および整備

「附属設備および附属機器の点検および整備」では、「附属設備」と「安全弁」の出題が多く、出題数が多いものは、「附属設備」ではエコノマイザ管に付着する物質の影響、「安全弁」ではすり合わせ後の検査の良否の判定方法、「計測装置（圧力計、水面計）」では水面計のコックの分解方法などです。

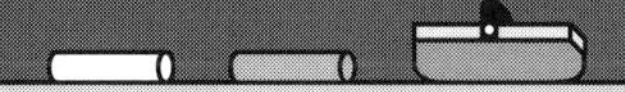

- 4-1「附属設備」では、①過熱器に関しては、安全弁の作動する順序や過熱器管などの内外面の付着物に関する問題が出題されています。②節炭器（エコノマイザ）に関しては、外面に付着する物質や逃がし弁（安全弁）の作動する順序などが出題されています。③空気予熱器に関しては、再生式空気予熱器の点検・整備に関する問題が出題されています。
- 4-2「安全弁」に関する問題も出題率は高く、①安全弁のすり合わせを行う要件、②すり合わせの方法、③すり合わせの良否の判定方法などが多く出題されています。
- 4-3「計測装置（圧力計、水面計）」の出題傾向として、圧力計では、①サイホン管に水を張る時期、②圧力計の取り外し方に関する問題、③圧力計を取り替える時期に関する問題が出題されています。また、水面計では、ガラス水面計のコックの分解手順が出題されています。

レッスン 4-1 附属設備

重要度

1 過熱器の点検と整備

① 管寄せの検査穴および掃除穴などのふたを取り外し、**過熱器管および管寄せの内部にキャリオーバによるスケールの付着**、損傷、腐食や錆の発生がないか点検する。ふた板の**密封材は新しいものと取り替える**

② 過熱器管の**外面に損傷や変形がないか**点検する

③ 過熱器管が**貫通する部分の耐火材およびバッフル部に損傷**、割れおよび脱落がないか点検する

④ 過熱器用安全弁は**ボイラー本体の安全弁より低い圧力で吹出すように調整する**

2 節炭器（エコノマイザ）の点検および整備

① 煙道入口、マンホールを開放する。また、管寄せ接続配管を取り外し、節炭器管および管寄せの内部およびケーシングに腐食、付着物や錆の発生がないか点検する。ふた部の密封材は新しいものと取り替える

② 節炭器管の**外面およびフィンに損傷やすすなどの付着がないか**点検する

③ 節炭器管が**貫通する部分およびバッフルに損傷**、割れがないか点検する

④ 節炭器用逃がし弁は、**ボイラー本体の安全弁より高い圧力に調整する**

3 空気予熱器の点検および整備

① 煙道入口、マンホールを開放し加熱用鋼管、プレートおよび再生成エレメント、ケーシングに腐食、付着物がないか点検する

② **再生式空気予熱器**のロータおよび駆動装置の点検・整備をする

③ 点検・整備が終わったら**手動で駆動装置を回転させて、しゅう動調整板のすき間と音に注意し、異常がなければモータ駆動に切り換えて**点検する

よく出る問題

問 1

出題頻度

エコノマイザの点検と整備に関し、次のうち適切でないものはどれか。

(1) 煙道入口、マンホールを開放し、管寄せ接続配管を取り外す。

(2) エコノマイザ管および管寄せの内部並びにケーシングに腐食や付着物がないかを点検する。

(3) エコノマイザ管の外面およびフィンに、スケール、スラッジ（かま泥）の付着がないかを点検する。

(4) エコノマイザ管が貫通する部分およびバッフルに損傷、割れがないことを点検する。

(5) エコノマイザ用逃がし弁は、ボイラー本体の安全弁より高めの圧力に調整する。

解説　(3) エコノマイザ管の外面およびフィンに**損傷**がないか、また、**すす**などが付着していないかを点検します。**スケールやスラッジは、エコノマイザ管の内面に付着します。**

問 2

出題頻度

過熱器の点検・整備の要領として、適切でないものは次のうちどれか。

(1)　過熱器管および管寄せの内部に腐食や付着物がないか点検する。

(2)　過熱器管が貫通する部分の耐火材およびバッフルに損傷、割れや脱落がないか点検する。

(3)　過熱器管内面にキャリオーバによるスケールの生成、過熱や焼損箇所がないか点検する。

(4)　管寄せの検査穴および掃除穴などのふた部の密封材は、点検後新しいものと取り替える。

(5)　過熱器用安全弁は、ボイラー本体の安全弁より後に高い圧力で作動するように調整する。

解説　(5) 過熱器は、ボイラーの運転中常に蒸気を流しておかないと焼損するおそれがあるため、ボイラー本体より先に安全弁を作動させて蒸気が止まらないようにします。

問 3

出題頻度

ボイラーの附属設備の点検・整備の要領として、適切でないものは次のうちどれか。

(1)　過熱器は、過熱器管が貫通する部分の耐火材およびバッフルの損傷、割れおよび脱落の有無を調べる。

(2)　エコノマイザは、エコノマイザ管が貫通する部分およびバッフルの損傷および割れの有無を調べる。

(3)　再生式空気予熱器は、電動モータ駆動で伝熱エレメントを回転させながらしゅう動調整板のすき間を調整する。

(4)　ドラム内に装着された気水分離器は、取り外してボイラーの外に出し、錆などをワイヤブラシやスクレッパを用いて除去してから水や圧縮空気によって清掃する。

(5)　減圧弁は、定期的に点検し、弁体と弁座の当たり面に損傷があれば、コンパウンドですり合わせる。

解説　(3) 再生式空気予熱器は、点検・整備後に**手動で駆動装置を回転させながらしゅう動調整板のすき間と音を確認し、異常がなければモータ駆動に切り換えて点検**します。

解答　問1－(3)　　問2－(5)　　問3－(3)

レッスン 4-2 安全弁

重要度

全量式安全弁の点検・整備

① 安全弁の分解は、**作業台**で行う

② 分解時は、各調整部の位置を**測定記録し**、**合マーク**を付けておく

③ 取り外した部品は、詳細に点検し付着しているごみや錆は**洗浄液を湿らせた布でふき取る**。また、点検が終わった部品は汚れのない板や布の上に置き、ごみなどが付着しないようにする

④ 分解した安全弁は、**漏れの有無にかかわらず、すり合わせを行う**

⑤ すり合わせが終了した弁体と弁座は洗浄液を湿らせた布でふき取る

⑥ 弁座のすり合わせは、**同一箇所での回転のみですり合わせを行わず、偏心およびすべての方向にぐるぐるまわす動作ですり合わせを行う**

⑦ 弁座のすり合わせは、定盤を均一に押さえ付けながら、ゆるやかに回転するように行う

⑧ 弁体のすり合わせは、弁体を水平に置き、すり合わせを行う

⑨ コンパウンドを替える度に定盤および弁体、弁座のすり合わせ面をきれいにふき取る

⑩ すり合わせは**定盤およびコンパウンド**を使用して行い、**弁体と弁座の共ずりはしない**。使用するコンパウンドは、**荒仕上げ用（#500）**や**仕上げ用（#900）**を用いる

⑪ 弁座のすり合わせ面は、当たり幅が広く外径側がだれやすいので注意する

⑫ すり合わせ面に光線を当てて、**すり合わせ面が一様に輝いて見える場合は、すり合わせ良好である**

よく出る問題

問 1

出題頻度

全量式安全弁の点検および整備の要領として、適切でないものは次のうちどれか。

(1)　ボイラーから取り外した安全弁を分解するときは、各調整部の位置を計測し記録したり、合マークを行う。

(2)　分解した部品は、詳細に点検し、付着しているごみや錆は洗浄液で湿らせた布でふき取る。

(3)　分解した弁体および弁座のうち、漏れのあるものはすり合わせを行い、漏れのないものは点検・掃除のみを行う。

(4)　弁体および弁座のすり合わせは、定盤およびコンパウンドを使用して行い、弁体と弁座の共ずりはしない。

(5)　弁座のすり合わせは、同一箇所での回転のみですり合わせをせず、偏心およびすべての方向に回すようにして行う。

解説　(3) 分解した弁体および弁座は、**漏れの有無にかかわらず**、すり合わせを行います。

問 2

出題頻度

安全弁のすり合わせに関し、次のうち適切でないものはどれか。

(1)　分解した弁体および弁座は、漏れの有無にかかわらず、すり合わせ定盤でコンパウンドを用いてすり合わせを行う。

(2)　弁座のすり合わせ面は、当たり幅が広く、外径側がだれやすいので注意する。

(3)　弁座のすり合わせは同一箇所での回転のみで、ぐるぐる回す動作で行う。

(4)　弁座のすり合わせは、定盤を均一に押さえ付けながら、ゆるやかに回転するようにする。

(5)　全量式安全弁の弁体のすり合わせは、弁体を水平に置いて行う。

解説　(3) 弁座のすり合わせは、同一箇所での回転のみだけなく、**偏心およびすべての方向に回す**ようにしてすり合わせます。

解答　問１－(3)　　問２－(3)

レッスン 4-3

計測装置（圧力計、水面計）

重要度

1 圧力計の点検と整備

圧力計をボイラーおよび圧力容器から取り外し、次の要領により点検・整備を行います。

① 圧力計の指針がゼロを指していることを確かめる

② 圧力計を取り外すときは、圧力計首部のナットをレンチ（スパナ）でゆるめる。その際、**コック部分をしっかり持ってゆるめる**ことが大事で、**圧力計を両手で持って回して外してはならない**

③ 圧力計を軽く指先で叩いても指針が狂わず、また、抜け出すことがないことを確かめる

④ コックとサイホン管ならびに連絡管を吹かして、ゴミを取り除く

⑤ 文字板やガラスに汚れがあるときは、ガラスを取り外してきれいにふき取る。その際、**指針に触れない**ようにする

⑥ 圧力計、サイホン管の取り付けには、ガスケットやシールテープが内側にはみ出さないようにする。**サイホン管内には、取り付け前に水を満たしておく**

⑦ 圧力計は検査済みのものを予備品として用意しておき、**使用時間を定めて定期的に取り替える**（**原則として、毎年1回試験を行う**必要がある）

2 水面計のコックの整備

水面計のコックは、次の手順により取り外します。

① **ハンドルを外す**

② **タイトニングナット、カバーナットを外す**

③ **タイトニングナット側に専用工具をあて、ハンドル側に閉子を叩き出す**

④ さらに叩いて、**スリーブパッキンを取り出す**

問 1

出題頻度

ブルドン管式圧力計の点検・整備の要領として、適切でないものは次のうちどれか。

(1)　圧力計を取り外すときは、コックの部分をしっかりと持って、圧力計の首部のナットをレンチで静かにゆるめる。

(2)　圧力計を軽く指で叩いても指針がくるわず、また、抜け出すことがないことを確かめる。

(3)　文字板やガラスに汚れがあるときは、指針に触れないように注意しながらガラスを取り外して、汚れをきれいにふき取る。

(4)　圧力計やサイホン管を取り付けるときは、シールテープなどが内側にはみ出さないようにする。

(5)　サイホン管は、取り付けてから、内部に水を満たす。

解説　(5) サイホン管は、取り付ける前に内部に水を満たします。また、コックやサイホン管および連絡管は、圧力のある水または空気を通してごみを取り除きます。

問 2

出題頻度

ガラス水面計のコックの分解作業に関し、次のＡからＤの作業の順序として、適切なものは (1)～(5) のうちどれか。

Ａ　スリーブパッキンを取り出す。

Ｂ　ハンドル側に閉子を叩き出す。

Ｃ　タイトニングナットおよびカバーナットを外す。

Ｄ　ハンドルを外す。

(1)　Ａ→Ｂ→Ｃ→Ｄ　　(2)　Ｂ→Ａ→Ｄ→Ｃ　　(3)　Ｃ→Ｄ→Ａ→Ｂ

(4)　Ｄ→Ｃ→Ｂ→Ａ　　(5)　Ｄ→Ｂ→Ｃ→Ａ

解説　水面計のコックの分解作業手順は、以下のとおりです。

①ハンドルを外す→②タイトニングナット、カバーナットを外す→③タイトニングナット側に専用工具をあて、ハンドル側に閉子を叩き出す→④さらに叩いて、スリーブパッキンを取り出す

解答　問１－(5)　　問２－(4)

問 3

出題頻度

ブルドン管圧力計の点検および整備の要領に関するAからDまでの記述で、適切なもののみを全てあげた組合せは、次のうちどれか。

A　圧力計を取り外すときは、圧力計を両手で持って静かに回して外す。

B　圧力計は、検査済みのものを予備品として用意しておき、故障したら取り替える。

C　圧力計やサイホン管を取り付けるときは、シールテープなどが内側にはみ出さないようにする。

D　サイホン管を取り付けるときは、内部に水を満たしてから取り付ける。

(1)　A、B　(2)　A、C　(3)　A、C、D　(4)　B、C、D　(5)　C、D

解説　A　圧力計首部のナットを**レンチ（スパナ）**でゆるめます。

B　検査済みのものを予備品として用意しておき、**一定使用時間を定めて定期的に取り替えます。**

C、Dは適切です。

問 4

出題頻度

ブルドン管圧力計の点検および整備の要領として、適切でないものは次のうちどれか。

(1)　圧力計を取り外すときは、コックの部分をしっかり持って、圧力計の首部のナットをレンチでゆるめる。

(2)　圧力計を軽く指先でたたいても指針が狂わず、また、抜け出すことがないことを確かめる。

(3)　文字板やガラスに汚れがあるときは、ガラスを取り外して、汚れをふきとる。

(4)　圧力計やサイホン管を取り付けるときは、シールテープなどが内側にはみ出さないようにする。

(5)　圧力計は、検査済みのものを予備品として用意しておき、その取り替えは圧力計が故障したときに行う。

解説　(5) 使用時間を定めて定期的に取り替えます。

解答　問3－(5)　問4－(5)

レッスン 4 附属設備および附属機器の点検および整備のおさらい問題

附属設備および附属機器の点検および整備に関する以下の設問について、正誤を○、×で答えよ。

■ 4-1 附属設備		
1	過熱器および管寄せの内部に低温腐食や付着物がないか点検する。	×：管寄せ内部のスケールや錆の付着がないか点検する
2	過熱器用安全弁は、ボイラー本体の安全弁より後に作動するように調整する。	×：過熱器の安全弁は、ボイラー本体の安全弁より低い圧力で、先に作動させる
3	エコノマイザは、エコノマイザ管の外面およびフィンにスケールやスラッジの付着がないか点検する。	×：スケールやスラッジは、エコノマイザ管の内部に付着する
4	エコノマイザは、エコノマイザ管の外面およびフィンにスケールの付着や溶存酸素による腐食がないか点検する。	×：溶存酸素による腐食は、エコノマイザ管の内部に発生する
5	エコノマイザ用逃がし弁は、ボイラー本体の安全弁より先に作動するように調整する。	×：エコノマイザ用逃がし弁は、ボイラー本体の安全弁より高い圧力で作動するように調整する
6	再生式空気予熱器は、電動モータ駆動で伝熱エレメントを回転させながらしゅう動調整板のすき間を調節する。	×：手動で駆動装置を回転させて点検した後、モータ駆動に切り換える
■ 4-2 安全弁		
7	ボイラーから取り外した安全弁を分解するときは、各調整部の位置を計測して記録し、合マークを行う。	○
8	分解した弁体および弁座は、漏れの有無にかかわらず、すり合わせを行う。	○
9	弁体および弁座のすり合わせは、定盤およびコンパウンドを使用して行い、コンパウンドは一般に、#900 を荒仕上げ用とする。	×：コンパウンドは、荒仕上げ用（#500）と仕上げ用（#900）を使用する
10	すり合わせを行った弁体および弁座のすり合わせ面に光線を当て、輝いている部分と対照的に影のように見える部分があれば、すり合わせは良好である。	×：すり合わせ面が一様に輝いていれば良好
11	分解した弁体および弁座のうち、漏れのあるものはすり合わせを行い、漏れのないものは点検・掃除のみとする。	×
12	弁体および弁座のすり合わせは、定盤およびコンパウンドを使用して行い、コンパウンドは一般に、#900 を荒仕上げ用に、#500 を仕上げ用として使用する。	×
13	弁座のすり合わせは同一箇所での回転のみで、ぐるぐる回す動作で行う。	×：弁座のすり合わせは、偏心およびすべての方向にぐるぐる回す
14	すり合わせは、コンパウンドを使用し、弁体と弁座を共ずりして行う。	×：すり合わせは定盤とコンパウンドを使用し、共ずりは行わない

■ 4-3 計測装置（圧力計、水面計）		
15	圧力計を取り外すときは、圧力計を両手で持って静かに回して外す。	×：コックの部分をしっかり持ち、圧力計首部のナットをレンチで静かにゆるめる
16	サイホン管は、取り付けてから、内部に水を満たす。	×：取り付ける前に水を満たしておく
17	圧力計は、検査済みのものを予備品として用意しておき、故障したら取り替える。	×：一定の使用時間を定めて、定期的に取り替える
18	圧力計やサイホン管を取り付けるときは、シールテープなどが内側にはみ出さないようにする。	○
19	ガラス水面計のコックの分解作業の順序は、ハンドルを外す→タイトニングナットおよびカバーナットを外す→ハンドル側に閉子を叩き出す→スリーブパッキンを取り出す。	○

間違えたら、各レッスンに戻って再学習しよう！

レッスン 5 自動制御装置の点検および整備

「自動制御装置の点検および整備」は毎回１～２問が出題されています。
各レッスンの問題では、オンオフ式温度調節器の感温体と保護管の取り付け方法、水位検出器の動作の確認方法、絶縁抵抗の測定器、フロート式のマイクロスイッチの点検の方法などが多く出題されています。

● 5 -1「オンオフ式蒸気圧力調節器および温度調節器」に関する問題は、①オンオフ式蒸気圧力調節器のマイクロスイッチに関する点検が出題されています。また、②オンオフ式温度調節器の感温体の取り付けに関する問題が出題されています。感温部は保護管の先端に接触するように取り付け、動作中に温度計と照合して作動温度を確認します。

● 5 -2「水位検出器」に関する問題は、①電極式水位検出器の動作の照合、②絶縁の確認、③フロート式のヘッドの密閉材が出題されています。

● 5 -3「燃料遮断弁（電磁弁）および火炎検出器」に関する問題は、①電磁弁の漏れの確認方法、②交流駆動電磁弁の特徴について出題されています。また、火炎検出器の出題では、主安全制御器と連係動作に関する問題も出題されています。

レッスン 5-1

オンオフ式蒸気圧力調節器および温度調節器

重要度

1 オンオフ式蒸気圧力調節器の点検と整備

① 圧力調節器、コックおよびサイホン管を取り外し、サイホン管の内部は、圧力のある水または空気を通して掃除する

② コックは、円滑に開閉するように**分解して整備する**

③ 圧力調節器のベローズまたはダイヤフラムの**き裂や漏れの有無**を確認し、マイクロスイッチでは、**レバーの曲がりの有無および取り付け状態**を点検する

④ 圧力計と照合し、作動圧力を確認、必要があれば調整を行う

2 オンオフ式温度調節器の点検および整備

① 温度調節器を感温部ごと取り外す。このとき**キャピラリチューブをつぶしたり折損しないように注意する**

② 電気配線については、接続部のゆるみ、短絡の有無を点検し、端子などにゆるみがあるときは、増締めを行う

③ 保護管の汚れを掃除し、**感温部は保護管の先端に接触するように、正しく取り付ける**

④ キャピラリチューブは余分に長い部分があれば輪状にまとめ、支えを設けるなどして垂れ下がらないようにし、かつ振動しないようにする

⑤ 動作中に温度計と照合して作動温度を確認し、必要があれば調整を行う

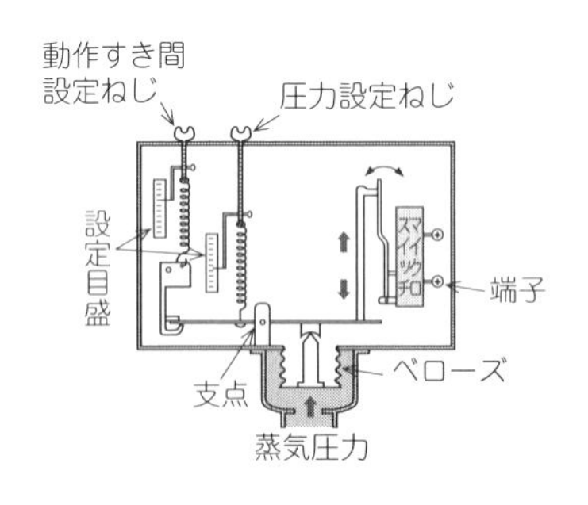

● 図1 オンオフ式蒸気圧力調節器 ●

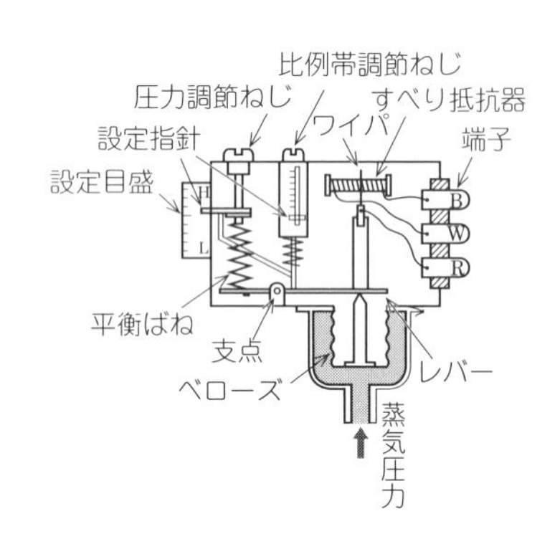

● 図2 比例式蒸気圧力調節器 ●

よく出る問題

問 1

出題頻度

サイホン管を含めたオンオフ式蒸気圧力調節器の点検・整備の要領として、適切でないものは次のうちどれか。

(1)　コックは、円滑に開閉するように分解・整備する。
(2)　サイホン管の内部は、圧力のある水または空気を通して掃除する。
(3)　圧力調節器のベローズにき裂や漏れがないか点検する。
(4)　圧力調節器のマイクロスイッチは、水平位置指示や、シールの状態がよいか点検する。
(5)　圧力計と照合して作動圧力を確認し、必要に応じ調整を行う。

解説　(4) マイクロスイッチについては、**レバーの曲がりの有無および取り付け状態**を点検します。**ガラス管のき裂、シール状態、水平位置指示、水銀の飛散および変色の有無の点検は、水銀スイッチ**の点検事項です。

問 2

出題頻度

サイホン管を含めたオンオフ式蒸気圧力調節器（電子式）の点検および整備の項目として、適切でないものは次のうちどれか。

(1)　マイクロスイッチは、レバーの曲がりの有無および取り付け状態を点検する。
(2)　サイホン管の内部は、圧力のある水または空気を通して掃除する。
(3)　コックは分解せずに、内部を圧力のある水または空気を通して掃除する。
(4)　圧力調節器のダイヤフラムにき裂や漏れがないか点検する。
(5)　圧力計と照合して作動圧力を確認し、必要に応じて調整を行う。

解説　(3) コックは円滑に開閉するように、分解して整備を行います。

問 3

出題頻度

オンオフ式温度調節器の点検・整備の要領として、適切でないものは次のうちどれか。

(1)　温度調節器を取り外すときは、キャピラリチューブをつぶしたり損傷したりしないように注意する。
(2)　電気配線の接続のゆるみや短絡の有無を調べる。
(3)　感温体および保護管の汚れの掃除をする。
(4)　感温体は、保護管との間の空気層から空気漏れがないか、また感温部が保護管の先端に直接触れていないことを確認し、点検する。
(5)　動作中に温度計と照合して作動温度を確認し、必要があれば調整する。

解説　(4) 感温部は、**保護管の先端に接触するように**、正しく取り付けます。

解答　問１－(4)　　問２－(3)　　問３－(4)

レッスン 5-2 水位検出器

重要度

1 フロート式（浮子式）水位検出器の点検および整備

① 水位検出器および元弁またはコックを取り外す

② フロートチャンバを開放して、内部を清掃する。特に下部のたい積物の除去を行う

③ フロートおよびロッドの腐食や変形の有無を点検する

④ スイッチボックス底部の異物の有無により、ベローズの破れの有無を点検する

⑤ 水位検出器および弁またはコックを取り付ける。このとき、**ヘッドガスケットは新しいものに交換する**

⑥ 水位を上下させ、水面計と照合して作動位置を確認する。必要があれば調整を行う

2 電極式水位検出器の点検および整備

① 電気配線を外した後、電極棒を取り外し、汚れを落とし、ていねいに磨く。腐食しているものは取り替える

② 絶縁がいしを清掃する。割れているものおよび劣化しているものは取り替える。電気配線・端子部の劣化を確認する

③ チャンバおよび元弁またはコックを取り外し、チャンバ内部、連絡配管および排水管の内部を清掃する。元弁、またはコックは分解して整備する

④ **絶縁抵抗計**（メガ）により**各電極棒の絶縁状態**を点検する

⑤ 水位を上下させ、**水面計と照合して、作動に誤りがないことを確認する**

3 熱膨張式水位調節器（コープス式）の点検と整備

① 元弁、コックは、円滑に開閉するように分解して整備する

② ドレン弁の漏れの有無を目視により点検し、必要に応じてすり合わせを行う

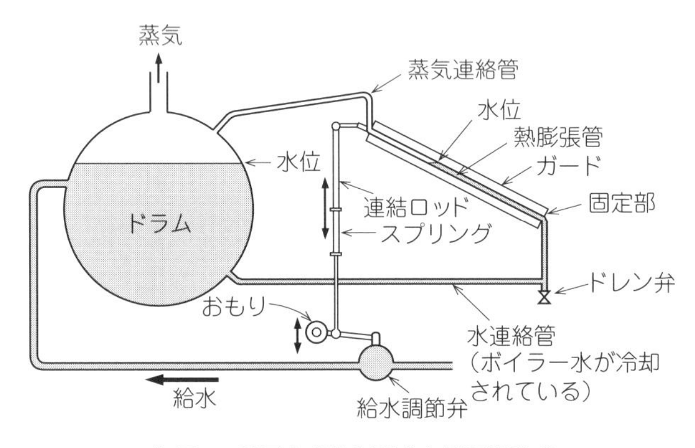

●図1　単要素式熱膨張式水位調節器●

③　金具の取り付け不良などを目視により点検する

④　伸縮管に、ごみ、異物などによる伸縮作用の阻害がないことを確認する。なお、**塗料は塗らない**ようにする

⑤　組み立てた後、ボイラーを運転し、水面計の水位との関連動作を照合し、誤作動のないことを確認する

問 1

出題頻度

水位制御機器の点検および整備の要領として、適切でないものは次のうちどれか。

(1)　熱膨張式水位調整器は、伸縮管に、ごみ、異物などによる伸縮作用の阻害がないことを確認する。

(2)　フロート式水位検出器は、フロートチャンバを開放して内部を清掃するとともに、フロートおよびロッドに腐食や変形がないか点検する。

(3)　フロート式水位検出器のスイッチボックス底部の異物の有無により、ベローズの破れの有無を点検する。

(4)　電極式水位検出器の電極棒は、その絶縁状態を絶縁抵抗計により点検する。

(5)　電極式水位検出器は、ボイラーに取り付けた後、水位を上下させ、マイクロスイッチの作動を確認する。

解説　(5) 電極式水位検出器は、実際に水位を上下させ、**水面計と照合**して、作動に誤りがないことを確認します。

問 2

出題頻度

水位検出器の点検および整備の要領として、適切でないものは次のうちどれか。

(1)　フロート式水位検出器は、フロートチャンバを開放して内部を清掃するとともに、フロートおよびロッドに腐食や変形がないか点検する。

(2)　フロート式水位検出器のヘッドの密封材は、新しいパッキンに交換する。

(3)　電極式水位検出器は、チャンバおよび元弁またはコックを取り外した後、チャンバ、連絡配管および排水管の内部を清掃する。

(4)　電極式水位検出器の電極棒の絶縁がいしを清掃し、割れているものや劣化したものは取り替える。

(5)　電極式水位検出器の電極棒は、その絶縁状態を絶縁抵抗計により点検する。

解説　(2) フランジなどの固定部分の漏れを止めるための充填物は**ガスケット**と呼ばれます。**パッキンは、軸のしゅう動部の漏れを止めるための充填物**です。

解答　問１－(5)　　問２－(2)

レッスン 5-3

燃料遮断弁（電磁弁）および火炎検出器

重要度

1 燃料遮断弁に使用される電磁弁

電磁弁には、**交流駆動**と**直流駆動**があります。交流駆動の電磁弁は小型で大きな力を発生できますが、**電流印加時に過渡的に大きな電流が流れる**ため、**機械的衝撃が大きく**頻繁に点検する必要があります。直流駆動の場合は、このような突入電流は生じません。

2 電磁弁の点検と整備

① コイルに通電したときの作動音を聞き異常の有無を調べる
② **交流駆動コイル**の場合は動作時のうなりが大きくないか点検する
③ プランジャ、弁ディスクを分解し磨耗粉や配管中のごみを清掃する
④ 外部漏れの有無を点検する。ガス弁については、ガス漏れ検知器、検知液または石けん水などを用いて漏れを調べる
⑤ ガス弁については弁越し漏れも点検する。出口側のガスを**水中に放出**して弁越し漏れの有無を点検する
⑥ 配管取付け状況を目視により確認する。流体を流す方向と弁に記載された流れ方向が一致していることを確認する

3 火炎検出器の点検および整備

① 保護ガラスのくもり、き裂を点検し、くもりや汚れは柔らかい布でふき取る
② 火炎検出器の装着状態、レンズの汚れを点検する。レンズは、**シリコンクロス**または**セーム皮**で磨く
③ 受光面の変色、異状の有無を点検する
④ 火炎検出器の取り付け状態、端子の状態および配線の絶縁を点検する
⑤ **主安全制御器**との連係動作を行い、その作動状況を点検する

4 フレームロッドの点検および整備

① 電極が**火炎の中心**に挿入されているか点検する
② **主安全制御器**との連係動作を行い、作動状況を点検する
③ 電極棒や接地電極に付着した、すすや汚れ、異物などを取り除くとともに、電極が焼損している場合は取り替える

よく出る問題

問 1

出題頻度

燃料遮断弁に使用される電磁弁の点検・整備の要領として、適切でないものは次のうちどれか。

(1)　電磁弁のコイルに通電したときの動作音によって、異常の有無を調べる。

(2)　交流駆動の電磁弁は、機械的衝撃が大きいので、頻繁に点検する。

(3)　分解できるプランジャや弁ディスクは、分解して摩耗粉や配管中のごみを清掃する。

(4)　ガス弁は、石けん水などを用いて外部漏れの有無を調べる。

(5)　ガス弁は、出口側のガスを大気中に放出して弁越し漏れの有無を調べる。

解説　(5) 弁越し漏れのチェックは、出口側のガスを**水中に放出**して漏れの有無を点検します。

問 2

出題頻度

燃料遮断弁に使用される電磁弁の点検および整備の要領に関するＡからＤまでの記述で、適切なもののみを全てあげた組合せは、次のうちどれか。

Ａ　直流駆動のコイルの電磁弁は、突入電流が大きいことを確認する。

Ｂ　分解できるプランジャや弁ディスクは、分解して摩耗粉などを清掃する。

Ｃ　ガス弁は、出口側のガスを大気中に放出して弁越し漏れがないか点検する。

Ｄ　電磁弁を配管に取り付けたときは、燃料の流れる方向と弁に表示された方向が一致していることを確認する。

(1)　Ａ、Ｂ、Ｄ　　(2)　Ａ、Ｃ　　(3)　Ａ、Ｄ　　(4)　Ｂ、Ｃ、Ｄ　　(5)　Ｂ、Ｄ

解説

Ａ　交流駆動のコイルの電磁弁は小型で大きな力を発生できますが、電流印加時に過渡的に大きな電流が流れるため、機械的衝撃が大きく頻繁に点検する必要があります。

Ｃ　ガス弁の弁越し漏れの点検は、出口側のガスを水中に放出して漏れがないか点検します。

Ｂ、Ｄの記述は適切です。

解答　問１－(5)　　問２－(5)

問 3

出題頻度

光学的方法によって火炎を検出する火炎検出器の点検および整備の要領として、適切でないものは次のうちどれか。

(1) 保護ガラスは、くもり・汚れやき裂がないか目視により点検し、くもり・汚れは柔らかい布でふき取る。
(2) レンズは、汚れがないか目視により点検し、シリコンクロスまたはセーム皮で磨く。
(3) 受光面は、変色や異状がないか目視により点検する。
(4) 火炎検出器の取り付け状態や端子の状態などを目視により点検する。
(5) 温度検出器との連係動作を行い、火炎検出器の作動状況を目視により点検する。

解説 (5) 火炎検出器は、バーナの火炎からの光を電気信号に変換して発信する検出器です。主安全制御器と組み合せて使用され、不着火や異状消火が起きると、燃料の供給を停止する信号を発信し、ボイラーを停止させます（主安全制御器との連係動作を行い、その動作状況を点検します）。

問 4

出題頻度

燃料遮断弁に使用される電磁弁の点検および整備に関する記述として、適切でないものは次のうちどれか。

(1) 電磁弁のコイルに通電したときの作動音によって、異常がないか点検する。
(2) 直流駆動コイルの電磁弁は、電流印加時に過渡的に大きな電流（突入電流）が流れ、機械的衝撃が大きいため、頻繁に点検する必要がある。
(3) 分解できるプランジャや弁ディスクは、分解して摩耗粉などを清掃する。
(4) ガス弁は、石けん水などを用いて外部漏れがないか点検する。
(5) 電磁弁を配管に取り付けたときは、燃料の流れる方向と弁に表示された方向が一致していることを確認する。

解説 (2) 設問は交流駆動コイルの電磁弁の説明です。

解答 問3－(5)　問4－(2)

レッスン5 自動制御装置の点検および整備のおさらい問題

自動制御装置の点検および整備に関する以下の設問について、正誤を○、×で答えよ。

■ 5-1　オンオフ式蒸気圧力調節器および温度調節器		
1	コックは分解せずに、内部を圧力のある水または空気を通して掃除する。	×：コックが円滑に開閉するように分解して整備する
2	圧力調節器のマイクロスイッチは、ガラスにき裂がないか、シールの状態が良いか点検する。	×：点検項目は水銀スイッチのものです
3	圧力調節器のマイクロスイッチは、水平位置指示やシールの状態が良いか点検する。	×：レバーの曲がりの有無、取り付け状態を点検する
4	オンオフ式温度調節器の感温体は、保護管との間の空気層から空気漏れがないか、また、感温部が保護管の先端に直接触れていないことを点検して確認する。	×：保護管の先端に接触するように取り付ける
5	オンオフ式温度調節器動作中に温度計と照合して作動温度を確認し、必要があれば調整する。	○
■ 5-2　水位検出器		
6	電極式水位検出器は、ボイラーに取り付けた後、水位を上下させ、マイクロスイッチの作動を確認する。	×：水面計と照合し、作動が正しいか確認する
7	電極式水位検出器の点検・整備後、水位を上下させ、水高計と照合し、作動に誤りのないことを確認する。	×：水高計ではなく、水面計と照合する
8	電極式水位検出器の電極棒は、その絶縁状態をテスターにより点検する。	×：絶縁状態は、メガ（絶縁抵抗計）によって点検する
9	電極式水位検出器は、チャンバおよび元弁またはコックを取り外した後、チャンバ、連絡配管および排水管の内部を清掃する。	○
10	フロート式水位検出器のヘッドの密封材は、新しいパッキンに交換する。	×：フランジなどの動かない部分の水封にはガスケットを用いる
■ 5-3　燃料遮断弁（電磁弁）および火炎検出器		
11	直流駆動のコイルの電磁弁は、突入電流が大きいことを確認する。	×：突入電流が大きいのは交流駆動のコイル
12	電磁弁の分解できるプランジャや弁ディスクは、分解して摩耗粉などを清掃する。	○
13	ガス弁は、出口側のガスを大気中に放出して弁越し漏れがないか点検する。	×：出口側のガスを水中に放出して点検する
14	電磁弁を配管に取り付けたときは、燃料の流れる方向と弁に表示された方向が一致していることを確認する。	○
15	直流駆動コイルの電磁弁は、電流印加時に過渡的に大きな電流（突入電流）が流れ、機械的衝撃が大きいため、頻繁に点検する必要がある。	×：表記は交流駆動コイルの電磁弁の特徴
16	直流駆動コイルの電磁弁は、動作時にうなりが大きいことを確認する。	×：動作時にうなりを発生するのは、交流駆動コイルの電磁弁

17	ガス弁は、出口側のガスを水中に放出して弁越し漏れがないか点検する。	○
18	温度検出器との連係動作を行い、火炎検出器の作動状況を目視により点検する。	×：主安全制御器と連係動作を行い、作動状況を点検する
19	火炎検出器のレンズは、細かいサンドペーパで磨く。	×：シリコンクロスまたはセーム皮で磨く
20	火炎検出器のフレームロッドの電極は、火炎の中心から離れるように調整して取り付ける。	×：火炎の中心になるようにセットする

レッスン 6 燃焼方式および燃焼装置の点検および整備

「燃焼方式および燃焼装置の点検および整備」の出題は、2 回に 1 回程度です。

各問題の出題数では、圧力噴霧式バーナの整備に関する問題、油タンクに入るときの措置（タンク内で使用する移動電線やマスク）に関する問題が多く出題されています。

この科目は、問題の種類が少ないので、出題されたら確実に得点できるようにしておきましょう。

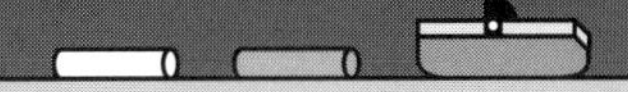

「燃焼方式および燃焼装置の点検および整備」では、圧力（油圧）噴霧式オイルバーナに関する問題がよく出題され、①バーナノズルの整備方法、②油タンク内の清掃時の措置に関する問題が多く出題されます。

レッスン 6 燃焼方式および燃焼装置の点検および整備

重要度

1 油圧噴霧式オイルバーナ

油圧噴霧式オイルバーナは、高圧の燃料油をアトマイザ先端に設けられた旋回室に導き、燃料油を微粒化して円錐状に噴霧する装置です。**油圧が低くなるほど微粒化が悪くなります。**

2 油ノズルの点検および整備

① 通常、アトマイザは取り外し容易なバーナガンで構成されている

② 燃焼停止時にバーナガンを取り外し、**先端が熱いうちに洗い油につけ**、ノズル先端に付着した**未燃油やカーボンを柔らかい布でふき取る。ワイヤブラシや紙ヤスリなどで先端をこするなど絶対にしてはならない**

③ 噴射ノズルの縁に傷があったり、**摩耗して丸みを帯びていると極端に微粒化が損なわれる**ため十分に注意する

④ このような状態のノズルは直ちに新品と交換する

⑤ ノズルの分解点検は、取扱説明書によって構造を熟知してから、専用の工具を用いて行うこと

3 油タンクの点検と整備

① 清掃をするときは、残油を全部抜き取る

② 底部にスラッジがたまっている場合は、界面活性剤で溶かしてポンプで汲み取る

③ 内部に入るときは、換気を完全に行い、**ガスマスクや送気マスク**を装着する。**ガスは次々と発生するため、十分に注意する**

④ 火気に対しては、徹底した注意を払い、内部の照明は防爆形のものを使用し、電線は**キャブタイヤケーブル**とする。**使用電圧はできるだけ低くする**ことが望ましい

⑤ ポンプの動力は、タンク外に置く

⑥ 点検と整備は1人だけで行わず、**必ず2人以上で組になって作業する**

問 1

出題頻度

油圧噴霧式オイルバーナのアトマイザの点検・整備の要領として、適切でないものは次のうちどれか。

(1)　アトマイザは、燃料油を微粒化して円錐状に噴霧する装置で、油圧が低くなるほど微粒化は悪くなる。
(2)　ノズルの分解点検は、ノズルの構造を熟知したうえで、専用の工具を用いて行う。
(3)　燃焼停止時にバーナガンを取り外し、先端が熱いうちに洗い油につける。
(4)　ノズル先端に付着した未燃油やカーボンは、ワイヤブラシや紙やすりで取る。
(5)　ノズルの縁に傷があったり、摩耗して丸みを帯びていると極端に微粒化が損なわれるので直ちに交換する。

解説　(4) ノズル先端に付着した未燃油やカーボンは、やわらかい布でふき取ります。**ワイヤブラシや紙やすりで汚れを取ると、ノズルの縁に傷がつき微粒化が悪くなってしまいます。**

問 2

出題頻度

油タンクの点検・整備の要領として、適切でないものは次のうちどれか。

(1)　清掃するときは、残油を全部抜き取る。
(2)　底部にスラッジがたまっているときは、界面活性剤で溶かしてポンプで汲み取る。
(3)　油タンクの内部に入るときは、換気を十分に行うとともに、防じんマスクを装着する。
(4)　油タンクの内部では、火気に対して徹底した注意を払うとともに、照明器具には防爆性能を有するものを使用する。
(5)　汲み取り用ポンプの動力は、油タンクの外に置く。

解説　(3) 油タンクの内部に入るときは、換気を十分に行うとともに、**ガスマスクまたは送気マスク**を装着します。

解答　問１－(4)　　問２－(3)

レッスン 6 燃焼方式および燃焼装置の点検および整備のおさらい問題

燃焼方式および燃焼装置の点検および整備に関する以下の設問について、正誤を○、×で答えよ。

■ 6 燃焼方式および燃焼装置の点検および整備		
1	燃焼停止時に、バーナガンを取り外し、ノズル先端が熱いうちに洗い油に浸す。	○
2	バーナのノズル先端に付着した未燃油やカーボンは、ワイヤブラシで取り除く。	×：柔らかい布でふき取る
3	バーナのノズルは、縁に傷があるものや縁が摩耗して丸みを帯びているときには交換する。	○
4	油タンクの内部で使用する照明器具は、防爆構造のものを使用し、その電線はビニールコードとして使用電圧はできるだけ低くする。	×：電線はキャブタイヤケーブルとする
5	油タンクの内部に入るときは、換気を十分に行い、送気マスクを使用する。	○
6	油タンクの内部に入るときは、換気を十分に行い、防じんマスクを使用する。	×：ガスマスクまたは送気マスクを使用する
7	油タンクの内部の点検および整備作業は、1人だけでは行わず、必ず2人以上で行う。	○

間違えたら、各レッスンに戻って再学習しよう！

ボイラーおよび第一種圧力容器の整備の作業に使用する器材、薬品等に関する知識

「整備の作業に使用する器材、薬品等に関する知識」の出題範囲は、①清浄作業に使用する機械および器具、②工具、③照明器具、④足場、⑤補修用材料、⑥化学洗浄用薬品および機器の６項目に関して５問出題されています。

「レッスン１」では、「機械的清浄作業に使用する機械および器具ならびに工具」を、「レッスン２」では「照明器具」を、「レッスン３」では「補修用材料」として①炉壁材、②保温材、③ガスケットおよびパッキンを学習します。「レッスン４」では「化学洗浄用薬品および機器」として①化学洗浄用薬品、②化学洗浄用機器などを学習します。「レッスン５」では「足場」を学習します。

出題項目・問題数ともに少なく、同様の内容が何度も出題されていますので、比較的得点しやすい科目です。

過去18年（36回分）の出題傾向

出題項目	H18～27年	H28～R5年	H18～R5年
	出題数	出題数	出題ランク
レッスン1　機械的清浄作業に使用する機械および器具ならびに工具	20	16	★★★
レッスン2　照明器具	19	16	★★★
レッスン3　補修用材料			
レッスン3-1　炉壁材	12	14	★★★
レッスン3-2　保温材	10	4	★★★
レッスン3-3　ガスケットおよびパッキン	10	10	★★★
レッスン4　化学洗浄用薬品および機器			
レッスン4-1　化学洗浄用薬品	15	11	★★★
レッスン4-2　化学洗浄用機器	6	5	★★☆
レッスン5　足場	8	4	★★☆
合計	100	80	

※過去36回の試験中、13回以上出題★★★、12回～7回出題★★☆、6～1回出題★☆☆

レッスン 1 機械的清浄作業に使用する機械および器具ならびに工具

レッスン 1 では、チューブクリーナに取り付ける工具類が多く出題されています。清掃用手工具に関しては、スクレッパやワイヤブラシの出題が数回ある程度です。

「機械的清浄作業に使用する機械および器具ならびに工具」からは、毎回 1 問出題されています。出題頻度が多いものは、チューブクリーナに取り付ける工具に関しては、①穂ブラシの用途、②ワイヤホイールの用途、③ LG ブラシの用途などが多く出題されています。他の工具としては、①平形ブラシ、②カッタヘッドなどの用途、③穂ブラシの構造なども出題されています。最近の出題で、硬質スケールを除去する工具としてハンマヘッドや LG ブラシなど、正しいものすべてを選択する問題もありました。

清掃用手工具では、硬質スケールや軟質スケールの除去で使用するスクレッパの刃先に関する問題が出題されています。

レッスン 1 機械的清浄作業に使用する機械および器具ならびに工具

重要度 ///

1 チューブクリーナ

① 水管内部や胴内のスケールや錆の除去をするもので、電動式、空気圧式および水圧式のものがある

② 構成は、**本体・フレキシブルシャフト**および**ヘッド**からなる

③ **ヘッドに清浄用工具を取り付ける**

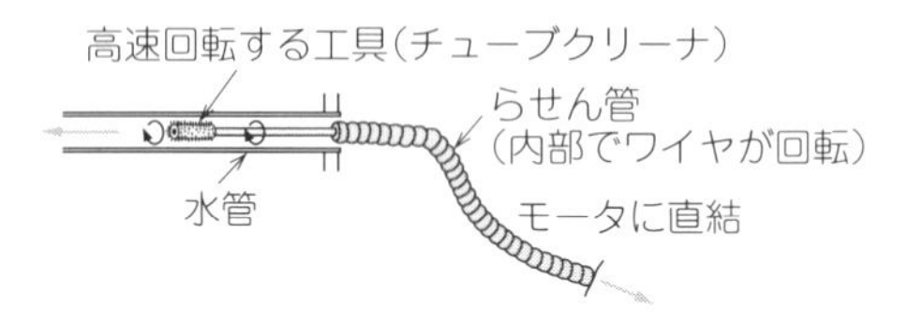

● **図 1 チューブクリーナの例** ●

2 清浄用器具、工具

● **表 1** ●

器具、工具名称	掃除箇所	除去対象物
1. チューブクリーナ取り付け工具		
ハンマヘッド	胴内面、ドラム内面	硬質スケール
LG ブラシ	胴内面、ドラム内面	硬質スケール
カッタヘッド	直管の内面	スケール
全長が短く歯車の厚いもの	曲管の内面	スケール
細管用カッタ	細管の直管やゆるやかな曲管内面	スケール
極細管用カッタ	極細管、曲管や過熱器管内面	スケール
穂ブラシ※	水管内面（穂の長さを調整し管径に合わせる）	軟質スケール
平形ブラシ	ドラム内面の軟質スケール	軟質スケール
ワイヤホイール	外部掃除、胴内面	軟泥
2、清掃用手工具		
丸形ブラシ	煙管内部	すす、未燃油
ワイヤブラシ	機械的清浄ができない伝熱面・外面	すす、未燃油
スクレッパ	機械的清浄ができない部分 硬質スケールは刃先を鋭く 軟質スケールは刃先を鈍く	スケール
3、高圧洗浄機		
トリガーガンで圧力と水量を調節可能、冷水と温水およびスチームの使用も可能		

※穂ブラシは、細い鋼線でフレキシブルなので使用回数を多くできる

問 1

出題頻度

ボイラーの機械的清浄作業に使用するAからDまでの機械、器具および工具で、主として硬質スケールの除去に使用されるものとして、適切なもののみを全てあげた組合せは、次のうちどれか。

A　ハンマヘッド

B　ワイヤホイール

C　LGブラシ

D　平形ブラシ

(1)　A、B、C　　(2)　A、B、D　　(3)　A、C　　(4)　B、D　　(5)　C、D

解説　B　ワイヤホイールは、**外部掃除、胴内の軟質汚泥の清掃**に用いられます。

D　平形ブラシは、**ドラム内に付着した軟質スケールの除去**に用いられます。

A、Cのハンマヘッド、LGブラシは硬質スケールの除去に使用されるので、適切です。

問 2

出題頻度

ボイラーの機械的清浄作業に使用する機械、器具および工具に関し、次のうち適切でないものはどれか。

(1)　チューブクリーナは、胴内や水管内部のスケールや錆の除去に使用する機械で、本体、フレキシブルシャフトおよびヘッドにより構成されている。

(2)　LGブラシは、チューブクリーナに取り付けて、胴内の硬質スケールを除去するときに使用する。

(3)　細管用カッタは、チューブクリーナに取り付けて、細い直管や細いゆるやかな曲管のスケールを除去するときに使用する。

(4)　穂ブラシは、清掃用手工具で、一般に、胴内、煙管内部および機械・器具による清浄作業ができない部分に使用する。

(5)　スクレッパは、小型の清掃用手工具で、一般に軟質スケールを除去するときは刃先の鈍いものを使用する。

解説　(4) 穂ブラシは、**チューブクリーナに取り付けて、軟質のスケール除去に使用**されます。

解答　問１－(3)　　問２－(4)

問 3

出題頻度 ///

ボイラーの機械的清浄作業に使用するチューブクリーナに取り付ける工具に関し、次のうち適切でないものはどれか。

(1) ワイヤホイールは、チューブクリーナに取り付けて水管内面に付着した硬質スケールを除去するときに使用する。
(2) ハンマヘッドは、チューブクリーナに取り付けて胴内の硬質スケールを除去するときに使用する。
(3) 細管用カッタは、細い直管や細い緩やかな曲管のスケールを除去するときに使用する。
(4) スクレッパは、小型の清掃用手工具で、硬質スケールを除去するときは刃先の鋭いものを用する。
(5) 平形ブラシは、ドラム内面に付着した軟質スケールなどを除去するときに使用する。

解説 (1) ワイヤホイールは、外部清掃や胴内の軟泥などを除去するときに使用します。

問 4

出題頻度 //

ボイラーの機械的清浄作業に使用する機械、器具および工具に関し、次のうち適切でないものはどれか。

(1) チューブクリーナは、胴内や水管内部のスケールや錆の除去に使用する機械で、本体、フレキシブルシャフトおよびヘッドで構成されている。
(2) LG ブラシは、チューブクリーナに取り付けて、胴内の硬質スケールを除去するときに使用する。
(3) 細管用カッタは、チューブクリーナに取り付けて、細い直管や細いゆるやかな曲管のスケールを除去するときに使用する。
(4) 平形ブラシは、チューブクリーナに取り付けて、ドラム内面に付着した軟質スケールなどを除去するときに使用する。
(5) 穂ブラシは、直鋼線の結束で作られており、一度使用すると鋼線が開き放しになるので、繰返し使用することはできない。

解説 (5) 穂ブラシは、鋼線がフレキシブルになっているので、**何度も繰返し使用することができます。**

解答 問 3 －(1)　　問 4 －(5)

問 5

出題頻度

ボイラーの清浄作業に使用するブラシおよび工具に関する次の記述のうち、適切でないものはどれか。

(1)　丸形ブラシは、胴内部、煙管内部および機械的清浄ができない部分の清掃に使用される。

(2)　穂ブラシは、軟質のスケールの除去に使用される。

(3)　平形ブラシは、ドラム内面に付着した軟質スケールなどを除去するのに使用される。

(4)　カッタヘッドは、主に管の外面の清浄作業用として、すす、スラッジ、クリンカなどの除去に用いられる。

(5)　ワイヤブラシは、清掃用手工具で胴内、煙管内部および機械・器具による清浄作業ができない部分に使用する。

解説　(4) カッタヘッドは**直管内部の硬質スケールの除去**に用いられます。

問 6

出題頻度

ボイラーの機械的清浄作業に使用する機械、器具および工具に関し、次のうち適切でないものはどれか。

(1)　曲管用に使用されるカッタヘッドには、工具の全長が短く厚い歯車を取り付けたものが用いられる。

(2)　LG ブラシは、チューブクリーナに取り付けて、胴内の硬質スケールを除去するときに使用する。

(3)　細管用カッタは、チューブクリーナに取り付けて、細い直管や細いゆるやかな曲管のスケールを除去するときに使用する。

(4)　平形ブラシは、チューブクリーナに取り付けて、ドラム内面に付着した軟質スケールなどを除去するときに使用する。

(5)　スクレッパは、小型の清掃用手工具で、軟質スケールを除去するときは刃先の鋭いものを使用する。

解説　(5) スクレッパは、小型の清掃用手工具です。硬質のスケールで使用するときは刃先を鋭くし、**軟質スケールで使用するときは刃先を鈍くして地肌に傷を残さないようにします。**

解答　問5－(4)　　問6－(5)

レッスン 1 機械的清浄作業に使用する機械および器具ならびに工具のおさらい問題

機械的清浄作業に使用する機械および器具ならびに工具に関する以下の設問について、正誤を○、×で答えよ。

1	ハンマーヘッド、LGブラシは、硬質のスケールの除去に用いられる。	○
2	LGブラシは、胴内の軟質スケールの除去に用いられる。	×：硬質スケール除去に用いる
3	穂ブラシは、清掃用手工具で、機械による清浄作業ができない箇所に用いる。	×：穂ブラシはチューブクリーナに取り付け、水管内部の軟質スケールの除去に用いる
4	穂ブラシは、チューブクリーナに取り付け、水管内部の軟質スケール除去に用いる。	○
5	穂ブラシは、直鋼線を結束して作られているため、繰返し使用できない。	×：細くフレキシブルな鋼線で作られているので繰返し使用できる
6	ワイヤホイールは、チューブクリーナに取り付け水管内部の硬質スケール除去に用いる。	×：外部清掃、胴内の軟泥の掃除に用いる
7	ワイヤホイールは、清掃用手工具で機械による清掃ができない煙管内部に使用する。	×
8	平形ブラシは、チューブクリーナに取り付け、ドラム内の軟質スケールの除去に用いる。	○
9	カッタヘッドは、管の外面のすす、スラッジ、クリンカの除去に用いられる。	×：直管内面のスケールの除去に用いる
10	カッタヘッドは、曲管や過熱器管の硬質スケールの除去に用いられる。	×：記述は極細管用カッタの説明
11	スクレッパは、小型の清掃用手工具で、軟質スケール除去のときは刃先を鋭くする。	×：刃先を鈍くする
12	細管用カッタは、細管のスケール除去として直管またはゆるやかな曲管に用いる。	○

レッスン 2 照明器具

レッスン 2 では、作業場所での照度に関する問題、漏電遮断機に関する問題、コードリールの取扱い方、漏電電流の計算などが出題されています。

「照明器具」からは、毎回 1 問出題されています。作業現場での局部的な明るさや、ちらつきなどが多く出題されています。また、コンセントに取り付ける漏電遮断に関する問題やコードリールを長時間使用するときの使い方なども出題が多い項目です。最近では出題数が減っていますが、対地電圧 100 V のときの漏電電流の計算なども出題されています。

また、最近の出題で、燃焼室や煙道内に入るときの照明器具や移動電線、照明器具の電圧などの正しい組合せを選ぶ問題がありました。

電灯の電源が 100 V、男性で（手と手の間）の抵抗値は、乾燥状態では、18 000 Ω だとしてオームの法則により電流 I〔A〕= 電圧 E〔V〕/ 抵抗値 R〔Ω〕の式が成り立ちます。

したがって、漏電電流は $I = 100\ \mathrm{V}/18\,000\ \Omega = 0.00555\ \mathrm{A}$（約 5.6 mA）

湿った状態の場合は、抵抗値が 2 720 Ω に減少しますので、$I = 100\ \mathrm{V}/2\,720\ \Omega = 0.0367\ \mathrm{A}$（約 36.7 mA）が流れ、危険な状態になります。

ボイラーの整備では胴やドラム内の洗浄で水を使いますので、湿った状態になり危険を伴います。このため、照明用電源として 24 V 以下の電源が推奨されています。

電源が 24 V の場合、（手と手の間）が乾燥状態では、$I = 24\ \mathrm{V}/18\,000\ \Omega = 0.0013\ \mathrm{A}$（約 1.3 mA）になり、湿った状態でも $I = 24\ \mathrm{V}/2\,720\ \Omega = 0.009\ \mathrm{A}$（約 9 mA）と危険が回避されます。

レッスン 2

照明器具

重要度 ///

照明器具の注意点

① 照度は、作業場所の**局部的な明るさのみでなく、全般的にむらがないようにし、**作業者に通常の状態でまぶしくないようにする

・精密作業：300 LX 以上

・普通作業：150 LX 以上

・粗作業　： 70 LX 以上

② 燃焼室および煙道、ドラムなど内部に入るときは、絶縁が完全な**キャブタイヤケーブルを用い、防爆性能があり安全ガードのついた照明器具**を使用する（図参照）

③ 照明器具は、**できるだけ 24 V 以下**にする

④ コンセント接続部には**漏電遮断器**を用いる

⑤ コードリールを**長時間使用するときは、ケーブルを伸ばして使用する**（コードリールにケーブルを巻いたまま使うと、放熱できず発熱する）

⑥ 配線ができるだけ交差・錯綜しないように配慮する

⑦ 接続口コンセントが遠い場合には、コードリールを用いるなど、断線・短絡などが起こらないような措置を行う

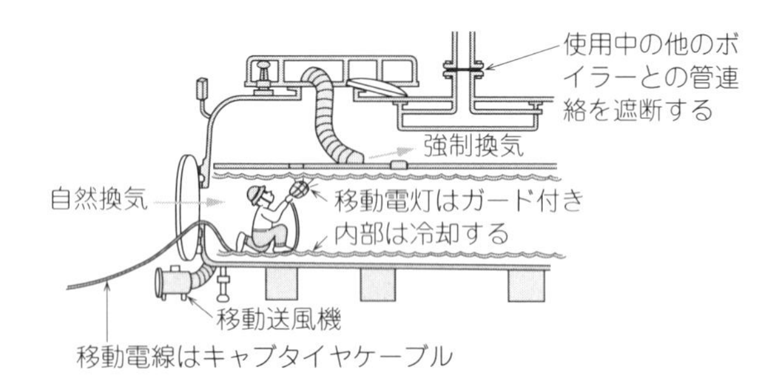

● 図 1　ボイラー内部に入るときの措置 ●

問 1

出題頻度

ボイラーの整備の作業に使用する照明器具などに関し、次のうち適切でないものはどれか。

(1)　燃焼室、煙道、ドラムなどの内部で使用する照明器具は、防爆構造で、ガードを取り付けたものを使用する。

(2)　燃焼室、煙道、ドラムなどの内部で使用する移動電線は、絶縁性の高いキャブタイヤケーブルを使用する。

(3)　狭い場所で使用する照明器具の配線は、できるだけ他の配線との交差や錯綜が生じないようにする。

(4)　コードリールに巻いたコードを長時間使用するときは、コードリールに巻いたままとせずに延ばして使用する。

(5)　作業場所の照明は、作業場所が局所的な明るさを維持し、周囲との明暗の差を大きくするように据え付ける。

解説　(5) 作業場所での照明は、作業場所の明るさのみでなく、**全般的に明暗の差がないように**設置します。

問 2

出題頻度

ボイラーの整備の作業に使用する照明器具に関し、次のうち適切でないものはどれか。

(1)　燃焼室、煙道、ドラムの内部で使用する照明器具のコンセント接続部には、漏電遮断器を取り付ける。

(2)　燃焼室、煙道、ドラム内部では、移動電線として絶縁性の高いキャブタイヤケーブルを使用する。

(3)　狭い場所で使用する照明器具の配線は、できるだけ他の配線との交差や錯綜が生じないようにする。

(4)　コードリールを長時間使用するときは、コードをコードリールに巻いた状態で使用する。

(5) 作業場所の照明は、全般的に明暗の差が著しくなく、通常の状態でまぶしくないようにする。

解説　(4) 長時間コードリールにコードを巻いたまま使用すると、電線の放熱が悪くなるため温度が高くなり、絶縁物が焼損するおそれがあるので、**ケーブルは延ばして使用**します。

解答　問 1 －(5)　　問 2 －(4)

問 3

出題頻度

ボイラーの整備の作業に使用する照明器具などに関するAからDまでの記述において、適切なもののみを全てあげた組合せは、次のうちどれか。

A　燃焼室、煙道、ドラムなどの内部で使用する照明器具は、防爆構造で、ガードを取り付けたものを使用する。

B　燃焼室、煙道、ドラムなどの内部で使用する移動電線は、絶縁性の高いキャブタイヤケーブルを使用する。

C　燃焼室、煙道、ドラムなどの内部で使用する照明器具による漏電を防止するため、そのコンセント接続部には、漏電遮断器またはアース線を取り付ける。

D　燃焼室、ドラムなどの内部で使用する照明用電源は 100 V を使用する。

(1)　A、B　　(2)　A、B、C　　(3)　A、B、D　　(4)　B、C　　(5)　C、D

解説

C　**アース線を取り付ける必要はありません。**

D　照明用電源は、できるだけ **24 V 以下**で使用します。

A、B は正しい記述です。

問 4

出題頻度

次の文中の［　　］内に入れるAからCまでの語句の組合せとして、最も適切なものは(1)～(5) のうちどれか。

「ボイラーの整備の作業で、［ A ］ガスが残留しているおそれのある燃焼室、煙道、ドラムなどの内部で使用する照明器具は、［ B ］で、［ C ］を取り付けたものを、また、照明器具のコンセント接続部には、漏電遮断器を取り付ける。」

	A	B	C
(1)	不活性	防爆構造	接地
(2)	不活性	絶縁構造	ガード
(3)	可燃性	防爆構造	ガード
(4)	可燃性	防滴型	絶縁被膜
(5)	可燃性	防滴型	接地

解説　ボイラーの整備の作業で、［可燃性］ガスが残留しているおそれのある燃焼室、煙道、ドラムなどの内部で使用する照明器具は、［防爆構造］で、［ガード］を取り付けたものを、また、照明器具のコンセント接続部には、漏電遮断器を取り付けます。

解答　問 3 －(1)　　問 4 －(3)

問 5

出題頻度

ボイラーの整備の作業に使用する照明器具などに関するＡからＤまでの記述で、適切でないもののみを全てあげた組合せは、次のうちどれか。

A　燃焼室、煙道、ドラムなどの内部で使用する照明器具のコンセント接続部には、漏電を検知するため、確実にアース線を取り付ける。

B　燃焼室、ドラムなどの内部で使用する照明用電源は 24 V を使用する。

C　コードリールは、比較的風通しの良い場所で使用する場合、ケーブルを巻いたまま長時間使用することができる。

D　作業場所の照明は、全般的に明暗の差が著しくなく、通常の状態でまぶしくないようにする。

(1)　A、B　　(2)　A、B、C　　(3)　A、C　　(4)　A、C、D　　(5)　B、D

解説　A　アース線ではなく、**漏電遮断器**を取り付けます。

C　ケーブルをコードリールに巻いたまま使用すると発熱するので、**伸ばして使用**します。

B、D は正しい記述です。

問 6

出題頻度

ボイラーの整備作業における照明器具の使用などに関し、次のうち適切でないものはどれか。

(1)　ドラム内部では、移動電線として絶縁の完全なキャブタイヤケーブルを使用する。

(2)　電気抵抗が 1 100 Ω の回路に 110 V の電圧をかけたとき、回路には、10 mA の電流が流れる。

(3)　燃焼室や煙道の内部では、可燃性ガスが残留しているおそれがあるので、防爆性能を有し、安全ガードのある照明器具を使用する。

(4)　コードリールを長時間使用するときは、ケーブルはコードリールに巻いたままとせず伸ばして使用する。

(5)　照明は、全般的に明暗の差が著しくなく、かつ、まぶしさのないようなものとする。

解説　(2) 電流〔A〕＝電圧〔V〕/ 抵抗〔Ω〕ですので、

電流〔A〕＝ 110 V/1 100 Ω ＝ 0.1 A ＝ **100 mA**　となります。

問 7

出題頻度

電気抵抗が 11 Ω である回路に 110 V の電圧をかけたとき、回路に流れる電流は次のうちどれか。

(1)　10 mA　　(2)　10 A　　(3)　100 mA　　(4)　121 mA　　(5)　121 A

解説　(2) 電流〔A〕＝電圧〔V〕/ 抵抗〔Ω〕ですので、

電流〔A〕＝ 110 V/11 Ω ＝ **10 A**　となります。

解答　問 5 －(3)　　問 6 －(2)　　問 7 －(2)

レッスン 2 照明器具のおさらい問題

照明器具に関する以下の設問について、正誤を○、×で答えよ。

	設問	解答
1	燃焼室、ドラムなどの内部で使用する照明器具は、防爆構造で、ガードを取り付ける。	○
2	燃焼室、ドラム内部で使用する照明用電源は 24 V を用い、移動電線はキャブタイヤケーブルなどを使用する。	○
3	燃焼室、ドラム内部で使用する照明用電源は 100 V を用い、移動電線にはキャブタイヤケーブルを使用する。	×：照明用電源は、できるだけ 24 V 以下にする
4	燃焼室、ドラム内部で使用するコンセントの接続部には漏電遮断器を取り付ける。	○
5	作業場所の照度は、作業場所の局部的な明るさだけでなく、全般的に明暗差がないようにする。	○
6	コードリールを長時間使用するときは、コードをリールに巻いたまま使用する。	×：コードは伸ばして使用する
7	燃焼室、ドラム内部で使用する移動電線はビニールコード電線を使用する。	×：ビニールコードは熱に弱いのでキャブタイヤケーブルを使用する
8	電気抵抗が 11 Ω の回路に 110 V の電圧をかけたとき、回路には 10 A 流れる。	○：$I = E/R = 110\ \mathrm{V}/11\ \Omega = 10\ \mathrm{A}$

レッスン 3 補修用材料

レッスン３の「補修用材料」は、「炉壁材」「保温材」「ガスケットおよびパッキン」の３項目を学習します。

レッスン３からは、毎回２問程度が出題されています。４学期の「ボイラーの据付け」に関する不定形耐火物の問題も、レッスン 3-1「炉壁材」に入っています。

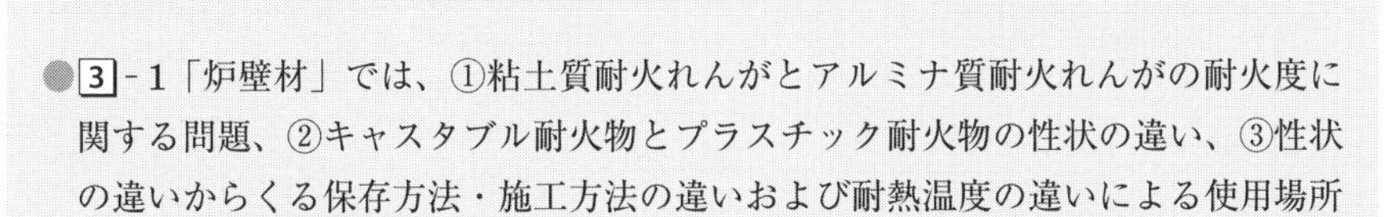

● 3 - 1「炉壁材」では、①粘土質耐火れんがとアルミナ質耐火れんがの耐火度に関する問題、②キャスタブル耐火物とプラスチック耐火物の性状の違い、③性状の違いからくる保存方法・施工方法の違いおよび耐熱温度の違いによる使用場所の違いなどが出題されています。また、目地に関する問題や、出題数は少ないですが、耐火れんがに要求される性質なども出題されています。

● 3 - 2「保温材」では、①保温材に対する要求事項、②発泡プラスチック保温材の使用温度に関する問題が出題されています。

● 3 - 3「ガスケットおよびパッキン」では、①ゴムガスケット、オイルシート、メタルジャケットなどの材質や用途に関する問題、②ガスケットとパッキンの違いなどが多く出題されています。最近、ノンアスベストジョイントシートやうず巻き形ガスケットの特徴に関する問題も出題されています。

レッスン 3-1
炉壁材

重要度 ///

1 耐火れんがに要求される性質

① 耐熱性・耐荷重性が高い
② 温度変化に対して強い
③ 高温ガスの化学作用に対する抵抗力がある

2 炉壁材の種類

(1) 耐火れんが

① 粘土質耐火れんが：**耐火度や高温度での耐荷重性は比較的低い**。耐火度 1 580 ～ 1 750℃程度

② 高アルミナ質耐火れんが：高温度での耐荷重性は、**粘土質耐火れんがより高い**。耐火度 1 770 ～ 1 850℃程度

(2) 耐火断熱れんが

断熱性は高いですが、強度が低く、**耐火れんがとケーシングの間の断熱材**として用いられます。

(3) 普通れんが

耐火度は 400℃と低いですが、**耐荷重性は高い**れんがで炉の外装などに使用される。

(4) れんが目地

耐火れんがや耐火断熱れんがには耐火モルタル、普通れんがには**セメントモルタル**が使用されます。

(5) 不定形耐火物

現場で任意の形状に施工でき、成形れんがでは**施工が難しい箇所に用いられます**。施工前に、落下防止のＶ形、Ｙ形アンカを取り付けておきます。

① **キャスタブル耐火物**

・適当な粒度としたシャモット質、高アルミナ質、クロム質の耐火材量を骨材として、これにバインダとしてアルミナセメントを配合した**粗粒状のもので、保存には湿気に注意が必要**

・使用時は水を加えて練り、型枠に流し込む方法、吹付けまたはこてで塗る方法などがあり、24 時間後にはコンクリートのような固い目地なしの 1 枚壁ができる

・高熱火炎に触れない場所や燃焼室以外に広く使用される

② **プラスチック耐火物**

・キャスタブル耐火物と同じ骨材を粘土などのバインダと練り合わせた**練り土状のもので、保存には乾燥に注意が必要**

・ハンマやランマなどでたたき込み、施工する

・燃焼室内壁などの**高温火炎にさらされる箇所に多く用いられる**

問 1

出題頻度

ボイラーの炉壁材および保温材に関する次の記述のうち、適切でないものはどれか。

(1)　粘土質耐火れんがは、高アルミナ質耐火れんがより耐火度および高温での耐荷重性が高い。

(2)　耐火断熱れんがは、断熱性は高いが強度が低く、耐火れんがとケーシングとの間の断熱材として用いられる。

(3)　普通れんがは、耐荷重性は高いが耐火度が低く、一般に、400℃以上の温度には使用できないので、外だきボイラーの築炉の外装などに用いられる。

(4)　不定形耐火物には、キャスタブル耐火物とプラスチック耐火物があり、現場で任意の形状に施工できる。

(5)　セメントモルタルは、普通れんがの目地に用いられ、耐火モルタルは耐火れんがおよび耐火断熱れんがの目地に用いられる。

解説　(1) 粘土質耐火れんがの耐火度は**1 580 ～ 1 750℃程度**であるのに対し、高アルミナ質耐火れんがの耐火度は**1 770 ～ 1 850℃**です。

問 2

出題頻度

ボイラーの炉壁材に関し、次のうち適切でないものはどれか。

(1)　不定形耐火物は、任意の形状に施工することができ、また、継目無しの１枚壁を作ることができる。

(2)　キャスタブル耐火物は、適当な粒度としたシャモット質などの耐火材料の骨材にバインダとしてアルミナセメントを配合したものである。

(3)　プラスチック耐火物は、燃焼室の内壁など高熱火炎にさらされる箇所に多く用いられる。

(4)　キャスタブル耐火物は、水を加えて練り、型枠内に流し込み成形するか、またはラスなどにこて塗りや吹付けを行って壁を作る。

(5)　プラスチック耐火物は、粉状のため湿気を吸わせないようにして保存する。

解説　(5) プラスチック耐火物は、適当な粒度としたシャモット質などの耐火材料の骨材に粘土などのバインダと練り土状としたもので、**保存するときは乾燥しないようにします。**

解答　問１－(1)　　問２－(5)

レッスン 3-2 **保温材**

重要度

1 保温材に要求される性能

① 保温能力が大きい（**密度が小さい、熱伝導率が小さい**）

② 長時間の使用に対して変質しない

③ 保温施工面を腐食させない

④ 施工が容易

⑤ 使用温度に適した材質

2 保温材の種類

(1) 人造鉱物繊維保温材

① **ロックウール**：石灰、ケイ酸を主成分とする鉱物を溶解し繊維化したもので、ウールに接着剤を用いて板状にした保温板や保温筒などがある

② **グラスウール**：ガラスを溶解し繊維化したもので，保温板、保温筒のほかに、片面に紙や布を貼った波形保温板などがある

(2) 無機多孔質保温材

① ケイ酸カルシウム保温材：補強材として繊維を混合した、ケイ酸カルシウム水和物の成形物で、保温板と保温筒がある

② はっ水性パーライト保温材：パーライト・バインダ・補強繊維・はっ水材の成形物で、保温板と保温筒がある

(3) 発泡プラスチック保温材

① **ビーズ法ポリスチレンフォーム**：使用温度は、保温板 80℃以下、保温筒で 70℃以下

② **押出法ポリスチレンフォーム**：使用温度は、保温板 80℃以下、保温筒で 70℃以下

③ **硬質ウレタンフォーム**：使用温度は、100℃以下

④ **ポリスチレンフォーム**：使用温度は、1 種 70℃以下、2 種 **120℃以下**

⑤ **フェノールフォーム**：使用温度は、**130℃以下**

よく出る問題

問 1

出題頻度

ボイラー、配管などに使用する保温材の一般的性質などに関するAからDまでの記述で、適切でないもののみを全てあげた組合せは、次のうちどれか。

A　密度が大きいこと　　B　吸水性があること

C　保温力は熱伝達率で示される　　D　長期間の使用に対して変質しないこと

(1)　A、B　(2)　A、B、C　(3)　A、C　(4)　B、C　(5)　C、D

解説　A　**密度は小さいほうが、空気が多く入っているので保温力は大きくなります。**

B　吸水性は保温材の要求される性能にはありません。

C　**熱伝導率**が低いほうが保温力は大きくなります。

D　正しい記述です。

問 2

出題頻度

ボイラー、配管などに使用する保温材の一般的性質として、適切でないものは次のうちどれか。

(1)　耐火度が高いこと。

(2)　施工が容易なこと。

(3)　熱伝導率が小さいこと。

(4)　長期間の使用に対して変質しないこと。

(5)　保温施工面を腐食させないこと。

解説　(1) 保温材に必要な主な性質に、**耐火度に対するものはありません。**

問 3

出題頻度 

ボイラーの炉壁材および保温材に関し、次のうち適切でないものはどれか。

(1)　高アルミナ質耐火れんがは、粘土質耐火れんがより耐火度および高温での耐荷重性が高い。

(2)　耐火断熱れんがは、断熱性は高いが強度が低く、耐火れんがとケーシングとの間の断熱材として用いられる。

(3)　普通れんがは、耐荷重性は高いが耐火度が低く、外だきボイラーの築炉の外装などに用いられる。

(4)　保温材は、内部の気泡や気層の状態と量によって保温力が定まるが、一般に密度が小さいほど保温力が大きい。

(5)　発泡プラスチック保温材では、ポリスチレンフォームの方がフェノールフォームより使用温度が高い。

解説　(5) フェノールフォーム保温材の使用温度は**130℃以下**です。一方、ポリスチレンフォーム保温材の使用温度は、**1種70℃以下**、**2種120℃以下**です。

解答　問1－(2)　問2－(1)　問3－(5)

レッスン 3-3 ガスケットおよびパッキン

重要度

1 ガスケット

ガスケットは、**フランジのような静止部分の密封**に用いられます。ガスケットは、次のように分類されます。

(1) 非金属ガスケット：ゴムガスケット、PTFE ガスケット、オイルシール、ノンアスベストジョイントシート

① **ゴムガスケット**：**常温の水に使用**され、ゴムの中心に木綿布が入ったものとゴムだけでできたものがあり、材料のゴムは、天然ゴムをはじめ色々な合成ゴムがあり、板状やリング状のものがある

② **オイルシート**：**100℃以下の油に使用**され、**紙、ゼラチン、グリセリン**などを加工したもので、耐油性が強い

③ **ノンアスベストジョイントシート**：**非石綿繊維と耐化学薬品性ゴムバインダなどを混合し、圧延加硫したもの**。ボイラー、第一種圧力容器の整備で最も多く使用される。**石綿製品に比べ、耐熱や耐蒸気性などが劣る**

④ **PTFE（四フッ化エチレン樹脂：テフロン）ガスケット**：純 PTFF または、PTFE にガラスファイバーや無機充填材を混合したシートを打ち抜いたもの。耐薬品性、耐溶剤性に優れている。高温で軟化しやすい

(2) 非金属と金属併用ガスケット：うず巻き形ガスケット、メタルジャケット形ガスケット

⑤ **うず巻き形ガスケット**：金属製薄帯板（フープ）とクッション材（フィラー）を交互に**うず巻き状に巻いた**もので、フランジに合わせて成形される。高圧の蒸気に使用される

⑥ **メタルジャケット形ガスケット**：**高温のガスや蒸気に使用**され、耐熱性に優れたクッション材の表面を薄い金属板で被覆したもので、厚さ 2 ～ 3 mm 程度

(3) 金属ガスケット：リング状の単体の金属でできており、**特に高温高圧の蒸気やガスに使用**される

2 パッキン

① パッキンは、**ポンプやバルブなどの運動部分の密封**に用いられる

② **編組パッキン、モールドパッキン、メタルパッキン**などがある

③ 動物、植物などの繊維または合成繊維を角形・丸形に編んだもの、金属線を用いたものがある

④ ノンアスベスト化に伴い炭素繊維系、無機繊維系、アラミド繊維系、膨張黒鉛系、セラミックファイバ系などがあり、使用目的に応じて選定される

よく出る問題

問 1

出題頻度

ガスケットおよびパッキンに関し、次のうち適切でないものはどれか。

(1)　パッキンはポンプのような運動部分の密封に用いられ、ガスケットはフランジのような静上部分の密封に用いられる。

(2)　ゴムガスケットは、合成ゴムを成形したもので、100℃程度までの温水に用いられる。

(3)　オイルシートは、紙、ゼラチンなどを加工したもので、100℃以下の油に用いられる。

(4)　メタルジャケット形ガスケットは、高温の蒸気やガスに用いられる。

(5)　パッキンには、編組パッキン、モールドパッキン、メタルパッキンなどがある。

解説　(2) ゴムガスケットは、ゴムの中心に木綿布が挿入されているものと、ゴムのみのものがあり、板状またはリング状になっています。**常温の水に用いられます。**

問 2

出題頻度

ガスケットおよびパッキンに関し、次のうち適切でないものはどれか。

(1)　ガスケットは、一般にフランジのような静上部分の密封に用いられる。

(2)　ノンアスベストジョイントシートは、これまで用いられていた石綿を含有するジョイントシートに比べ、強度は強いが耐熱性に劣る。

(3)　オイルシートは、紙、ゼラチンなどを加工したもので、100℃以下の油に用いられる。

(4)　金属ガスケットは、高温高圧の蒸気やガスに用いられる。

(5)　パッキンには、編組パッキン、モールドパッキン、メタルパッキンなどがある。

解説　(2) ノンアスベストジョイントシートは、**石綿を含有しているガスケットに比べ耐熱や耐蒸気性などが劣ります。**

問 3

出題頻度

ガスケットおよびパッキンに関し、次のうち適切でないものはどれか。

(1)　パッキンはポンプのような運動部分の密封に用いられ、ガスケットはフランジのような静上部分の密封に用いられる。

(2)　オイルシートは、合成ゴムを成形したパッキンで、耐油性に優れ100℃以下の油に用いられる。

(3)　金属ガスケットは、高温高圧の蒸気やガスに用いられる。

(4)　メタルジャケット形ガスケットは、耐熱性に優れた非石綿材料を金属で被覆したもので、高温の蒸気やガスに用いられる。

(5)　ノンアスベストジョイントシートは、非石綿繊維と耐化学薬品性ゴムバインダなどを混合し、圧延加硫したものである。

解答　問１－(2)　　問２－(2)

解説　(2) オイルシートは、**紙、ゼラチン、グリセリンなどを加工**したもので、耐油性に優れ、100℃以下の油に用います。

問 4

出題頻度

ガスケットおよびパッキンに関し、次のうち適切でないものはどれか。

(1)　パッキンはポンプのような運動部分の密封に用いられ、ガスケットはフランジのような静上部分の密封に用いられる。

(2)　ゴムガスケットは、ゴムのみまたはゴムの中心に木綿布が挿入されたもので、常温の水に用いられる。

(3)　オイルシートは、紙、ゼラチンなどを加工したもので、100℃以下の油に用いられる。

(4)　うず巻き形ガスケットは、リングガスケットともいわれ、高圧蒸気に用いられる。

(5)　メタルジャケット形ガスケットは、耐熱材料を金属で被覆したもので、高温の蒸気やガスに用いられる。

解説　(4) うず巻き形ガスケットは、**金属製薄帯板（フープ）とクッション材（フィラー）を交互にうず巻状に巻き上げたもの**で、リング状ではありません。高圧の蒸気まで使用できます。

問 5

出題頻度

ガスケットおよびパッキンに関し、次のうち適切でないものはどれか。

(1)　パッキンはバルブなどの運動部分の密封に用いられ、ガスケットはフランジなどの静上部分の密封に用いられる。

(2)　ゴムガスケットは、ゴム単体またはゴムの中心に木綿布を挿入したもので、常温の水に用いられる。

(3)　メタルジャケット形ガスケットは、耐油性に優れた非石綿材料の表面を薄い金属板で被覆したもので、100℃以下の油に用いられる。

(4)　金属ガスケットは、リング状の金属の単体で、高温高圧の蒸気またはガスに用いられる。

(5)　パッキンには、動物、植物、鉱物などの繊維または合成繊維を角形や丸形に編んだものや金属線を用いたものがある。

解説　(3) メタルジャケット形ガスケットは、**耐熱性に優れた**非石綿材料をクッション材にして表面を薄い金属板で被覆したもので、**高温の蒸気やガスに用いられます。**

解答　問3－(2)　　問4－(4)　　問5－(3)

レッスン 3 補修用材料のおさらい問題

補修用材料に関する以下の設問について、正誤を○、×で答えよ。

No.	設問	解答
■ 3-1 炉壁材		
1	普通れんがは、耐火度は高いが耐荷重性が低く、外だきボイラーの築炉の外装などに用いられる。	×：普通れんがは、耐火度は低く耐荷重性が高い
2	粘土質耐火れんがは、高アルミナ質耐火れんがより耐火度および高温での耐荷重性が低い。	○
3	耐火れんがに要求される性質は、耐熱性が高いこと、保温能力が高いことがある。	×：保温能力が高いことは要求されない
4	プラスチック耐火物は、粉状のため湿気を吸わせないように保存する。	×：練り土状のため乾燥させないように保存する
5	プラスチック耐火物は、適度な粒度としたシャモット質などの耐火材料の骨材にバインダとしてアルミナセメントを配合した粉状のものである。	×：粘土をバインダとし練り合わせた練り土状のものです
6	プラスチック耐火物は、乾燥しないようにして保存する。	○
7	キャスタブル耐火物は、適度な粒度としたシャモット質などの耐火材料の骨材と粘土などのバインダを練り合わせ、練り土状としたものである。	×：バインダとしてアルミナセメントを配合した粉状のもの
8	キャスタブル耐火物は、燃焼室の内壁など高熱火炎にさらされる箇所に用いる。	×：記述は、プラスチック耐火物の説明
9	耐火モルタルは普通れんがの目地に用いられ、セメントモルタルは耐火れんがおよび耐火断熱れんがの目地に用いられる。	×：耐火モルタルは耐火れんがおよび耐火断熱れんがの目地、セメントモルタルは普通れんがの目地に用いられる
■ 3-2 保温材		
10	保温材に要求される性質として、密度が大きい、吸水性があるなどである。	×：密度は小さい。吸水性に対する要求はない
11	保温材の保温力は熱伝達率で示される。	×：熱伝導率で示されます
12	保温材の有するべき性質として、熱伝導率が高いことは、適切でない。	○
13	保温材の一般的性質として、耐火度が高いことは、適切でない。	○
14	発泡プラスチック保温材では、ポリスチレンフォームのほうがフェノールフォームより使用温度が高い。	×：フェノールフォームのほうが使用温度が高い
■ 3-3 ガスケットおよびパッキン		
15	ガスケットはフランジのような静止部分の密封に用いられ、パッキンはポンプのような運動部分の密封に用いられる。	○
16	ノンアスベストジョイントシートは、これまで用いられていた石綿を含有するジョイントシートに比べ、強度は強いが耐熱性に劣る。	×：耐熱性や耐蒸気性が劣る
17	オイルシートは、合成ゴムを成形したパッキンで、耐油性に優れ100℃以下の油に用いられる。	×：紙、ゼラチン、グリセリンなどを加工したもの

18	うず巻き形ガスケットは、リングガスケットともいわれ、高圧蒸気に用いられる。	×：うず巻状で、金属製薄帯板とクッション材を交互にうず巻状に巻きあげたもの
19	メタルジャケット形ガスケットは、耐油性に優れた非石綿材料の表面を薄い金属板で被覆したもので、100℃以下の油に用いられる。	×：耐熱性に優れた非石綿材料の表面を薄い金属板で被覆したもので、高温の蒸気、ガスに用いられる
20	ゴムガスケットは、ゴムのみまたはゴムの中心に木綿布が挿入されたもので、常温の水に用いられる。	○
21	パッキンは、編組パッキン、モールドパッキン、メタルパッキンなどがある。	○

レッスン 4 化学洗浄用薬品および機器

レッスン 4 の内容は、毎回出題されています。出題の頻度は、4-1「化学洗浄用薬品」が 2/3、4-2「化学洗浄用機器」が 1/3 程度出題されています。薬品の名前などは覚えにくいですが、出題される部分は限定的ですので、「化学洗浄用薬品」の表を覚えるようにしましょう。

● 4 - 1「化学洗浄用薬品」では、特に塩酸、硫酸などが洗浄剤として不向きなスケール成分に関する出題が多く出題されています。クエン酸やアンモニアの洗浄剤としての特徴や、薬品の特徴なども選択問題として出題されていますので、表「化学洗浄用薬品」を覚えるようにしましょう。

● 4 - 2「化学洗浄用機器」では、薬液循環用タンクの容量、薬液用ポンプの容量、薬液タンクの役割と容量、ガス放出管の取り付け位置などが出題されています。

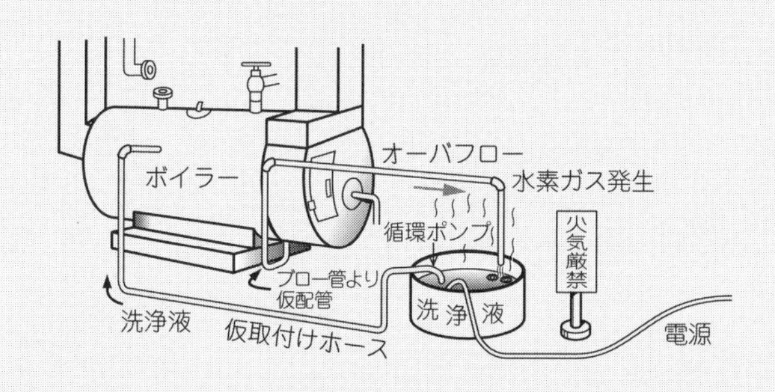

● 酸洗浄の一例 ●

レッスン 4-1 # 化学洗浄用薬品

重要度 ///

● 表1　化学洗浄用薬品 ●

薬品名称		特　徴
塩酸	強酸性	①　塩化水素の水溶液 ②　安価で洗浄剤として**最も広く使用**されている ③　**シリカ系以外のスケール成分に対し溶解力が高い**
硫酸	強酸性	①　粘りの高い無色の液体。水との混合で激しく発熱する ②　**カルシウム塩の溶解度が小さい** ③　洗浄剤として使用
スルファミン酸	酸性	①　粉体で取扱いが容易 ②　カルシウム塩の溶解度が大きい ③　洗浄剤として使用
ギ酸	有機酸	①　刺激臭のある無色の酸性液体 ②　**大型ボイラーの洗浄剤として使用** ③　他の有機酸より酸性が強く、還元作用もある
クエン酸	有機酸	①　果汁中にも含まれる、結晶体 ②　無機酸に比べ、スケール溶解度は小さく、**80 ～ 100℃で使用** ③　残留しても腐食の危険性が少ないため、**洗浄液の完全排出が困難なボイラーの洗浄剤として使用**
水酸化ナトリウム	強アルカリ性	①　潮解性の強い白色固体 ②　強アルカリ性で腐食性が強い ③　**潤化処理剤、中和剤**として最も広く使用される
炭酸ナトリウム	強アルカリ性	①　白色無臭で吸湿性の粉末。ソーダ灰とも呼ばれる ②　**中和剤、潤化処理剤**、アルカリ洗浄用薬剤として使用
酸化カルシウム	アルカリ性	①　**生石灰**ともいい、無色の結晶で**水に触れると発熱**し水酸化カルシウムとなる ②　**中和剤**として使用
水酸化カルシウム	アルカリ性	①　白色の粉末で、**消石灰**ともいう ②　**中和剤**として使用
アンモニア	弱アルカリ性	①　常温で刺激臭のある無色の気体で水に溶けてアンモニア水となる ②　**中和剤** ③　**銅を多く含むスケールの洗浄剤**として使用
リン酸ナトリウム	弱アルカリ性	①　白色吸湿性の粉末 ②　アルカリ洗浄用薬剤、**中和防錆剤に使用**
ヒドラジン	脱酸素剤	①　特異な臭いのある無色の液体 ②　**還元剤・防錆剤**として使用 ③　**運転中のボイラーの脱酸素剤**として使用
亜硫酸ナトリウム	脱酸素剤	①　無色の結晶で可溶性 ②　**還元剤、中和防錆剤**として使用 ③　**運転中のボイラーの脱酸素剤**として使用

問 1

出題頻度

化学洗浄用薬品の性質に関する次のAからEまでの記述について、適切でないものの組合せは（1）～（5）のうちどれか。

A　クエン酸は、結晶体で、塩酸などの無機酸と比べてスケールの溶解力が強く、通常80～100℃の薬液温度で用いられる。

B　硫酸は、粘度の大きい無色の液体で、スケールとの反応により生成する塩類のうちカルシウム塩の溶解度が大きい。

C　塩酸は、塩化水素の水溶液で、シリカ系以外のスケール成分に対して溶解力が強く、スケールとの反応により生成する各種塩類の溶解度が大きい。

D　水酸化ナトリウムは、潮解性のある白色の固体で、水によく溶けて多量の熱を発生し、腐食性が強い強アルカリ性の水溶液となる。

E　アンモニアは、常温では刺激臭のある無色の気体で、水に溶けて弱アルカリ性のアンモニア水となり、銅スケールの溶解力が強い。

（1）　A、B　　（2）　A、D　　（3）　B、E　　（4）　C、D　　（5）　C、D

解説　A　クエン酸は、塩酸などの無機酸と比べてスケールの**溶解力はかなり弱い**ので、通常、80～100℃の薬液温度で用いられます。

B　硫酸は、カルシウム塩の溶解度が小さいので、**カルシウムを多く含有するスケールの除去には適しません。**

C～Eは正しい記述です。

問 2

出題頻度 

化学洗浄用薬品の性質に関する次のAからEの記述のうち、適切でないものの組合せは（1）～（5）のうちどれか。

A　クエン酸は、果汁中にも存在し、結晶体であり、危険性が小さい。

B　濃硫酸は、無色の粘性のある液体で、水和力が強く、水と混合すると発熱する。

C　水酸化カルシウムは生石灰ともいい、無色の結晶で水を注ぐと大量の熱を発する。

D　炭酸ナトリウム（ソーダ灰）は、白色、無臭、吸湿性の粉末で、水溶性は強アルカリ性である。

E　リン酸ナトリウム（リン酸ソーダ）は、白色の固体で、水溶液は強酸性である。

（1）　A、C　　（2）　B、D　　（3）　C、E　　（4）　A、D　　（5）　B、E

解説　C　水酸化カルシウムは**消石灰**と呼ばれています。Cの説明は、酸化カルシウムの特徴です。

E　リン酸ナトリウムの水溶液は、**弱アルカリ性**です。

A、B、Dは正しい記述です。

解答　問1－（1）　　問2－（3）

レッスン 4-2 化学洗浄用機器

重要度

化学洗浄用機器類

(1) 薬液用タンク

・薬液の調合用または貯蔵用として用いる

・容量は、洗浄対象の**ボイラー 1 基分の水容量以上**が望ましい

(2) 薬液用ポンプ

・薬液の供給および循環に使用する

・**容量は 30 ～ 60 分以内で洗浄対象のボイラーを満水にさせる程度**の能力を標準とする

(3) 薬液循環用タンク

・循環する薬液を受け、はく離したスケールや固形物を分離する容器

・容量は洗浄対象の**ボイラー水容量の 1/10 以上**が望ましい

(4) ガス放出管

・ボイラー胴上部の開口部に設ける

・**酸洗浄中に発生するガス（主として水素ガス）を安全な場所へ放出する**

(5) 薬液加熱装置

・薬液用タンクおよび薬液循環用タンクには薬液加熱装置を設けることが望ましい

・加熱方式には**電気式**と**蒸気式**がある

出題は誤りや適切でないものを選択する問題がほとんどですが、たまに 1 ～ 2 問、正しいものや適切なものを選択する問題が出題されます。問題文は、最後まで読んで答えましょう。

問 1

出題頻度

ボイラーの化学洗浄用機器および化学洗浄用薬品に関するAからDまでの記述で、正しいもののみを全てあげた組合せは、次のうちどれか。

A　薬液用タンクは、洗浄に必要な薬液の調合または貯蔵のために用いられるもので、その容量は洗浄を行うボイラーの水容量の1/2程度とする。

B　薬液用ポンプは、薬液の供給および循環のために用いられるもので、一般に洗浄を行うボイラーを30～60分以内に満水にできる程度の容量を標準とする。

C　クエン酸は、構造上洗浄液の完全排出が困難なボイラーの洗浄剤や簡易洗浄剤として用いられる。

D　塩酸は、広く洗浄剤として用いられ、特に、シリカ系のスケール成分に対して溶解力が強い。

(1)　A、B　　(2)　A、B、C　　(3)　A、D　　(4)　B、C　　(5)　B、C、D

解説

A　薬液用タンクは、洗浄に必要な薬液の調合または貯蔵のために用いられるもので、その容量は**洗浄を行うボイラー1基分**の水容量以上が望ましいです。

D　塩酸は、広く洗浄剤として用いられ、**シリカ系以外のスケール成分**に対して溶解力が強い洗浄剤です。

B、Cは正しい記述です。

問 2

出題頻度

ボイラーの化学洗浄用機器に関し、次のうち適切でないものはどれか。

(1)　薬液用タンクは、洗浄に必要な薬液の調合または貯蔵のために用いられるもので、洗浄を行うボイラー1基分の水容量以上の容量が望ましい。

(2)　薬液循環用タンクは、洗浄中に循環する薬液を受け、はく離したスケール、固形分などを分離するために用いられるもので、その容量は少なくとも洗浄を行うボイラーの水容量の1/20以上でなければならない。

(3)　薬液用ポンプは、薬液の供給および循環のために用いられるもので、30～60分以内に、洗浄を行うボイラーを満水にできる程度の容量を標準とする。

(4)　ガス放出管は、ボイラーの胴上部の開口部に設ける。

(5)　薬液用タンクおよび薬液循環用タンクには、蒸気式または電気式の薬液加熱装置を設けることが望ましい。

解説　(2) 薬液循環用タンクは、洗浄中に循環する薬液を受け、はく離したスケール、固形分などを分離するために用いられるもので、その容量は、**ボイラーの水容量の1/10以上**であることが望ましいです。

解答　問1－(4)　　問2－(2)

問 3

出題頻度

ボイラーの化学洗浄用機器および化学洗浄用薬品に関し、次のうち適切でないものはどれか。

(1) 薬液用タンクは、洗浄に必要な薬液の調合または貯蔵のために用いられるもので、洗浄を行うボイラー1基分の水容量以上の容量が望ましい。

(2) 薬液用ポンプは、薬液の供給および循環のために用いられるもので、洗浄を行うボイラーを2時間程度で満水にできる容量を標準とする。

(3) 硫酸は、洗浄剤として用いられるが、カルシウムを多く含むスケールの除去には適さない。

(4) クエン酸は、構造上洗浄液の完全排出が困難なボイラーの洗浄剤や簡易洗浄剤として用いられる。

(5) 塩酸は、シリカ系以外のスケール成分に対して溶解力が強く、スケールとの反応により生成する各種塩類の溶解度が大きい。

解説 (2) 薬液用ポンプの容量は、洗浄を行うボイラーを**30～60分以内に満水にできる程度の容量を標準とします。**

問 4

出題頻度

ボイラーの化学洗浄用薬品に関し、次のうち適切でないものはどれか。

(1) 硫酸は、洗浄剤として用いられるが、カルシウムを多く含むスケールの除去には適さない。

(2) 水酸化ナトリウムは、中和剤として用いられるほか、潤化処理にも用いられる。

(3) アンモニアは、銅を多く含むスケールの洗浄剤として用いられる。

(4) クエン酸は、塩酸に比べてスケールの溶解力は弱いが、残留しても腐食の危険性は小さい。

(5) 塩酸は、広く洗浄剤として用いられ、特に、シリカ系のスケール成分に対して溶解力が強い。

解説 (5) 塩酸は、広く洗浄剤として用いられていますが、**シリカ系のスケール成分の溶解力が弱いため、シリカ系スケールの洗浄剤としては用いられません。**

解答 問3－(2)　問4－(5)

問 5

出題頻度

ボイラーの化学洗浄用薬品に関し、次のうち適切でないものはどれか。

(1)　硫酸は、洗浄剤として用いられるが、カルシウムを多く含むスケールの除去には適さない。

(2)　水酸化ナトリウムは、中和剤として用いられるほか、潤化処理にも用いられる。

(3)　アンモニアは、カルシウムを多く含むスケールの洗浄剤として用いられる。

(4)　クエン酸は、構造上洗浄液の完全排出が困難なボイラーの洗浄剤や簡易洗浄剤として用いられる。

(5)　塩酸は、シリカ系以外のスケール成分に対して溶解力が強く、スケールとの反応により生成する各種塩類の溶解度が大きい。

解説　(3) アンモニアは、**銅を多く含むスケール**の洗浄剤として用いられる。

問 6

出題頻度

ボイラーの化学洗浄用機器および化学洗浄用薬品に関し、次のうち適切でないものはどれか。

(1)　薬液循環用タンクは、洗浄中に循環する薬液を受け、はく離したスケール、固形分などを分離するために用いられるもので、洗浄を行うボイラーの水容量の 1/10 以上の容量が望ましい。

(2)　ガス放出管は、ボイラーの胴上部の開口部に設ける。

(3)　硫酸は、洗浄剤として用いられるが、カルシウムを多く含むスケールの除去には適さない。

(4)　水酸化ナトリウムは、中和剤として用いられるほか、潤化処理にも用いられる。

(5)　クエン酸は、スケール溶解力が強いので、一般に常温で用いられることが多い。

解説　(5) クエン酸は、無機酸に比べスケールの溶解度は小さく、80 ～ 100℃で使用される。

解答　問 5 －(3)　　問 6 －(5)

レッスン 4 化学洗浄用薬品および機器のおさらい問題

化学洗浄用薬品に関する以下の設問について、正誤を○、×で答えよ。

	問題	解答
■ 4-1 化学洗浄用薬品		
1	銅を含むスケールの洗浄剤として、アンモニアを用いる。	○
2	水酸化カルシウムは生石灰ともいい、水を注ぐと大量の熱を発し、中和剤として用いられる。	×：表記は酸化カルシウムの説明
3	アンモニアは、カルシウムを多く含むスケールの洗浄剤として用いられる。	×：銅を多く含むスケールの洗浄剤に用いられる
4	クエン酸は、結晶体で、塩酸などの無機酸と比べてスケールの溶解力が強く、通常 80 ～ 100℃の薬液温度で用いられる。	×：無機酸と比べスケールの溶解力はかなり弱い
5	硫酸は、粘度の大きい無色の液体で、スケールとの反応により生成する塩類のうちカルシウム塩の溶解度が大きい。	×：硫酸はカルシウムを多く含むスケールの除去には適さない
6	リン酸ナトリウム（リン酸ソーダ）は、白色の固体で水溶液は強酸性である。	×：水溶液は弱アルカリ性
7	塩酸は、広く洗浄剤として用いられ、特に、シリカ系スケール成分に対して溶解力が強い。	×：塩酸は、シリカ系以外のスケール成分に対して溶解力が強い
■ 4-2 化学洗浄用機器		
8	薬液用ポンプは、薬液の供給および循環のために用いられるもので、洗浄を行うボイラーを 2 時間程度で満水にできる容量を標準とする。	×：30 ～ 60 分程度で満水にできる容量を標準とする
9	薬液用タンクは、化学洗浄に必要な洗浄液の調合用または貯蔵用として用いられ、容量は、ボイラー 1 基分の水容量以上が望ましい。	○
10	薬液循環用タンクは、洗浄中に循環する薬液を受け、はく離したスケール、固形物などを分離するために用いるもので、その容量は少なくても洗浄を行うボイラーの水容量の 1/20 以上でなければならない。	×：ボイラーの水容量の 1/10 以上が望ましい
11	洗浄中に発生するガスは、空気より重いため、ガス放出管はボイラー胴下部に設ける。	×：発生する水素ガスは空気より軽いため、ガス放出管はボイラー胴上部に設ける
12	ガス放出管は、アルカリ洗浄により発生する水素ガスを室外に放出するものである。	×：アルカリ洗浄ではなく酸洗浄

レッスン 5 足　場

2 学期の中では、出題数が一番少ない科目です。

単管足場、枠組み足場、移動式足場、脚立足場の 4 種類の足場の特徴について出題されています。また、足場を組立てるときの手すりの高さ、床板の幅などの安全に関する注意事項なども出題されているほか、最近何回か足場設置時の届出に関する問題が出題されています。

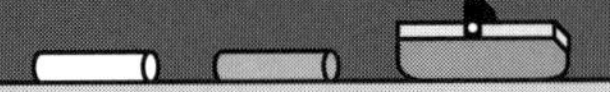

4 種類の足場の特徴は、強度、構造などを覚えるようにしましょう。

足場の組立てに関する問題では、取扱作業主任者の必要な足場の高さや作業内容、安全のための手すりの高さ、床板の幅などが出題されています。

届出に関する問題では、足場の高さや設置期間により届出の要否の問題が何問か出題されています。

レッスン 5 足場

重要度

1 足場の種類および特徴（抜粋）

(1) 単管足場

足場用鋼管、固定型ベース金具、緊結金具、接手金具などの部材により構成される足場です。**鋼管の間隔をある程度自由にできます**。

(2) 枠組み足場

建枠、交さ筋かい、床付き布枠、脚柱ジョイント、ジャッキ型ベース金具などの部材によって構成されています。

① 組立て、解体が容易　② 軽量であるが、**座屈に対する抵抗性が大きい**

③ 部材の強度上の**信頼性や安全性も高く、比較的高所作業に用いられる**

(3) 移動式足場

タワー状に組み立てた枠組構造で、**作業床および手すりなどの防護設備、脚輪、昇降用梯子**などで構成された**ローリングタワー**と呼ばれる足場です。

① 枠組み構造のため**足場の高さを容易に変えることができる**

② 人力により容易に移動できる

(4) 脚立足場

脚立を足場の支柱として用いる足場で、2つ以上の脚立に直接足場板をかけ渡すものと、多桁、多列に配した脚立に大引き、根太を架け渡し、その上に足場板を敷いて棚足場とするものがあります。その際、**脚立の天板に足場板をかけない**ように注意します。

2 足場組み作業（抜粋）

① **一定の高さ以上の足場の組立て、解体、変更については、所定の資格を持った足場の組立て等作業主任者を専任しなければならない**

② 足場の基礎は、沈下しないよう地盤を十分突き固め堅固にする

③ 必ず、地面上に敷板、または敷角、固定型ベース金具などを用いる。また、根がらみを用いる　④ 筋かいで補強する

⑤ 圧縮材および引張材の壁つなぎを一定の間隔毎に垂直、水平方向に設ける

⑥ 作業中落下のおそれのある所には、**高さ 85 cm 以上**の手すり中さんを設ける

⑦ 地上 2 m 以上で作業を行うところには、**幅 40 cm 以上の作業床**を設け、**床材間の隙間は、3 cm 以下**とする。また、**床材と建物との間隔は、12 cm 未満**とすること

⑧ 足場板は、転位、脱落しないように **2 点を固定**する

⑨ 作業床には、最大積載荷重を標示する

⑩ 移動用足場板は、**3 点以上支持**することとし、**はね出し部は 10 cm 以上**、足場板の長さの 1/18 以下とする

⑪ 解体は上部より下部へ順次行い、作業は単独で行わず**必ず共同作業**で行う

⑫ 足場の組立て解体および変更の作業では、高さが2m以上5m未満の場合は、作業指揮者を指名、5m以上の場合は、作業主任者を選任しなければならない

3 計画の届出を要しない仮設の建設物等（抜粋）

高さ10m以上の構造の足場にあっては、**組立てから解体までの期間が60日以上の場合は、作業開始の30日前までに労働基準監督署長に届出をしなければならない。**

問 1

出題頻度

ボイラーの整備に用いられる足場に関するAからDまでの記述で、適切でないもののみを全てあげた組合せは、次のうちどれか。

A 足場の種類として、単管足場、枠組足場、移動式足場、脚立足場などがある。

B 高さが12mの構造の張出し足場で、組立てから解体までの期間が50日の場合は、法令に基づく、当該足場の設置の届出を行う必要がある。

C 枠組足場は、建枠や床付き布枠を脚柱ジョイント、交さ筋かいなどを用いて組立てる足場で、組立て、解体が容易であるが、強度が低い。

D 高さが2mの足場の解体作業を行うときは、作業指揮者の直接指揮により作業する。

(1) A、B (2) A、C、D (3) A、D (4) B、C (5) B、C、D

解説 B 高さが10m以上の構造の足場では、**組立てから解体までの期間が60日以上**のものは、計画の届出は必要ありません。

C 枠組足場は、建枠や床付き布枠を脚柱ジョイント、交さ筋かいなどを用いて組立てる足場で、**組立て、解体が容易で、強度が高い**足場です。 A、Dは正しい記述です。

問 2

出題頻度

足場に関し、次のうち適切でないものはどれか。

(1) 単管足場は、足場用鋼管や足場板を緊結金具、継手金具などを用いて組立てる足場で、鋼管の間隔をある程度自由にできる。

(2) 枠組足場は、建枠や床付き布枠を脚柱ジョイント、交さ筋かいなどを用いて組立てる足場で、組立て・解体が容易である。

(3) ローリングタワーは、手すりおよび作業床などを有し、昇降装置によって上下する枠組構造のつり足場である。

(4) 2つ以上の脚立に直接、足場板を架け渡す脚立足場では、脚立の天板には足場板を架けないようにする。

(5) 足場の解体は、共同作業により上部から下部へ順次行い、部材の移動の際は、他の機器、装置などを損傷しないように注意する。

解説 (3) ローリングタワーは、タワー状に組立てた枠組み構造で、**手すりおよび作業床などの防護設備、脚輪、昇降用梯子などで構成された移動式足場**を言います。

解答 問1 －(4) 問2 －(3)

レッスン 5 足場のおさらい問題

足場に関する以下の設問について、正誤を○、×で答えよ。

	設問	解答
1	高さが 12 m の構造の張出し足場で、組立てから解体までの期間が 50 日の場合は、法令に基づく、当該足場の設置の届出を行う必要がある。	×：高さ 10 m 以上の足場で、組立てから解体までの期間が 60 日未満の場合は、届出は不要
2	枠組み足場は、建枠や床付き布枠を脚柱ジョイント、交さ筋かいなどを用いて組み立てる足場で、組立て、解体が容易であるが、強度が低い。	×：枠組み足場は組立て、解体が容易で強度が高い
3	高さが 2 m の構造の足場の解体作業を行うときは、作業指揮者の指揮により作業する。	○
4	足場の種類として、単管足場、枠組み足場、移動式足場、脚立足場などがある。	○
5	ローリングタワーは、手すりおよび作業床などを有し、昇降装置によって上下する枠組み構造の吊り足場である。	×：ローリングタワーは、手すり、作業床などの防護設備、脚輪、昇降用の梯子などで構成された移動式足場
6	高さ 2 m 以上の鋼管足場では、作業床の幅は 40 cm 以上とし、落下のおそれのある箇所には、高さ 85 cm 以上の手すりを設ける。	○

次は、3 学期の関係法令です。

関係法令

「関係法令」では、毎回5問出題されますが、ほぼ毎回「ボイラーおよび圧力容器安全規則」を中心に「労働安全衛生法施行令」より4問、「構造規格」から1問出題されています。

レッスン1「ボイラーおよび圧力容器安全規則」では、「製造から設置」「性能検査および変更、休止および廃止」「ボイラー室および管理」などの項目を12レッスンに分けて説明しています。

また、レッスン2「構造規格」では、「鋼製ボイラー」の安全弁・圧力計などの附属品関係と、「鋳鉄製ボイラー」などを6レッスンに分けて説明しています。

関係法令は、出題数に比べ出題項目が多く、理解するのが大変ですが、繰返し学習して確実に理解するようにしましょう。

過去 18 年（36 回分）の出題傾向

出題項目	H18 ～ 27 年	H28 ～ R5 年	H18 ～ R5 年
	出題数	出題数	出題ランク
レッスン1　ボイラーおよび圧力容器安全規則			
レッスン 1 - 1　伝熱面積（第 2 条）	6	4	★★☆
レッスン 1 - 2　製造から使用までの手続き	10	2	★★☆
レッスン 1 - 3　ボイラーおよび圧力容器の製造（第 3 条～第 8 条）	3	0	★☆☆
レッスン 1 - 4　各種検査および検査証（第 10 条～第 15 条）	13	12	★★★
レッスン 1 - 5　性能検査および検査証（第 37 条～第 40 条）	3	0	★☆☆
レッスン 1 - 6　変更届および変更検査（第 41 条～第 43 条）	7	11	★★★
レッスン 1 - 7　休止および使用再開検査および廃止（第 45 条～第 48 条）	3	1	★☆☆
レッスン 1 - 8　ボイラー室（第 18 条～第 22 条）	3	4	★★☆
レッスン 1 - 9　附属品およびボイラー室の管理（第 28 条～第 29 条）	9	8	★★★
レッスン 1 - 10　定期自主検査（第 32 条～第 33 条）	11	9	★★★
レッスン 1 - 11　ボイラー整備士免許（第 35 条、（令）第 20 条第 5 号、（令）第 6 条第 17 号）	9	5	★★★
レッスン 1 - 12　報告書の提出（規第 96 条、第 91 条）	3	2	★☆☆
レッスン 2　構造規格			
レッスン 2 - 1　鋼製ボイラーの安全弁（第 62 条～第 65 条）	3	2	★☆☆
レッスン 2 - 2　鋼製ボイラーの圧力計、水高計、温度計（第 66 条～第 68 条）	2	3	★☆☆
レッスン 2 - 3　鋼製ボイラーの水面測定装置（第 69 条～第 72 条）	5	9	★★★
レッスン 2 - 4　鋼製ボイラーの蒸気止め弁および吹出し装置（第 77 条～第 79 条）	3	0	★☆☆
レッスン 2 - 5　鋼製ボイラーの自動制御装置（第 84 条～第 85 条）	1	1	★☆☆
レッスン 2 - 6　鋳鉄製ボイラーの構造規格（第 88 条～第 100 条）	6	7	★★☆
合計	100	80	

※過去 36 回の試験中、13 回以上出題★★★、12 回～ 7 回出題★★☆、6 ～ 1 回出題★☆☆

レッスン 1 ボイラーおよび圧力容器安全規則

ボイラーおよび圧力容器安全規則では、「定期自主検査」「ボイラー整備士免許」「附属品およびボイラー室の管理」「変更届および変更検査」「各種検査および検査証」「製造から使用までの手続きの順序」などが多く出題されています。

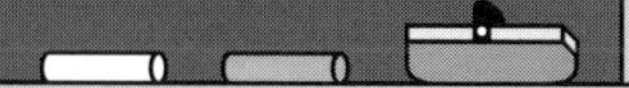

- 1-1「伝熱面積」では、①ひれ付水管、②電気ボイラー、③立てボイラー（横管式）、④貫流ボイラーの問題が多く出題されています。
- 1-2「製造から使用までの手続き」では、届出の順序や検査および検査機関などの問題が繰返し出題されています。「ボイラーおよび第一種圧力容器の規制一覧」を理解しましょう。
- 1-3「ボイラーおよび圧力容器の製造」では、構造検査、溶接検査を受けるときの措置や溶接検査を受けなくてもよい条件などが出題されています。
- 1-4「各種検査および検査証」では、落成検査の検査項目、使用検査を受けるときの措置、使用検査を受けなければならない条件が多く出題されています。
- 1-5「性能検査および検査証」では、性能検査を受けるときの措置、検査証の有効期間および検査証の再発行などが出題されています。
- 1-6「変更届および変更検査」では、①変更届が必要な箇所、②検査証の裏書の項目について出題されています。
- 1-7「休止および使用再開検査および廃止」では、使用再開検査が必要な条件および廃止したボイラーの検査証の処置などが出題されています。
- 1-8「ボイラー室」では、ボイラー室の要件およびボイラーなどからの天井、壁、可燃物までの距離に関する問題が多く出題されています。
- 1-9「附属品およびボイラー室の管理」では、「附属品の管理」の出題が多く、「ボイラー室の管理」では、特に第29条の④の問題が多く出題されています。
- 1-10「定期自主検査」は出題率が高い項目で、自動制御装置、燃焼装置の点検項目や点検事項、実施する時期と保存期間などに関する問題が多く出題されます。
- 1-11「ボイラー整備士免許」もよく出題される項目で、ボイラーおよび第一種圧力容器の整備業務が、ボイラー整備士でなければ行えない範囲を理解しておきましょう。
- 1-12「報告書の提出」では、事故報告や小型ボイラーの設置報告の有無が多く出題されています。

レッスン 1-1 伝熱面積

重要度

「伝熱面積」は、法令で以下のように定義されています。

第2条 伝熱面積（抜粋）

(1) 水管ボイラーおよび電気ボイラー以外のボイラー

丸ボイラー、鋳鉄製ボイラーなどでは、火気、燃焼ガスその他の高温ガス（以下「燃焼ガス等」）に触れる本体の面で、その裏面が水または熱媒に触れるものの面積（**伝熱面にひれ、スタッドなどがあるものは、別に算定した面積を加える**）。

※煙管については内径側の面積、水管については外径側で伝熱面積を計算する（図1参照）。立てボイラー（横管式）の横管は水管なので外径側が伝熱面積になります。

(2) 貫流ボイラー以外の水管ボイラー

水管ボイラーの伝熱面積は水管および管寄せの次の面積を合計した面積。

イ　水管（次のロからニに該当する水管を除く）または管寄せでその全部または一部が燃焼ガス等に触れるものにあっては、燃焼ガス等に触れる面の面積

ロ　ひれ付水管では、水管へのひれの取付け状態と燃焼ガス等を受ける状態により、ひれの面積に係数を乗じた面積

ハ　耐火れんがに覆われた水管では、**管の外周の壁面に対する投影面積**

ニ　スタッドチューブでは、スタッドの状態と燃焼ガス等を受ける状態により、係数を乗じた面積

※水管ボイラーの**ドラム、エコノマイザ、過熱器、空気予熱器、気水分離器は伝熱面積に算入しない**。

(3) 貫流ボイラー

燃焼室入口から過熱器入口までの水管の燃焼ガス等に触れる面の面積（図2参照）。

(4) 電気ボイラー

電力設備容量**60 kW を 1 m²** とみなしてその最大電力設備容量を換算した面積。

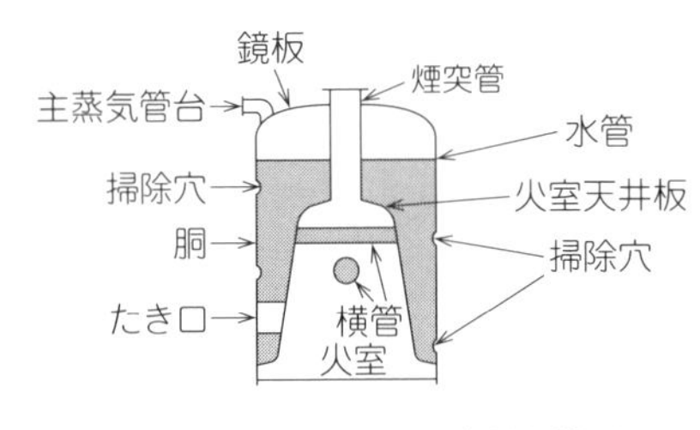

● 図1　立てボイラー（横管式）●

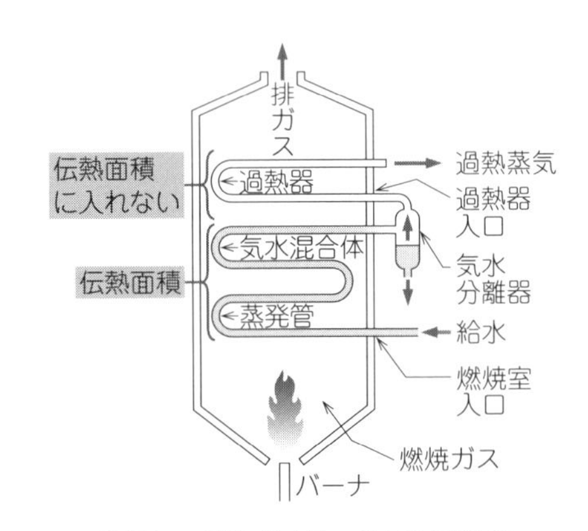

● 図2　貫流ボイラーの伝熱面積 ●

問 1

出題頻度

伝熱面積の算定方法に関し、法令上、誤っているものは次のうちどれか。

(1)　水管ボイラーの伝熱面積には、ドラム、エコノマイザ、過熱器、空気予熱器の面積は算入しない。

(2)　貫流ボイラーは、燃焼室入口から過熱器出口までの水管の燃焼ガスなどに触れる面の面積で伝熱面積を算定する。

(3)　立てボイラー（横管式）の横管の伝熱面積は、横管の外径側の面積で算定する。

(4)　鋳鉄製ボイラーの伝熱面積には、燃焼ガスに触れるセクションのスタッドも、所定の算式で算定した面積を算入する。

(5)　煙管ボイラーの煙管の伝熱面積は、煙管の内径側の面積で算定する。

解説　(2) 貫流ボイラーの伝熱面積は、「燃焼室入口から**過熱器入口**までの水管の燃焼ガスなどに触れる面の面積」で、**気水分離器および過熱器は伝熱面積に含まれません。**

問 2

出題頻度

ボイラーの伝熱面積の算定方法に関し、法令上、誤っているものは次のうちどれか。

(1)　立てボイラー（横管式）の横管の伝熱面積は、横管の外径側で伝熱面積を算定する。

(2)　水管ボイラーの伝熱面積には、ドラム、エコノマイザ、過熱器および空気予熱器の燃焼ガスにさらされる面の面積は算入しない。

(3)　水管ボイラーの耐火れんがで覆われた水管の伝熱面積は、管の外側の壁面に対する投影面積で伝熱面積を算定する。

(4)　貫流ボイラーは、燃焼室入口から過熱器入口までの水管の燃焼ガス等に触れる面の面積で伝熱面積を算定する。

(5)　電気ボイラーの伝熱面積は、電力設備容量 25 kW を 1 m^2 とみなしてその最大電力設備容量を換算した面積で伝熱面積を算定する。

解説　(5) 電気ボイラーの伝熱面積は、**電力設備容量 60 kW を 1 m^2**※とみなしてその最大電力設備容量を換算した面積です。

※令和 5 年 12 月の「ボイラーおよび圧力容器安全規則」の改正により変更になりました。

解答　問 1 －(2)　　問 2 －(5)

レッスン 1-2

製造から使用までの手続き

重要度

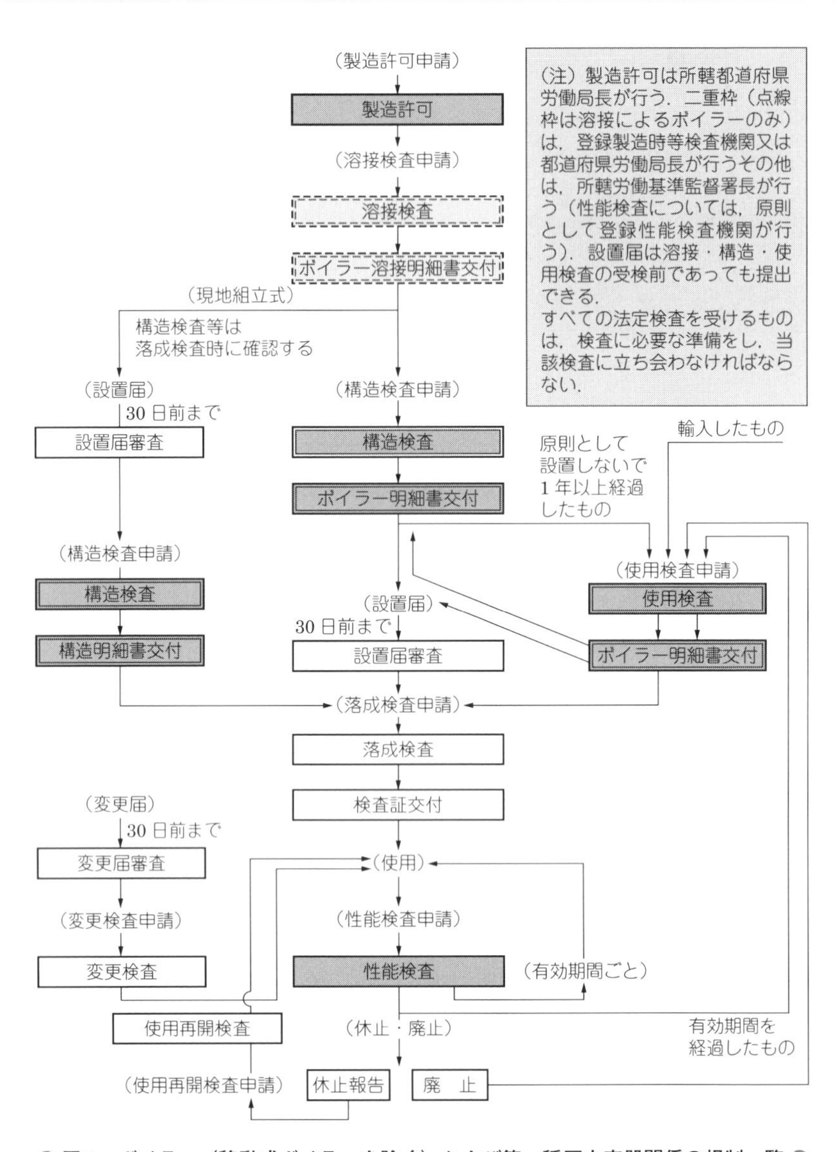

● 図 1　ボイラー（移動式ボイラーを除く）および第一種圧力容器関係の規制一覧 ●

1 計画届の免除認定

労働基準監督署長に計画届の免除が認められた事業者（認定事業者）は、ボイラー、第一種圧力容器および小型ボイラーの**設置届、設置報告、変更届および休止報告をしなくてもよい**とされています。なお、落成検査や変更検査および使用再開検査は免除されません。

2 登録製造時等検査機関

「登録製造時等検査機関」とは、ボイラーの構造検査、溶接検査および使用検査を行うことについて厚生労働大臣の登録を受けた者をいいます（法第38条）。登録製造時等検査機関がない場合は、所轄都道府県労働局長が検査を行います。

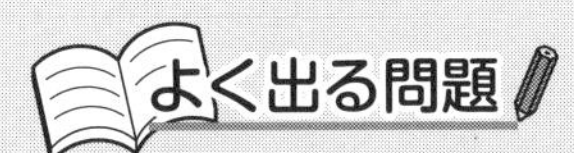

問 1　出題頻度

溶接によるボイラー（移動式ボイラーおよび小型ボイラーを除く）の製造から使用までの手続きの順序として、法令上、正しいものは次のうちどれか。
ただし、計画届の免除認定を受けていない場合とする。

(1)　使用検査→溶接検査→構造検査→設置届
(2)　溶接検査→構造検査→設置届→落成検査
(3)　使用検査→設置届→構造検査→溶接検査
(4)　構造検査→溶接検査→設置届→落成検査
(5)　設置届→構造検査→溶接検査→使用検査

解説　(2) 正しい届け出順序は、①**溶接検査**→②**構造検査**→③**設置届**→④**落成検査**です。

問 2　出題頻度

溶接によるボイラー（移動式ボイラーおよび小型ボイラーを除く）の検査で、原則として所轄労働基準監督署長の検査を受けなければならないものは、次のうちどれか。

(1)　構造検査
(2)　溶接検査
(3)　使用検査
(4)　落成検査
(5)　性能検査

解説　(4) 原則として、構造検査・溶接検査・使用検査は登録製造時等検査機関が、性能検査は登録性能検査機関が行います。

解答　問1－(2)　　問2－(4)

レッスン 1-3 ボイラーおよび圧力容器の製造

重要度

ボイラー・圧力容器の製造に関しては、以下のように法令で定められています。

第3条 製造許可（抜粋）

ボイラーを製造しようとする者は、製造しようとするボイラーについて、あらかじめ、その事業場の所在地を管轄する都道府県労働局長（所轄都道府県労働局長）の許可を受けなければならない。

第5条 構造検査（抜粋）

ボイラーを製造した者は、登録製造時等検査機関の検査を受けなければならない。

2 溶接によるボイラーについては、溶接検査に合格した後でなければ、構造検査を受けることができない。

5 登録製造時等検査機関は、構造検査に合格した移動式ボイラーについて、申請者に対しボイラー検査証を交付する。

第6条 構造検査を受けるときの措置（抜粋）

構造検査を受ける者は、次の事項を行わなければならない。

① ボイラーを検査しやすい位置に置くこと

② **水圧試験の準備をすること**

③ 安全弁（温水ボイラーにあっては、逃がし弁）および水面測定装置（蒸気ボイラーで水位の測定を必要とするものの検査の場合に限る）を取りそろえておくこと

3 構造検査を受ける者は、検査に立ち会わなければならない。

第7条 溶接検査（抜粋）

溶接によるボイラーの溶接をしようとする者は、登録製造時等検査機関の検査を受けなければならない。**ただし、附属設備（過熱器および節炭器に限る）**もしくは圧縮応力以外の応力を生じない部分**のみが溶接によるボイラー**または貫流ボイラー（気水分離器を有するものを除く）**である場合、溶接検査を受けなくてよい。**

第8条 溶接検査を受けるときの措置（抜粋）

溶接検査を受ける者は、次の事項を行わなければならない。

① **機械的試験の試験片**を作成すること

② **放射線検査の準備をすること**

2 溶接検査を受ける者は、検査に立ち会わなければならない。

第53条 第一種圧力容器の溶接検査（抜粋）

溶接による第一種圧力容器の溶接をしようとする者は、当該第一種圧力容器について、登録製造時等検査機関の**溶接検査を受けなければならない。**

第84条　検定（抜粋）

第二種圧力容器を製造し、または輸入した者は、当該第二種圧力容器について**個別検定を受けなければならない。**

問 1　出題頻度

ボイラー（小型ボイラーを除く）および圧力容器（小型圧力容器を除く）の製造に関し、次のうち誤っているものはどれか。

(1)　ボイラーを製造しようとする者は製造許可を受けなければならない。

(2)　組立式ボイラーを製造した者は、構造検査を受けなければならない。

(3)　溶接による第一種圧力容器の溶接をしようとする者は、原則として溶接検査を受けなければならない。

(4)　第二種圧力容器を製造した者は、原則として個別検定を受けなければならない。

(5)　ボイラーの附属設備（過熱器および節炭器）のみが溶接であるボイラーを製造しようとする者は、溶接検査を受けなければならない。

解説　(5) **附属設備**（過熱器および節炭器）**のみが溶接によるボイラーを製造しようとする者は、溶接検査を受ける必要がありません。**

問 2　出題頻度

ボイラー（小型ボイラーを除く）および圧力容器（小型圧力容器を除く）の製造に関し、法令上、誤っているものはどれか。

(1)　ボイラーを製造しようとする者は、許可型式ボイラーを除き、あらかじめ所轄都道府県労働局長の許可を受けなければならない。

(2)　溶接によるボイラーを製造しようとする者は、溶接検査に合格した後でなければ構造検査を受けることができない。

(3)　溶接による第一種圧力容器の溶接をしようとする者は、原則として溶接検査を受けなければならない。

(4)　ボイラーの附属設備である過熱器のみを溶接により製造しようとする者は、溶接検査を受けなければならない。

(5)　第二種圧力容器を製造した者は、個別検定を受けなければならない。

解説　(4) 附属設備のみが溶接によるボイラーを製造しようとする者は、溶接検査を受ける必要がありません。

解答　問1－(5)　　問2－(4)

レッスン 1-4 各種検査および検査証

重要度 ///

各種検査および検査証に関しては、以下のように法令で定められています。

第 10 条 設置届（抜粋）

ボイラー（移動式ボイラーを除く）を設置しようとする事業者は、ボイラー設置届にボイラー明細書および次の事項を記載した書面を添えて、所轄労働基準監督署長に提出しなければならない。

① ボイラー室およびその周囲の状況

② ボイラーおよび**配管**の配置状況

③ ボイラーの**据付け基礎**ならびに**燃焼室**および**煙道**の構造

④ 燃焼が正常に行われていることを監視するための措置

第 12 条 使用検査（抜粋）

次の者は、登録製造時等検査機関の検査を受けなければならない。

① ボイラーを輸入した者

② 構造検査または使用検査を受けた後 1 年以上設置されなかったボイラーを設置しようとする者

③ **使用を廃止したボイラーを再び設置し、または使用しようとする者**

2 外国においてボイラーを製造した者

6 登録製造時等検査機関は、使用検査に合格した移動式ボイラーについて、申請者に対しボイラー検査証を交付する

第 13 条 使用検査を受けるときの措置（抜粋）

第 6 条の規定（**構造検査を受けるときの措置**）は、使用検査についても準用する。

第 14 条 落成検査（抜粋）

ボイラー（移動式ボイラーを除く）を設置した者は、ボイラーおよび当該ボイラーに係る次の事項について所轄労働基準監督署長の検査を受けなければならない。ただし、所轄労働基準監督署長が当該検査の必要がないと認めたボイラーについては、この限りでない。

① 第 18 条のボイラー室

② ボイラーおよびその配管の配置状況

③ ボイラーの据付け基礎ならびに燃焼室および煙道の構造

2 落成検査は、**構造検査または使用検査に合格した後でなければ受けることができない**。

第 15 条 ボイラー検査証（抜粋）

所轄労働基準監督署長は、**落成検査に合格したボイラー**または第 14 条のただし書のボイラー（所轄労働基準監督署長が落成検査の必要がないと認めたボイラー）につい

て、**ボイラー検査証を交付する**。

2　ボイラーを設置している者は、**ボイラー検査証を滅失し**、または損傷したときは、ボイラー検査証再交付申請書を所轄労働基準監督署長に提出し、**再交付を受けなければならない**。

よく出る問題

問 1

出題頻度

ボイラー（小型ボイラーを除く）の検査および検査証に関し、法令上、誤っているものは次のうちどれか。

(1)　落成検査は、構造検査または使用検査に合格した後でなければ受けることができない。

(2)　落成検査に合格したボイラーまたは所轄労働基準監督署長が落成検査の必要がないと認めたボイラーについては、ボイラー検査証が交付される。

(3)　ボイラー検査証の有効期間は、原則として１年であるが、性能検査の結果により１年未満または１年を超え２年以内の期間を定めて更新される。

(4)　落成検査を受ける者は、水圧試験の準備をしておかなければならない。

(5)　性能検査を受ける者は、検査に立ち会わなければならない。

解説　(4) 落成検査は、①ボイラー室、②ボイラーおよびその配管の配置状況、③ボイラーの据付け基礎ならびに燃焼室および煙道の構造について検査を受けます。**水圧試験は、構造検査、使用検査および修繕後の変更検査の際に準備しておくもの**です。

問 2

出題頻度

ボイラー（移動式ボイラーおよび小型ボイラーを除く）に係る次の事項のうち、落成検査の検査対象として、法令に定めていないものはどれか。

(1)　ボイラー室

(2)　ボイラーおよびその配管の配置状況

(3)　ボイラーの据付け基礎

(4)　ボイラーの燃焼室および煙道の構造

(5)　ボイラーの自動制御装置

解説　(5) 落成検査に定められた内容は、「1 ボイラー室」「2 ボイラーおよびその配管の配置状況」「3 ボイラーの据付け基礎ならびに燃焼室および煙道の構造」で、**自動制御装置は検査対象外**です。

解答　問１－(4)　　問２－(5)

レッスン 1-5 性能検査および検査証

重要度

性能検査および検査証に関しては、以下のように法令で定められています。

第37条 ボイラー検査証の有効期間（抜粋）

ボイラー検査証の**有効期間は1年**とする。

第38条 性能検査等（抜粋）

ボイラーの検査証の有効期間の更新を受けようとする者は、ボイラーおよび第14条第1項各号の事項について「**性能検査**」を受けなければならない。

2 「**登録性能検査機関**」は、**性能検査に合格したボイラーについて、ボイラー検査証の有効期間を更新する**ものとする。この場合、性能検査の結果により1年未満または1年を超え2年以内の期間を定めて有効期間を更新することができる。

第40条 性能検査を受けるときの措置

性能検査を受ける者は、ボイラー（燃焼室を含む）および煙道を冷却し掃除し、その他性能検査に必要な準備をしなければならない。**ただし、所轄労働基準監督署長が認めたボイラーについては、ボイラー（燃焼室を含む）および煙道の冷却および掃除をしないことができる。**

2 **性能検査を受ける者は、検査に立ち会わなければならない。**

よく出る問題

問 1

出題頻度

ボイラーの性能検査に関し、次のうち正しいものはどれか。

(1) 移動式ボイラー（小型ボイラーを除く）については、性能検査を受ける必要がない。

(2) 性能検査の申請は、ボイラー検査証の有効期間満了後、直ちに行わなければならない。

(3) 性能検査を受けるとき、所轄労働基準監督署長が認めたボイラーについては、ボイラー（燃焼室を含む）および煙道の冷却および掃除をしないことができる。

(4) 性能検査を受ける者は、非破壊検査のための放射線装置を準備しなければならない。

(5) 性能検査を受ける者は、当該検査のための整備を外注したときは、当該検査に立ち会わなくてもよい。

解説

(1) 移動式ボイラーも検査証の有効期間を更新する「性能検査」が必要です。

(2) 検査証の有効期間内に性能検査が受けられるように申請する必要があります。

(3) 正しい記述です。

(4) 非破壊検査は、溶接検査を受けるときに必要な措置で、「性能検査」では必要ありません。

(5) 性能検査を受ける者は、検査に立ち会わなければなりません。

問 2

出題頻度

ボイラー（小型ボイラーを除く）の使用検査を受ける者が行わなければならない事項として、法令に定められていないものは次のうちどれか。

(1)　ボイラーを検査しやすい位置に置くこと。

(2)　水圧試験の準備をすること。

(3)　安全弁（温水ボイラーにあっては逃がし弁）および水面測定装置（蒸気ボイラーで水位の測定を必要とする者の検査に限る）を取りそろえておくこと。

(4)　ボイラー（燃焼室を含む）および煙道を冷却し、掃除する。

(5)　使用検査に立ち会うこと。

解説　(4) ボイラー（燃焼室を含む）および煙道を冷却し掃除するのは、**ボイラー性能検査を受ける際の措置**です。

問 3

出題頻度

ボイラー（小型ボイラーを除く）の検査および検査証に関し、法令に定められていないものは次のうちどれか。

(1)　落成検査は、構造検査または使用検査に合格した後でなければ受けることができない。

(2)　落成検査に合格したボイラーまたは所轄労働基準監督署長が落成検査の必要がないと認めたボイラーについては、ボイラー検査証が交付される。

(3)　ボイラー検査証の有効期間は、原則として１年であるが、性能検査の結果により１年未満または１年を超え２年以内の期間を定めて更新される。

(4)　変更検査に合格したボイラーについては、ボイラー検査証の有効期間が１年以内の期間を定めて更新される。

(5)　性能検査を受ける者は、検査に立ち会わなければならないが、性能検査の結果により１年未満または１年を超え２年以内の期間を定めて更新される。

解説　(4) ボイラー検査証の有効期間の更新は、**性能検査**に合格したボイラーについて行われます。

性能検査の検査項目は、
落成検査の検査項目と同じです。

解答　問１－(3)　問２－(4)　問３－(4)

レッスン 1-6 変更届および変更検査

重要度

変更届および変更検査に関しては、以下のように法令で定められています。

第41条 変更届（抜粋）

ボイラーについて、次の①～④のいずれかの部分または設備を変更しようとする事業者は変更届にボイラー検査証および変更内容を示す書類を添えて所轄労働基準監督署長に提出しなければならない。

① 胴、ドーム、炉筒、火室、鏡板、天井板、管板、管寄せまたはステー

② 附属設備（過熱器、エコノマイザ）

③ 燃焼装置

④ 据付け基礎

※変更届が必要な①～④以外のもの、例えば、水管、煙管、空気予熱器、給水装置、水処理装置などは変更届不要です。

第42条 変更検査（抜粋）

「変更届」の①～④の部分または設備に変更を加えた者は、所轄労働基準監督署長の変更検査を受けなければならない。**ただし、所轄労働基準監督署長が変更検査の必要がないと認めたボイラーについては変更検査を受けなくてもよい。**

3 変更検査を受ける者は、検査に立ち会わなければならない。

第43条 ボイラー検査証の裏書（抜粋）

所轄労働基準監督署長は、**変更検査に合格したボイラー（第42条ただし書のボイラーを含む）**について、その**ボイラー検査証に検査期日、変更部分および検査結果について裏書を行う**ものとする。

変更検査に合格しても検査証の有効期間は更新されません。

問 1

出題頻度

ボイラー（小型ボイラーを除く）の次の設備等を変更しようとするとき、法令上、所轄労働基準監督署長にボイラー変更届を提出する必要のないものはどれか。

（1）炉筒　（2）燃焼装置　（3）節炭器（エコノマイザ）
（4）過熱器　（5）空気予熱器

解説　（5）第41条「変更届」には、**空気予熱器、水管、煙管、給水装置**などは含まれません。

問 2

出題頻度

ボイラー（小型ボイラーを除く）の次の部分または設備を変更しようとするとき、法令上、所轄労働基準監督署長にボイラー変更届を提出しなければならないものは次のうちどれか。ただし、計画届の免除認定を受けていない場合とする。

（1）煙管　（2）水管　（3）管板
（4）給水装置　（5）空気予熱器

解説　（3）管板は、変更届を提出しなければなりません。

問 3

出題頻度

ボイラー（小型ボイラーを除く）の次の部分または設備を変更しようとするとき、法令上、所轄労働基準監督署長にボイラー変更届を提出する必要のないものは次のうちどれか。ただし、計画届の免除認定を受けていない場合とする。

（1）煙管　（2）管寄せ　（3）ステー
（4）節炭器（エコノマイザ）　（5）過熱器

解説　（1）煙管、水管、空気予熱器、給水装置などは、所轄労働基準監督署長にボイラー変更届を提出しません。

3学期　関係法令

4学期　ボイラーおよび第一種圧力容器に関する知識

解答　問1－（5）　問2－（3）　問3－（1）

レッスン 1-7 休止および使用再開検査および廃止

重要度

休止および使用再開検査および廃止に関しては、以下のように法令で定められています。

第45条 休 止

ボイラーの使用を休止する場合において、休止期間がボイラー検査証の有効期間を超えるときには、有効期間中に所轄労働基準監督署長に報告しなければならない。ただし**認定を受けた事業者はこの限りではない**。

第46条 使用再開検査（抜粋）

使用を休止したボイラーを再び使用しようとする者は、所轄労働基準監督署長の「**使用再開検査**」**を受けなければならない**。

3 使用再開検査を受ける者は、検査に立ち会わなければならない。

第47条 ボイラー検査証の裏書

労働基準監督署長は、**使用再開検査に合格したボイラー**について、そのボイラー検査証に検査期日および検査結果について裏書を行うものとする。

第48条 ボイラー検査証の返還（抜粋）

事業者は、**ボイラーの使用を廃止**したときは、遅滞なく、ボイラー検査証を**所轄労働基準監督署長に返還しなければならない**。

使用再開検査と使用検査の違いを理解しましょう。

問 1

出題頻度

ボイラー（小型ボイラーを除く）の検査またはボイラー検査証に関し、法令上、誤っているものは次のうちどれか。

(1)　落成検査は、構造検査または使用検査に合格した後でなければ受けることができない。

(2)　落成検査に合格したボイラーまたは所轄労働基準署長が落成検査の必要がないと認めたボイラーについてはボイラー検査証が交付される。

(3)　ボイラー検査証の有効期間は、原則1年であるが、性能検査の結果により1年未満または1年を超え2年以内の期間を定めて更新されることがある。

(4)　ボイラー検査証の有効期間を超えて使用を休止していたボイラーを再び使用しようとする者は、落成検査を受けなければならない。

(5)　性能検査を受ける者は、検査に立ち会わなければならない。

解説　(4) 使用を休止したボイラーは、落成検査ではなく使用再開検査を受けなければなりません。

問 2

出題頻度

ボイラー（小型ボイラーおよび所轄労働基準監督署長の必要がないと認めたものを除く）に係る検査またはボイラー検査証に関し、法令上、誤っているものは次のうちどれか。

(1)　ボイラー検査証の有効期間の更新を受けようとする者は、性能検査を受けなければならない。

(2)　ボイラーのステーに変更を加えた者は、変更検査を受けなければならない。

(3)　ボイラーの据付基礎に変更を加えた者は、変更検査を受けなければならない。

(4)　使用を休止したボイラーを再び使用しようとする者は、使用再開検査を受けなければならない。

(5)　ボイラーの使用を廃止した事業者は、すみやかに、ボイラー検査証を廃棄しなければならない。

解説　ボイラーの使用を廃止した事業者は遅滞なくボイラー検査証を所轄労働基準監督署長に返還しなければならない。

解答　問1 −(4)　　問2 −(5)

レッスン 1-8

ボイラー室

重要度

ボイラー室に関しては、以下のように法令で定められています。

第18条 ボイラーの設置場所（抜粋）

伝熱面積が 3 m^2 を超えるボイラーについては、ボイラー室（専用の建物または建物の中の障壁で区画された場所）に設置しなければならない。

第19条 ボイラー室の出入口（抜粋）

ボイラー室には、2 以上の出入口を設けなければならない。ただし、ボイラーを取扱う労働者が緊急の場合に避難するのに支障がないボイラー室については、この限りではない。

第20条 ボイラーの据付位置（抜粋）

1　ボイラー最上部と構造物の距離

ボイラーの最上部から天井、配管その他の**ボイラー上部にある構造物までの距離は 1.2 m 以上**としなければならない。ただし、安全弁その他の附属品の検査および取扱いに支障がないときは、この限りではない。

2　本体を被覆していないボイラーまたは立てボイラーは、1 項の制限の他、ボイラーの外壁から壁、配管などのボイラーの側部にある構造物までの距離を 0.45 m 以上としなければならない（ボイラーの側部にある構造物が、検査および掃除に支障がないものを除く）。

ただし、胴の内径が 500 mm 以下で、かつ、その長さが 1 000 mm 以下のボイラーについては、この距離は 0.3 m 以上とする。

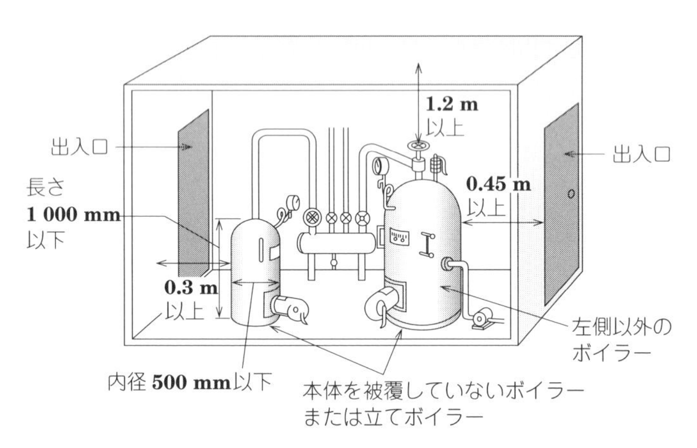

● 図 1　ボイラー据付け位置 ●

第21条　ボイラーと可燃物との距離（抜粋）

ボイラー等の外側から0.15 m以内にある可燃性の物については、金属以外の不燃性の材料で被覆しなければならない。ただし、ボイラー等が、厚さ100 mm以上の金属以外の不燃性の材料で被覆されているときは、この限りではない。

2　ボイラー室その他のボイラー設置場所に燃料を貯蔵するときは、ボイラーの外側から2 m（固体燃料では1.2 m）以上離しておかなければならない。ただし、ボイラーと燃料または燃料タンクとの間に適当な障壁を設ける等防火のための措置を講じるときは、この限りではない。

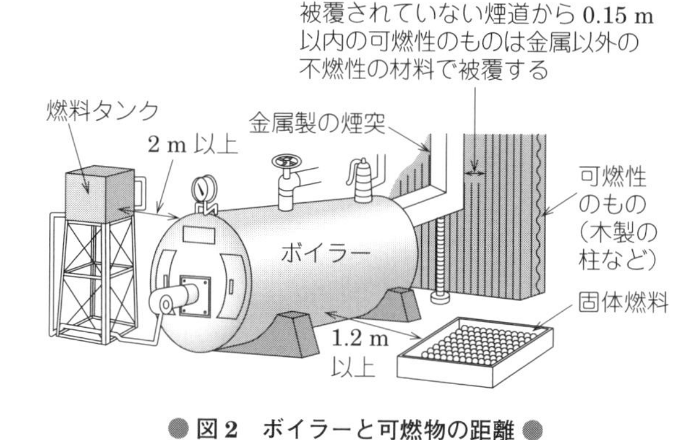

● 図2　ボイラーと可燃物の距離 ●

第22条　ボイラーの排ガスの監視措置（抜粋）

煙突からの排ガスの排出状況を観測するための窓をボイラー室に設置するなど、ボイラー取扱作業主任者が、燃焼が正常に行われていることを容易に監視することができる措置を講じなければならない。

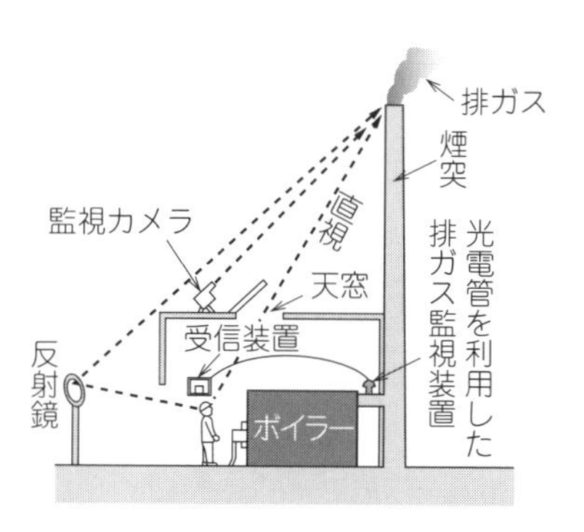

● 図3　ボイラー排ガス監視措置の方法 ●

問 1

出題頻度

ボイラー（小型ボイラーならびに移動式ボイラーおよび屋外式ボイラーを除く）を設置するボイラー室に関し、法令に定められているもののみを全てあげた組合せは次のうちどれか。ただし、「ボイラー等」とは、ボイラー、ボイラーに附設された金属製の煙突または煙道をいう。

A　伝熱面積が2 m^2 を超えるボイラーは、ボイラー室に設置しなければならない。

B　ボイラーを取扱う労働者が緊急の場合に避難するのに支障がないボイラー室を除き、ボイラー室には、2以上の出入口を設けなければならない。

C　ボイラーに附設された金属製の煙突または煙道の外側から0.15 m以内にある可燃性の物は、金属材料で被覆しなければならない。

D　ボイラー室に液体燃料を貯蔵するときは、ボイラーと燃料または燃料タンクとの間に適当な障壁を設ける等、防火のための措置を講じたときを除き、燃料タンクをボイラーの外側から2 m以上離しておかなければならない。

(1)　A、B　(2)　A、B、D　(3)　A、C　(4)　B、C、D　(5)　B、D

解説　A　伝熱面積が、**3 m^2** を超えるボイラーは、ボイラー室に設置しなければなりません。

C　ボイラーに附設された金属製の煙突または煙道の外側から**1.5 m**以内にある可燃性の物には、金属以外の不燃性の材料で被覆しなければなりません。

B、Dは正しい記述です。

問 2

出題頻度

ボイラー（移動式ボイラー、屋外式ボイラーおよび小型ボイラーを除く）を設置するボイラー室等に関し、次のうち誤っているものはどれか。

(1)　伝熱面積が3 m^2 を超えるボイラーは、ボイラー室に設置しなければならない。

(2)　ボイラーを取り扱う労働者が緊急の場合に避難するのに支障がないボイラー室を除き、ボイラー室には、2以上の出入口を設けなければならない。

(3)　胴の内径が500 mm以下で、かつ、長さが1 000 mm以下の立てボイラーは、ボイラーの外壁から壁その他のボイラーの側部にある構造物（検査および掃除に支障のない物を除く）までの距離を0.3 m以上としなければならない。

(4)　ボイラー室に液体燃料を貯蔵するときは、ボイラーと燃料タンクとの間に適当な障壁を設ける等、防火のための措置を講じたときを除き、燃料タンクをボイラーの外側から1.2 m以上離しておかなければならない。

(5)　ボイラー室には、水面計のガラス管、ガスケットその他の必要な予備品および修繕用工具類を備えておかなければならない。

解説　(4) ボイラーの設置場所に液体燃料を貯蔵する場合は、ボイラーの外側から**2 m**（固体燃料では1.2 m）**以上**離しておかなければなりません。

問 3

出題頻度

ボイラー室に関する次の記述のうち、誤っているものはどれか。

(1)　伝熱面積が 3 m² を超えるボイラーは、ボイラー室に設置しなければならない。

(2)　ボイラー室には、原則として 2 以上の出入口を設けなければならない。

(3)　本体を被覆していないボイラーについては、ボイラーの外壁から壁、配管その他のボイラーの側部にある構造物（検査およびそうじに支障のない物を除く）までの距離を原則として 0.45 m 以上としなければならない。

(4)　ボイラーの最上部から天井、配管その他ボイラーの上部にある構造物までの距離は、原則として 1 m 以上としなければならない。

(5)　煙突からの排ガスの排出状況を観測するための窓をボイラー室に設置するなど、燃焼が正常に行われていることを容易に監視することができる措置を講じなければならない。

解説　(4) ボイラーの最上部から天井、配管その他ボイラーの上部にある構造物までの距離は、原則として **1.2 m 以上**としなければなりません。

解答　問 1 －(5)　　問 2 －(4)　　問 3 －(4)

レッスン 1-9 附属品およびボイラー室の管理

重要度 ///

附属品およびボイラー室の管理に関しては、以下のように法令で定められています。

第28条 附属品の管理（抜粋）

1 事業者は、ボイラーの安全弁その他の附属品の管理について、次の事項を行わなければならない。

① 安全弁は、**最高使用圧力以下**で作動するように調整すること
② 過熱器用安全弁は、**胴の安全弁より先に作動**するように調整すること
③ **逃がし管は、凍結しないように保温その他の措置を講ずること**
④ 圧力計または水高計は、使用中その機能を害するような振動を受けることがないようにし、かつ、その内部が凍結し、または**80℃以上**の温度にならない措置を講ずること
⑤ 圧力計または水高計の目盛りには、ボイラーの**最高使用圧力**を示す位置に、見やすい表示をすること
⑥ 蒸気ボイラーの**常用水位**は、ガラス水面計またはこれに接近した位置に、**現在水位**と比較することができるように表示すること
⑦ 燃焼ガスに触れる給水管、吹出し管および水面測定装置の連絡管は、**耐熱材料で防護**すること
⑧ **温水ボイラーの返り管については、凍結しないように保温その他の措置を講ずる**こと

2 安全弁が2個以上ある場合には、1個の安全弁を最高使用圧力以下で作動するように調整したときは、他の安全弁を**最高使用圧力の3％増以下**で作動するように調整することができる。

第29条 ボイラー室の管理等（抜粋）

① ボイラー室その他のボイラー設置場所には、**関係者以外の者がみだりに立ち入ることを禁止し**、かつ、その旨を見やすい箇所に掲示する
② ボイラー室には、必要がある場合の他、**引火しやすい物を持ち込ませない**こと
③ ボイラー室には、水面計のガラス管、ガスケットその他の必要な**予備品**および**修繕用工具類**を備えておくこと
④ **ボイラー検査証ならびにボイラー取扱作業主任者の資格および氏名**をボイラー室その他のボイラー設置場所の見やすい箇所に掲示すること
⑤ 移動式ボイラーにあっては、ボイラー検査証またはその写しをボイラー取扱作業主任者に所持させること
⑥ 燃焼室、煙道等のれんがに割れが生じ、またはボイラーとれんが積みとの間にすき間が生じたときは、**すみやかに補修すること**

問 1

出題頻度

ボイラー（小型ボイラーを除く）の附属品の管理について行わなければならない事項として、法令上、誤っているものは次のうちどれか。

(1)　燃焼ガスに触れる給水管、吹出し管および水面測定装置の連絡管は、耐熱材料で防護すること。

(2)　安全弁が1個の場合、安全弁は最高使用圧力以下で作動するように調整すること。

(3)　圧力計または水高計は、使用中その機能を害するような振動を受けることがないようにし、かつ、その内部が凍結し、または100℃以上の温度にならない措置を講ずること。

(4)　圧力計または水高計の目盛りには、ボイラーの最高使用圧力を示す位置に見やすい表示をすること。

(5)　温水ボイラーの返り管は、凍結しないように保温その他の措置を講ずること。

解説　(3) 100℃以上ではなく、**80℃以上の温度にならない措置を講ずる**ことが必要です。

問 2

出題頻度

ボイラー（小型ボイラーを除く）を設置するボイラー室の管理に関し、法令上、誤っているものは次のうちどれか。

(1)　ボイラー室その他のボイラー設置場所には、関係者以外の者がみだりに立ち入ることを禁止し、かつ、その旨を見やすい箇所に掲示しなければならない。

(2)　ボイラー室には、ボイラー検査証ならびにボイラー取扱作業主任者の氏名および取り扱うボイラーの最大蒸発量を見やすい箇所に掲示しなければならない。

(3)　ボイラーとれんが積みとの間にすき間が生じたときは、すみやかに補修しなければならない。

(4)　煙突からの排ガスの排出状況を観測するための窓をボイラー室に設置する等、ボイラー取扱作業主任者が、燃焼が正常に行われていることを容易に監視できる措置を講じなければならない。

(5)　ボイラー室には、水面計のガラス管、ガスケットその他の必要な予備品および修繕用工具類を備えておかなければならない。

解説　(2) ボイラー室には、**ボイラー検査証ならびにボイラー取扱作業主任者の資格および氏名を見やすい箇所に掲示**します。

解答　問1－(3)　　問2－(2)

レッスン 1-10 定期自主検査

重要度 ///

定期自主検査に関しては、以下のように法令で定められています。

第32条 定期自主検査（抜粋）

1 実施時期

使用を開始した後、1月以内ごとに1回、定期に自主検査を行わなければならない。

ただし、1月を超える期間使用しないボイラーの使用しない期間は自主検査を行わなくてよいが、再び使用を開始する際は、自主検査を行わなければならない。

2 自主検査項目

●表1●

項　目		点検事項
ボイラー本体		損傷の有無
燃焼装置	油加熱器および燃料送給装置	損傷の有無
	バーナ	汚れまたは損傷の有無
	ストレーナ	つまりまたは損傷の有無
	バーナタイルおよび炉壁	汚れまたは損傷の有無
	ストーカおよび火格子	損傷の有無
	煙道	漏れその他の損傷の有無および通風圧の異常の有無
自動制御装置	起動および停止の装置、火炎検出装置、燃料遮断装置、水位調節装置ならびに圧力調節装置	機能の異常の有無
	電気配線	端子の異常の有無
附属装置および附属品	給水装置	損傷の有無および作動の状態
	蒸気管およびこれに附属する弁	損傷の有無および保温の状態
	空気予熱器	損傷の有無
	水処理装置	機能の異常の有無

3 記録の保管

定期自主検査を行ったときは、その結果を記録し3年間保存しなければならない。

第33条 補修等

定期自主検査で異状を認めたときは、補修その他の必要な措置を講じなければならない。

問 1

出題頻度

ボイラー（小型ボイラーを除く）の定期自主検査に関し、法令上、誤っているものは次のうちどれか。

(1)　定期自主検査は、1か月を超える期間使用しない場合を除き、1か月以内ごとに1回、定期に行わなければならない。

(2)　定期自主検査は、大きく分けて、「ボイラー本体」「燃焼装置」「自動制御装置」「附属装置および附属品」の4項目について行わなければならない。

(3)「自動制御装置」の電気配線については、損傷および機能の異常の有無について点検しなければならない。

(4)「附属装置および附属品」の給水装置については、損傷の有無および作動の状態について点検しなければならない。

(5)　定期自主検査を行ったときは、その結果を記録し、3年間保存しなければならない。

解説　(3) 電気配線については、**端子の異常の有無**を点検します。

問 2

出題頻度

ボイラー（小型ボイラーを除く）の定期自主検査に関し、法令上、誤っているものは次のうちどれか。

(1)　1月を超える期間使用しないボイラーで、その間定期自主検査を実施していなかったものを再び使用する場合は、使用を再び開始した後、速やかに定期自主検査に定める項目について自主検査を行わなければならない。

(2)　定期自主検査は、大きく分けて「ボイラー本体」「燃焼装置」「自動制御装置」および「附属装置および附属品」の4項目について行わなければならない。

(3)「自動制御装置」の電気配線については、端子の異常の有無について点検しなければならない。

(4)「附属装置および附属品」の空気予熱器については、損傷の有無について点検しなければならない。

(5)　定期自主検査を行ったときは、その結果を記録し、これを3年間保存しなければならない。

解説　(1) 使用を開始した後ではなく、**使用を開始する前に定期自主検査を行います。**

解答　問1－(3)　　問2－(1)

レッスン 1-11 ボイラー整備士免許

重要度 ✎✎✎

ボイラー整備士免許に関しては、以下のように法令で定められています。

第35条 就業制限（抜粋）

ボイラーおよび第一種圧力容器の整備業務（令第20条第5号の業務）はボイラー整備士でなければ、整備業務につかせてはならない。

令第20条 就業制限に係る業務（抜粋）

第5号 ボイラー（小型ボイラーおよび**次に掲げるボイラーを除く**）または**第6条第17号の第一種圧力容器の整備の業務**。

●表1 労働安全衛生法施行令第20条5号（イ）～（ニ）（通称小規模ボイラー）●

種類		伝熱面積	胴の大きさ	その他の条件
蒸気ボイラー	イ	－	内径750 mm以下かつ長さ1 300 mm以下	－
	ロ	$3\ m^2$以下	－	－
温水ボイラー	ハ	$14\ m^2$以下	－	－
貫流ボイラー	ニ	$30\ m^2$以下	－	気水分離器を有するものは内径400 mm以下でかつ内容積が$0.4\ m^3$以下

令第6条 作業主任者を選任すべき作業

第17号 **第一種圧力容器**（小型圧力容器および**次に掲げる容器を除く**）の取扱いの作業。

イ 令第1条第5号イに掲げる容器で、内容積が$5\ m^3$以下のもの

ロ 令第1条第5号ロからニに掲げる容器で、内容積が$1\ m^3$以下のもの

●表2●

種類		令第1条第5号イからニの内容（第一種圧力容器）
加熱器	イ	蒸気その他の熱媒を受け入れ、または蒸気を発生させて固体または液体を加熱する容器で、容器内の圧力が大気圧を超えるもの（ロまたはハに掲げる容器を除く）（熱交換器・蒸煮器・加硫器・消毒器・精錬器等）
反応器	ロ	容器内における化学反応、原子核反応その他の反応によって蒸気が発生する容器で、容器内の圧力が大気圧を超えるもの（反応器・原子力関係容器・オートクレーブ）
蒸発器	ハ	容器内の液体の成分を分離するため、当該液体を加熱し、その蒸気を発生させる容器で、容器内の圧力が大気圧を超えるもの（蒸発器・蒸留器）
蓄熱器	ニ	イからハまでに掲げる容器のほか、大気圧における沸騰点を超える温度の液体をその内部に保有する容器（スチームアキュムレータ・フラッシュタンク・脱気器）

※安全衛生法施行令第6条17号（イ）、（ロ）を（通称）小規模第一種圧力容器と呼びます。

よく出る問題

問 1

出題頻度

法令上、原則としてボイラー整備士免許を受けたものでなければ整備の業務につかせてはならないものは、次のうちどれか。

(1)　伝熱面積が 3 m^2 の蒸気ボイラーで、胴の内径が 750 mm、かつ、その長さが 1 300 mm のもの。

(2)　伝熱面積が 14 m^2 の温水ボイラー。

(3)　伝熱面積が 35 m^2 の貫流ボイラー。

(4)　最大電力設備容量が 50 kW の電気ボイラー。

(5)　第一種圧力容器である内容積が 5 m^3 の熱交換器。

解説　(3) ボイラー整備士でなければ整備作業を行えないものは、小規模ボイラーおよび小規模第一種圧力容器の規模を超えたボイラーまたは第一種圧力容器です。伝熱面積が 35 m^2 の貫流ボイラーは小規模ボイラーを超えたボイラーですので、整備業務にはボイラー整備士の資格が必要です。

問 2

出題頻度

次の A から D までのボイラーについて、法令上、ボイラー整備士免許を受けた者でなければ、その整備の業務につくことができないものの組合せは (1)～(5) のうちどれか。

A　伝熱面積が 4 m^2 の蒸気ボイラーで、胴の内径が 750 mm で、かつ、その長さが 1 500 mm のもの。

B　伝熱面積が 14 m^2 の温水ボイラー。

C　伝熱面積が 28 m^2 の貫流ボイラーで、内径が 400 mm で、かつ、内容積が 0.5 m^3 の気水分離器を有するもの。

D　伝熱面積が 30 m^2 の貫流ボイラーで、気水分離器を有しないもの。

(1)　A、B　　(2)　A、C　　(3)　B、C　　(4)　B、D　　(5)　C、D

解説　整備業務に整備士免許が必要なボイラーまたは第 1 種圧力容器は、小規模ボイラーおよび小規模第 1 種圧力容器の規模を超えたものになります。

A　蒸気ボイラーは、小規模ボイラーの規模を超えています。

B　温水ボイラーは、小規模ボイラーです。

C　貫流ボイラーは小規模ボイラーの規模を超えています。

D　貫流ボイラーは小規模ボイラーです。

したがって、整備業務に整備士免許が必要なボイラーは A と C で、(2) が正しい組合せです。

解答　問 1 －(3)　　問 2 －(2)

レッスン 1-12 報告書の提出

重要度

報告書に関しては、以下のように法令で定められています。

則第96条 事故報告（抜粋）

事業者は、次の場合は遅滞なく報告書を所轄労働基準監督署長に提出しなければならない。

1 事業場またはその附属建設物内で次の事故が発生したとき。

イ 火災または爆発の事故（次号の事故を除く）

（ロ、ハ省略）

ニ 煙突等の倒壊の事故

2 ボイラー（小型ボイラーを除く）の破裂、煙道ガスの爆発またはこれらに準ずる事故が発生したとき。

3 小型ボイラー、第一種圧力容器（小型圧力容器を含む）および第二種圧力容器の破裂の事故が発生したとき。

則第97条 労働者死傷病報告

事業者は、労働者が労働災害その他のその他就業中または事業場内もしくはその附属建築物内における負傷、窒息または急性中毒により死亡し、または休業したときは遅滞なく所轄労働基準監督署長に報告書を提出しなければならない。

第91条 小型ボイラーおよび小型圧力容器の設置報告

事業者は、小型ボイラーを設置したときは、遅滞なく所轄労働基準監督署長に提出しなければならない。小型圧力容器の設置報告は必要ない。

問 1

出題頻度

事業者（計画届免除認定を受けたものを除く）が所轄労働基準監督署長に報告書を提出しなければならない場合として、法令上、定められていないものは次のうちどれか。

(1)　ボイラー（小型ボイラーを除く）の煙道ガスの爆発の事故が発生したとき。
(2)　第二種圧力容器の破裂の事故が発生したとき。
(3)　ボイラー室の火災の事故が発生したとき。
(4)　労働者が労働災害により休業したとき。
(5)　小型圧力容器を設置したとき。

解説　(5) 小型圧力容器の設置に関しての報告は定められていません。

問 2

出題頻度

事業者（計画届免除認定を受けたものを除く）が所轄労働基準監督署長に報告書を提出しなければならない場合に関するAからDまでの記述で、法令に定められているもののみを全てあげた組合せは、次のうちどれか。

A　ボイラー（小型ボイラーを除く）の煙道ガスの爆発の事故が発生したとき
B　ボイラー室の火災の事故が発生したとき
C　小型ボイラーを設置したとき
D　小型圧力容器を設置したとき

(1)　A、B　(2)　A、B、C　(3)　A、B、D　(4)　A、C　(5)　B、D

解説　D　小型圧力容器を設置したときの報告は不要です。
A～Cは報告書の提出が必要です。

解答　問1－(5)　問2－(2)

レッスン1　ボイラーおよび圧力容器安全規則のおさらい問題

ボイラーおよび圧力容器安全規則に関する以下の設問について、正誤を○、×で答えよ。

No.	設問	解答
■ 1-1　伝熱面積		
1	立てボイラー（横管式）の横管は、内径側で伝熱面積を算定する。	×：水管なので外径側になる
2	ひれつきの水管のひれの部分は、伝熱面積に算入しない。	×：ひれの部分の面積は別の基準で算定して加える
3	鋳鉄製ボイラーのセクションのスタットの面積は、伝熱面積に算入しない。	×：スタットの面積は別の基準で算定して加える
4	貫流ボイラーの伝熱面積は、燃焼室入口から過熱器入口までの水管の燃焼ガスに触れる面の面積で伝熱面積を算定する。	○
5	電気ボイラーの伝熱面積は、電力設備容量 60 kW を 1 m² とみなしてその最大電力設備容量を換算した面積で算定する。	○
■ 1-2　製造から使用までの手続き		
6	使用再開検査は、登録製造時等検査機関または都道府県労働局長により検査を受けなければならない。	×：落成検査、変更検査、使用再開検査は所轄労働基準監督署長が行う
7	落成検査は、所轄都道府県労働局長の検査を受けなければならない。	×
8	構造検査、溶接検査、使用検査は、登録製造時等検査機関の検査を受けなければならない。	○
■ 1-3　ボイラーおよび圧力容器の製造		
9	附属設備（過熱器および節炭器に限る）のみが溶接によるボイラーの溶接をしようとする者は、登録製造時等検査機関の溶接検査を受けなければならない。	×：附属設備のみが溶接のボイラーは、溶接検査が不要
■ 1-4　各種検査および検査証		
10	使用検査を受けるときは、放射線検査の準備を行う。	×：放射線検査は溶接検査の際に準備する
11	使用検査を受けるときは、機械的試験片を作成する。	×：機械的試験片は溶接検査の際に準備する
12	使用を廃止したボイラーを再び設置しようとする者は、使用検査を受けなければならない。	○
13	落成検査の対象項目として、ボイラーの据付基礎は法令に定められている。	○
14	落成検査を受ける者は、水圧試験の準備をしておかなければならない。	×：水圧試験は構造検査・使用検査の際に行う
15	移動式ボイラーは、落成検査を受ける必要がない。	○
■ 1-5　性能検査および検査証		
16	所轄労働基準監督署長が認めたボイラーについては、性能検査を受ける際にボイラー（燃焼室を含む）および煙道の冷却および掃除をしないことができる。	○

17	使用検査を受ける者は、ボイラー（燃焼室を含む）および煙道を冷却し、掃除すること。	×：表記は性能検査を受けるときの措置
■ 1-6　変更届および変更検査		
18	管ステー、管寄せ、節炭器、過熱器、給水装置などの部分または設備を変更しようとするとき、変更届を提出する必要がない。	×：給水装置以外は変更届の提出が必要
19	煙管、水管、管板、給水装置、空気予熱器などを変更しようとするとき、変更届を提出しなければならない。	×：管板以外は変更届の提出不要
20	変更検査に合格したボイラーについては、ボイラー検査証の有効期間が1年以内の期間を定めて更新される。	×：変更検査に合格しても検査証の有効期間は変更されない
■ 1-7　休止および使用再開検査および廃止		
21	ボイラーの使用を廃止した事業者は、遅滞なくボイラー検査証を所轄労働基準監督署長に返還しなければならない。	○
22	ボイラー検査証の有効期間を超えて使用を休止していたボイラーを、再び使用しようとするものは、性能検査を受けなければならない。	×：使用再開検査を受ける必要がある
■ 1-8　ボイラー室		
23	伝熱面積が、3 m^2 を超えるボイラーは、ボイラー室に設置しなければならない。	○
24	ボイラーの最上部から天井、配管その他ボイラーの上部にある構造物までの距離は、原則として1 m以上としなければならない。	×：1.2 m以上とする
25	ボイラー等（ボイラーおよびボイラーに附設された金属製の煙道または煙突）の外側から0.15 m以内にある可燃性の物については、ボイラー等が厚さ100 mm以上の金属以外の不燃性材料で被覆されているときを除き、金属以外の不燃性の材料で被覆しなければならない。	○
26	ボイラー室に液体燃料を貯蔵するときは、ボイラーと燃料タンクとの間に適当な障壁を設けるなど、防火のための措置を講じたときを除き、燃料タンクを、ボイラーの外側から、1.2 m以上離しておかなければならない。	×：2 m以上離す
■ 1-9　附属品およびボイラー室の管理		
27	圧力計または水高計は、使用中その機能を害するような振動を受けることがないようにし、かつ、その内部が凍結し、または80℃以上の温度にならない措置をしなければならない。	○
28	燃焼ガスに触れる給水管、吹出し管および水面測定装置の連絡管は、不燃性材料で防護すること。	×：耐熱材料で防護する
29	蒸気ボイラーの返り管については、凍結しないように保温その他の措置を講ずること。	×：蒸気ボイラーではなく、温水ボイラーの返り管
30	蒸気ボイラーの最低水位および最高水位は、ガラス水面計またはこれに接近した位置に、現在水位と比較することができるように表示すること。	×：常用水位を表示する
31	温水ボイラーの返り管については、耐熱材料で防護すること。	×：凍結しないように保温その他の措置を講ずる
32	圧力計または水高計の目盛りには、ボイラーの最高使用圧力を示す位置に見やすい表示をすること。	○

33	ボイラー室には、ボイラー検査証ならびにボイラー取扱作業主任者の資格および氏名をボイラー室その他ボイラー設置場所の見やすい箇所に掲示する。	○
■ 1-10 定期自主検査		
34	ボイラーの使用開始後、1年以内ごとに1回、定期に自主検査を行わなければならない。	×：1月以内ごとに1回行う
35	1か月を超える期間使用しないボイラーで、その期間定期自主検査を実施していなかったものを再び使用する場合は、使用を再び開始した後、速やかに定期自主検査に定める項目について自主検査を行わなければならない。	×：再び使用を開始するときは使用する前に定期自主検査を行う
36	定期自主検査を行ったときは、その結果を記録し、これを1年間保存しなければならない。	×：3年間保存する
37	定期自主検査は、「ボイラー本体」「自動制御装置」「附属装置および附属品」の3項目について行わなければならない。	×：表記の他、「燃焼装置」を加えた4項目について行う
38	定期自主検査は、大きく分けて「ボイラー本体」「燃料送給装置」「自動制御装置」および「附属装置および附属品」の4項目について行わなければならない。	×：燃料送給装置ではなく燃焼装置
39	定期自主検査は、大きく分けて「ボイラー本体」、「燃焼装置」、「自動制御装置」および「附属設備」の4項目について行わなければならない。	×：「附属装置および附属品」について行う
■ 1-11 ボイラー整備士免許 下記のボイラーのうち、法令上、ボイラー整備士免許を受けた者でなければ整備業務ができないボイラーまたは第一種圧力容器に○、それ以外には×で答えよ。		
40	伝熱面積が5 m^2 の蒸気ボイラー	○
41	伝熱面積が4 m^2 の蒸気ボイラーで、胴の内径が850 mm、かつ、その長さが1 500 mmのもの	○
42	伝熱面積が15 m^2 の温水ボイラー	○
43	伝熱面積が30 m^2 の貫流ボイラー	×：小規模ボイラー
44	第一種圧力容器である内容積が5 m^3 の熱交換器	×：小規模第一種圧力容器
45	第一種圧力容器である内容積が2 m^3 のオートクレーブ	○
■ 1-12 報告書の提出 所轄労働基準監督署長に報告書を提出しなければならないものに○、それ以外には×で答えよ。		
46	ボイラー（小型ボイラーを除く）の煙道ガスの爆発事故が発生したとき	○
47	ボイラー室の火災または爆発事故が発生したとき	○
48	小型ボイラーを設置したとき	○
49	小型圧力容器を設置したとき	×

間違えたら、各レッスンに戻って再学習しよう！

レッスン 2 構造規格

構造規格では、「水面測定装置」「安全弁」「蒸気止め弁および吹出し装置」「鋳鉄製ボイラー」の項目について多く出題されています。

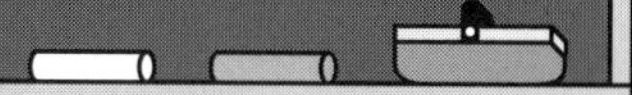

- 2-1「鋼製ボイラーの安全弁」では、過熱器に取り付ける安全弁の位置や、安全弁が1個でよい伝熱面積などが出題されています。問題文も覚えるようにしましょう。
- 2-2「鋼製ボイラーの圧力計、水高計、温度計」では、圧力計・水高計の最大指度に関する問題や最高使用圧力に関する問題が多く出題されています。
- 2-3「鋼製ボイラーの水面測定装置」では、①遠隔指示水面測定装置の数とガラス水面計以外の水面測定装置の数、②験水コックを取り付ける場合の験水コックの数、③蒸気側連絡管などの問題が多く出題されています。
- 2-4「鋼製ボイラーの蒸気止め弁および吹出し装置」では、①1MPaを超えるボイラーの吹出し弁の種類と数、②吹出し弁の取付け方法に関する問題が出題されています。
- 2-5「鋼製ボイラーの自動制御装置」では、自動給水調整装置について出題されています。貫流ボイラーと他のボイラーの違いについて理解しましょう。
- 2-6「鋳鉄製ボイラーの構造規格」は、問題数に対して出題される内容が多いので、各条文の太字部分を確実に理解しましょう。

レッスン 2-1

鋼製ボイラーの安全弁

重要度 

鋼製ボイラーの安全弁に関しては、以下のように法令で定められています。

第 62 条　安全弁（抜粋）

蒸気ボイラーには、内部の圧力を最高使用圧力以下に保持することができる**安全弁を 2 個以上**備えなければならない。ただし、**伝熱面積 50 m² 以下の蒸気ボイラーでは 1 個**とすることができる。

2　安全弁は、ボイラー本体の容易に検査できる位置に直接取り付け、かつ、弁軸を鉛直にしなければならない。

第 63 条　過熱器の安全弁（抜粋）

過熱器には、**過熱器の出口付近**に過熱器の**温度を設計温度以下**に保持することができる安全弁を備えなければならない。

2　貫流ボイラーにあっては、前条第 2 項の規定にかかわらず、当該ボイラーの**最大蒸発量以上の吹出し量の安全弁を過熱器の出口付近**に取り付けることができる。

第 65 条　温水ボイラーの逃がし弁または安全弁（抜粋）

水の温度が 120℃以下の温水ボイラーには、圧力が最高使用圧力に達すると直ちに作用し、かつ、内部の圧力を最高使用圧力以下に保持することができる逃がし弁を備えなければならない。ただし、水の温度が 120℃以下の温水ボイラーであって、容易に検査できる位置に内部の圧力を最高使用圧力以下に保持することができる逃がし管を備えたものについては、この限りでない。

2　水の温度が **120℃を超える温水ボイラー**には、内部の圧力を最高使用圧力以下に保持することができる**安全弁**を備えなければならない。

問 1

出題頻度

鋼製ボイラー（小型ボイラーを除く）の安全弁に関し、法令上、誤っているものは次のうちどれか。

(1)　貫流ボイラー以外の蒸気ボイラーのボイラー本体の安全弁は、弁軸を鉛直にしてボイラー本体の容易に検査できる位置に直接取り付けなければならない。

(2)　貫流ボイラーに備える安全弁については、当該ボイラーの最大蒸発量以上の吹出し量のものを過熱器の出口付近に取り付けることができる。

(3)　過熱器には、過熱器の入口付近に過熱器の圧力を設計圧力以下に保持することができる安全弁を備えなければならない。

(4)　蒸気ボイラーには、安全弁を２個以上備えなければならないが、伝熱面積が50 m²以下の蒸気ボイラーでは、安全弁を１個とすることができる。

(5)　水の温度が120℃を超える温水ボイラーには、内部の圧力を最高使用圧力以下に保持することができる安全弁を備えなければならない。

解説　(3) 過熱器には、過熱器の**出口付近**に**過熱器の温度を設計温度以下に保持する**ことができる安全弁を備えなければなりません。

これは、過熱器の安全弁が過熱器入口にある場合に安全弁が作動すると、過熱器内に蒸気が流れなくなり、過熱器の温度が上昇し設計温度以下に保持できなくなるためです。

問 2

出題頻度

鋼製ボイラー（小型ボイラーを除く）の安全弁に関し、その内容が法令に定められていないものは次のうちどれか。

(1)　貫流ボイラー以外の蒸気ボイラーの安全弁は、ボイラー本体の容易に検査できる位置に直接取り付け、かつ、弁軸を鉛直にしなければならない。

(2)　貫流ボイラーに備える安全弁については、当該ボイラーの最大蒸発量以上の吹出し量のものを過熱器の出口付近に取り付けることができる。

(3)　過熱器には、過熱器の出口付近に過熱器の温度を設計温度以下に保持することができる安全弁を備えなければならない。

(4)　蒸気ボイラーには、安全弁を２個以上備えなければならないが、伝熱面積が100 m²以下の蒸気ボイラーでは安全弁を１個とすることができる。

(5)　水の温度が120℃を超える温水ボイラーには、内部の圧力を最高使用圧力以下に保持することができる安全弁を備えなければならない。

解説　(4) 伝熱面積50 m²以下の蒸気ボイラーには、安全弁を１個とすることができます。

解答　問１－(3)　　問２－(4)

レッスン 2-2 鋼製ボイラーの圧力計、水高計、温度計

重要度

鋼製ボイラーの圧力計、水高計、温度計に関しては、以下のように法令で定められています。

第66条 圧力計（抜粋）

蒸気ボイラーの蒸気部、水柱管または水柱管に至る蒸気側連絡管には、次の各号に定めるところにより、圧力計を取り付けなければならない。

① 蒸気が直接圧力計に入らないようにすること
② コックまたは弁の開閉状況を容易に知ることができること
③ 圧力計の連絡管は、容易に閉そくしない構造であること
④ 圧力計の目盛盤の最大指度は、**最高使用圧力の1.5倍以上3倍以下の圧力を示す指度**とすること
⑤ 圧力計の目盛盤の径は、目盛りを確実に確認できるものであること

第67条 温水ボイラーの水高計（抜粋）

温水ボイラーには、次の各号に定めるところにより、ボイラー本体または温水の出口付近に水高計を取り付けなければならない。ただし、水高計に代えて圧力計を取り付けることができる。

① コックまたは弁の開閉状況を容易に知ることができること
② 水高計の目盛盤の最大指度は、最高使用圧力の**1.5倍以上3倍以下の圧力を示す指度**とすること

第68条 温度計（抜粋）

蒸気ボイラーには、**過熱器の出口付近**における蒸気の温度を表示する温度計を取り付けなければならない。

2 温水ボイラーには、ボイラーの出口付近における**温水の温度**を表示する**温度**計を取り付けなければならない。

法令での圧力は全て最高使用圧力です。

問 1

出題頻度

鋼製ボイラー（小型ボイラーを除く）に取り付ける温度計、圧力計または水高計に関し、法令上、誤っているものは次のうちどれか。

(1)　温水ボイラーには、ボイラー出口付近における温水の温度を表示する温度計を取り付けなければならない。

(2)　温水ボイラーには、ボイラー本体または温水の出口付近に水高計を取り付けなければならないが、水高計に代えて圧力計を取り付けることができる。

(3)　温水ボイラーの水高計の目盛盤の最大指度は、常用圧力の 1.5 倍以上 3 倍以下の圧力を示す指度でなければならない。

(4)　蒸気ボイラーには、過熱器の出口付近における蒸気の温度を表示する温度計を取り付けなければならない。

(5)　蒸気ボイラーの蒸気部に取り付ける圧力計は、蒸気が直接入らないようにしなければならない。

解説　(3) 圧力計、水高計の目盛盤の最大指度は、最高使用圧力の **1.5 倍以上 3 倍以下**と規格で決められています。

問 2

出題頻度

鋼製ボイラー（小型ボイラーを除く）に取り付ける温度計、圧力計および水高計に関し、その内容が法令に定められていないものは次のうちどれか。

(1)　温水ボイラーには、ボイラーの出口付近における温水の温度を表示する温度計を取り付けなければならない。

(2)　温水ボイラーには、ボイラー本体または温水の出口付近に水高計または圧力計を取り付けなければならない。

(3)　温水ボイラーの水高計の目盛盤の最大指度は、最高使用圧力の 1.5 倍以上 3 倍以下の圧力を示す指度としなければならない。

(4)　蒸気ボイラーには、過熱器の出口付近における蒸気の温度を表示する温度計を取り付けなければならない。

(5)　蒸気ボイラーの圧力計への連絡管には、コックまたは弁を設けてはならない。

解説　(5) コックまたは弁の開閉状況を容易に知ることができることと、構造規格に定められています。

解答　問 1 － (3)　　問 2 － (5)

レッスン 2-3 鋼製ボイラーの水面測定装置

重要度

第69条 ガラス水面計（抜粋）

蒸気ボイラー（貫流ボイラーを除く）には、**ボイラー本体または水柱管にガラス水面計を2個以上**取り付けなければならない。ただし、次の各号に掲げる**蒸気ボイラー**にあっては、**そのうちの1個をガラス水面計でない水面測定装置とすることができる**。

① 胴の**内径が 750 mm 以下**の蒸気ボイラー

② **遠隔指示水面測定装置を2個以上**取り付けた蒸気ボイラー

2 ガラス水面計は、その**ガラス管の最下部**が蒸気ボイラーの**安全低水面を指示する位置**に取り付けなければならない。

第70条 水柱管（抜粋）

最高使用圧力 **1.6 MPa** を超えるボイラーの水柱管は鋳鉄製としてはならない。

第71条 水柱管との連絡管（抜粋）

2 **水側連絡管**は、管の途中に**中高または中低のない構造**とし、かつ、これを水柱管またはボイラーに取り付ける口は、水面計で見ることのできる**最低水位より上であってはならない**。（図1-(a)：(イ) 正しい、(ハ) 誤り）

3 **蒸気側連絡管は、管の途中にドレンのたまる部分がない構造**とし、かつ、これを水柱管およびボイラーに取り付ける口は、**水面計で見ることができる最高水位より下であってはならない**。（図1-(a)：(ロ) 正しい、(ニ) 誤り）

4 2項、3項の規定は、水面計に連絡管を取り付ける場合について準用する。

第72条 験水コック（抜粋）

ガラス水面計でない水面測定装置として験水コックを設ける場合には、**ガラス水面計のガラス管取り付け位置と同等の高さの範囲において3個以上取り付けなければならない**。ただし、**胴の内径が 750 mm 以下**で、かつ、**伝熱面積が 10 m² 未満の蒸気ボイ**

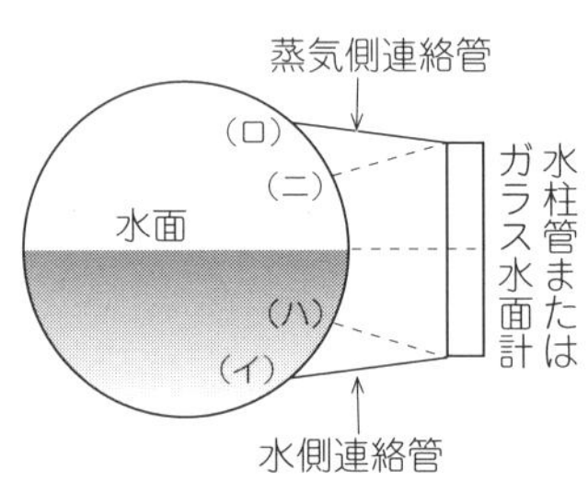

（a）正しい連絡管の連結方法

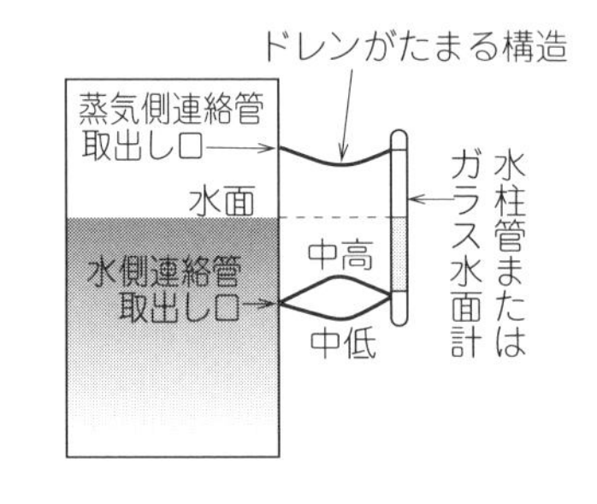

（b）不正な連絡管の連結方法

● 図1 水柱管または水面計の連絡管 ●

ラーにあっては、その数を2個とすることができる。

2　験水コックは、その最下位のものを安全低水面の位置に取り付けなければならない。

よく出る問題

問 1

出題頻度

鋼製蒸気ボイラー（貫流ボイラーおよび小型ボイラーを除く）の水面測定装置に関し、法令上、誤っているものは次のうちどれか。

(1)　ボイラーには、ガラス水面計を2個以上取り付けなければならないが、遠隔指示水面測定装置を1個取り付けたものでは、そのうち1個をガラス水面計でない水面測定装置とすることができる。

(2)　水柱管とボイラーを結ぶ蒸気側連絡管を、水柱管またはボイラーに取り付ける口は、水面計で見ることができる最高水位より下であってはならない。

(3)　最高使用圧力1.6 MPaを超えるボイラーの水柱管は鋳鉄製としてはならない。

(4)　ガラス水面計でない水面測定装置として験水コックを設ける場合には、3個以上取り付けなければならないが、胴の内径が750 mm以下で、かつ、伝熱面積が10 m^2 未満のボイラーでは、2個とすることができる。

(5)　ガラス水面計は、そのガラス管の最下部が安全低水面を指示する位置に取り付けなければならない。

解説　(1) **遠隔指示水面測定装置を2個**取り付けた蒸気ボイラーは、ガラス水面計の1個をガラス水面計でない水面測定装置とすることができます。

問 2

出題頻度

水面測定装置に関し、関係法令上、誤っているものは次のうちどれか。

(1)　蒸気ボイラー（貫流ボイラーを除く）には、ボイラー本体または水柱管に、原則として2個以上のガラス水面計を取り付けなければならない。

(2)　ガラス水面計のガラス管の最下部は、安全低水面を指示する位置に取り付けなければならない。

(3)　最高使用圧力が1.6 MPaを超えるボイラーの水柱管は、鋳鉄製としてはならない。

(4)　水側連絡管を水柱管またはボイラーに取り付ける口は、水面計で見ることができる最低水位より上であってはならない。

(5)　胴の内径が750 mm以下の蒸気ボイラーにあっては、ガラス水面計1個と験水コック1個を設けて水面測定装置とすることができる。

解説　(5) 胴の内径が750 mm以下の蒸気ボイラーにあっては、1個のガラス水面計をガラス水面計以外の水面測定装置とすることができます。このガラス水面計でない水面測定装置に験水コックを用いる場合には、ガラス水面計のガラス管取り付け位置と同等の高さの範囲に3個以上取り付けなければなりません。

解答　問1 −(1)　　問2 −(5)

レッスン 2-4 鋼製ボイラーの蒸気止め弁および吹出し装置

重要度

鋼製ボイラーの蒸気止め弁および吹出し装置に関しては、以下のように法令で定められています。

第 77 条 蒸気止め弁

蒸気止め弁は、取り付ける蒸気ボイラーの最高使用圧力および最高蒸気温度に耐えるものでなければならない。

2 ドレンがたまる位置に蒸気止め弁を設ける場合には、ドレン抜きを備えなければならない。

3 過熱器には、ドレン抜きを備えなければならない。

第 78 条 吹出し管および吹出し弁の大きさと数

蒸気ボイラー（貫流ボイラーを除く）には、スケールその他の沈殿物を排出することができる吹出し管であって吹出し弁または吹出しコックを取り付けたものを備えなければならない。

2 **最高使用圧力 1 MPa 以上の蒸気ボイラー**（移動式ボイラーを除く）**の吹出し管には、吹出し弁を 2 個以上または吹出し弁と吹出しコックをそれぞれ 1 個以上直列に取り付けなければならない。**

第 79 条 吹出し弁または吹出しコックの構造

吹出し弁または吹出しコックは、見やすく、かつ、取扱いが容易な位置に取り付けなければならない。

2 吹出し弁は、スケールその他の沈殿物がたまらない構造とし、かつ、安全上必要な強度を有するものでなければならない。

問 1

出題頻度

鋼製ボイラーの蒸気止め弁および吹出し装置に関し、法令上、誤っているものは次のうちどれか。

(1)　蒸気止め弁は、当該蒸気止め弁を取り付ける蒸気ボイラーの最高使用圧力および最高蒸気温度に耐えるものでなければならない。

(2)　ドレンがたまる位置に蒸気止め弁を設ける場合には、ドレン抜きを備えなければならない。

(3)　過熱器には、ドレン抜きを備えなければならない。

(4)　蒸気ボイラー（貫流ボイラーを除く）には、スケールその他の沈殿物を排出することができる吹出し管であって吹出し弁または、吹出しコックを取り付けたものを備えなければならない。

(5)　最高使用圧力が1 MPa以上の蒸気ボイラー（移動式ボイラーを除く）の吹出し管には、吹出し弁を2個以上または吹出し弁と吹出しコックをそれぞれ1個以上並列に取り付けなければならない。

解説　(5) 最高使用圧力が1 MPa以上の蒸気ボイラー（移動式ボイラーを除く）の吹出し管には、吹出し弁を2個以上または吹出し弁と吹出しコックをそれぞれ1個以上直列に取り付けなければならないと定められています。

問 2

出題頻度

鋼製の蒸気ボイラー（小型ボイラーを除く）の蒸気止め弁および吹出し装置に関し、法令上、誤っているものは次のうちどれか。

(1)　蒸気止め弁は、当該蒸気止め弁を取り付ける蒸気ボイラーの最高使用圧力および最高蒸気温度に耐えるものでなければならない。

(2)　ドレンがたまる位置に蒸気止め弁を設ける場合には、ドレン抜きを備えなければならない。

(3)　最高使用圧力1 MPa以上の蒸気ボイラー（移動式ボイラーを除く）の吹出し管には、吹出し弁または吹出しコックを1個以上取り付けなければならない。

(4)　2以上の蒸気ボイラーの吹出し管は、ボイラーごとにそれぞれ独立していなければならない。

(5)　吹出し弁または吹出しコックは、見やすく、かつ、取扱いが容易な位置に取り付けなければならない。

解説　(3) 最高使用圧力が1 MPa以上の蒸気ボイラー（移動式ボイラーを除く）の吹出し管には、吹出し弁を2個以上または吹出し弁と吹出しコックをそれぞれ1個以上直列に取り付けなければならないと定められています。

解答　問1－(5)　　問2－(3)

レッスン 2-5 鋼製ボイラーの自動制御装置

重要度

鋼製ボイラーの自動制御装置に関しては、以下のように法令で定められています。

第84条 自動給水調整装置等（抜粋）

蒸気ボイラーごとに自動給水調整装置を設けなければならない。

2 **自動給水調整装置を有する蒸気ボイラー**（貫流ボイラーを除く）には、起動時に水位が安全低水面以下である場合および運転時に水位が安全低水面以下になった場合に自動的に燃料の供給を遮断する装置（**低水位燃料遮断装置**）を設けなければならない。

3 **貫流ボイラー**には、ボイラーごとに、起動時にボイラー水が不足している場合および運転時にボイラー水が不足した場合に、**自動的に燃料の供給を遮断する装置またはこれに代わる安全装置**を設けなければならない。

4 次の①、②号に該当する場合には、**低水位警報装置をもって低水位燃料遮断装置に代えることができる。**

① **燃料の性質または燃焼装置の構造により、緊急遮断が不可能なもの**

② **ボイラーの使用条件によりボイラーの運転を緊急停止することが適さないもの**

第85条 燃焼安全装置（抜粋）

2 燃焼安全装置は、次の各号に定めるところによらなければならない。

① 作動用動力源が断たれた場合に**直ちに燃料の供給を遮断するもの**であること

② 作動用動力源が断たれている場合および復帰した場合に**自動的に遮断が解除されないこと**

問 1

出題頻度

鋼製蒸気ボイラー（小型ボイラーを除く）の自動制御装置に関し、法令上、誤っているものは次のうちどれか。

(1)　自動給水調整装置は、ボイラーごとに設けなければならない。

(2)　自動給水調整装置を有するボイラー（貫流ボイラーを除く）には、原則として当該ボイラーごとに、低水位燃料遮断装置を設けなければならない。

(3)　ボイラーの使用条件により運転を緊急停止することが適さないボイラーでは、低水位燃料遮断装置に代えて、低水位警報装置を設けることができる。

(4)　燃料の性質または燃焼装置の構造により、緊急遮断が不可能なボイラーでは、低水位燃料遮断装置に代えて、低水位警報装置を設けることができる。

(5)　貫流ボイラーには、起動時にボイラー水が不足している場合および運転時にボイラー水が不足した場合に、自動的に燃料の供給を遮断する低水位燃料遮断装置を設けなければならない。

解説　(5) **貫流ボイラーには、胴やドラムがありません。**そのため「水位」がないので、低水位燃料遮断装置を設けることができません。

問 2

出題頻度

鋼製蒸気ボイラー（小型ボイラーを除く）の自動制御装置に関し、法令上、誤っているものは次のうちどれか。

(1)　自動給水調整装置を有するボイラー（貫流ボイラーを除く）には、原則として当該ボイラーごとに、低水位燃料遮断装置を設けなければならない。

(2)　燃焼安全装置は、作動用動力源が断たれている場合および復帰した場合に自動的に遮断が解除されるものであってはならない。

(3)　ボイラーの使用条件により運転を緊急停止することが適さないボイラーでは、低水位燃料遮断装置に代えて、低水位警報装置を設けることができる。

(4)　燃料の性質または燃焼装置の構造により、緊急遮断が不可能なボイラーでは、低水位燃料遮断装置に代えて、低水位警報装置を設けることができる。

(5)　貫流ボイラーでは、自動給水調整装置を設けた場合は、低水位燃料遮断装置に代えて、低水位警報装置を設けることができる。

解説　(5) 貫流ボイラーでは、起動時にボイラー水が不足している場合および運転中にボイラー水が不足した場合に、自動的に燃料の供給を遮断する装置またはこれに変わる安全装置を設けなければなりません。

解答　問１－(5)　　問２－(5)

３学期　関係法令

４学期　ボイラーおよび第一種圧力容器に関する知識

レッスン 2-6 鋳鉄製ボイラーの構造規格

重要度

鋳鉄製ボイラーに関しては、以下のように法令で定められています。

第88条 鋳鉄製ボイラーの制限（抜粋）

① 圧力 **0.1 MPa** を超えて使用する**蒸気ボイラーは、鋳鉄製としてはならない**
（②省略）
③ **温水温度 120℃を超える温水ボイラーは、鋳鉄製としてはならない**

第90条 鋳鉄製ボイラーの構造（抜粋）

鋳鉄製ボイラーの構造は、**組合せ式**としなければならない。

第92条 検査穴（抜粋）

ボイラーには、**内部の検査を行うことができる大きさの検査穴**を設けなければならない。

第95条 逃がし弁および逃がし管（抜粋）

暖房用温水ボイラーには、圧力が最高使用圧力に達すると直ちに作用し、内部の圧力を最高使用圧力以下に保持することができる**逃がし弁**を備えなければならない。ただし、圧力を最高使用圧力以下に保持できる**開放型膨張タンクに通じる逃がし管**があるものについては、この限りではない。

2 給水タンクの**水面以上に立ち上げた逃がし管を備えた給湯用温水ボイラー**については、**逃がし弁を備えなくてもよい**。

第96条 圧力計、水高計および温度計（抜粋）

蒸気ボイラーの蒸気部、水柱管または水柱管に至る蒸気側連絡管には圧力計を取り付けなければならない。

2 **温水ボイラー**には、ボイラーの本体または**温水の出口付近**に水高計を取り付けなければならない。ただし、**水高計に代えて圧力計を取り付けることができる**。

3 蒸気ボイラーに取り付ける圧力計の目盛盤の最大指度は、**最高使用圧力の 1.5 倍以上 3 倍以下**の圧力を示す指度としなければならない。

第97条 ガラス水面計および験水コック（抜粋）

蒸気ボイラーには、**ガラス水面計を 2 個以上備えなければならない**。ただし、**そのうちの 1 個は、ガラス水面計でない他の水面測定装置とすることができる**。

3 ガラス水面計でない他の水面測定装置として験水コックを設ける場合には、**ガラス水面計のガラス管取付け位置と同等の高さの範囲において 2 個以上取り付けなければならない**。

第98条 温水温度自動制御装置（抜粋）

温水ボイラーで圧力が **0.3 MPa を超えるもの**には、**温水温度が 120℃**を超えないよう**温水温度自動制御装置**を設けなければならない。

第99条　吹出し管等（抜粋）

蒸気ボイラーには、スケールその他の沈殿物を排出することができる**吹出し管**であって吹出し弁または吹出しコックを取り付けたものを備えなければならない。

第100条　圧力を有する水源からの給水（抜粋）

給水が水道その他**圧力を有する水源から供給される場合**には、当該水源に係る管を**返り管に取り付けなければならない**。

問 1

出題頻度

鋳鉄製ボイラー（小型ボイラーを除く）に関し、法令上、誤っているものは次のうちどれか。

(1)　蒸気ボイラーには、スケールその他の沈殿物を排出できる吹出し管であって、吹出し弁または吹出しコックを取付けたものを備えなければならない。

(2)　温水ボイラーで圧力が0.1 MPaを超えるものには、温水温度が120℃を超えないよう温水温度自動制御装置を設けなければならない。

(3)　温水ボイラーには、ボイラーの本体または温水の出口付近に水高計を取り付けなければならないが、水高計に代えて圧力計を取り付けることができる。

(4)　給水が、水道その他圧力を有する水源から供給される場合には、この水源からの管を返り管に取り付けなければならない。

(5)　蒸気ボイラーに取付ける圧力計の目盛盤の最大指度は、最高使用圧力の1.5倍以上3倍以下の圧力を示す指度としなければならない。

解説　(2) 温水ボイラーで圧力が**0.3 MPaを超えるもの**には、温水の温度が120℃を超えないよう温水温度自動制御装置を設けなければなりません。

問 2

出題頻度

鋳鉄製ボイラーの構造に関し、法令上、誤っているものは次のうちどれか。

(1)　圧力0.1 MPaを超えて使用する蒸気ボイラーは、鋳鉄製としてはならない。

(2)　ボイラーの構造は、組合せ式としなければならない。

(3)　ボイラーには、内部の検査を行うことができる大きさの検査穴を設けなければならない。

(4)　蒸気ボイラーは、圧力計に代えて水高計を取り付けることができる。

(5)　給水が水道その他圧力を有する水源から供給される場合には、当該水源に係る管を返り管に取り付けなければならない。

解説　(4) 水高計は温水ボイラーに取り付ける圧力測定器で、蒸気ボイラーには取り付けられません。

解答　問1－(2)　　問2－(4)

問 3

出題頻度

鋳鉄製ボイラー（小型ボイラーを除く）に関し、法令上、誤っているものは次のうちどれか。

(1) ガラス水面計でない他の水面測定装置として験水コックを設ける場合は、ガラス水面計のガラス管取り付け位置と同等の高さの範囲において2個以上取り付けなければならない。

(2) 温水ボイラーで圧力が0.3 MPaを超えるものには、温水温度が120℃を超えないように温水温度自動制御装置を設けなければならない。

(3) 温水ボイラーには、ボイラーの本体または温水の出口付近に水高計または圧力計を取り付けなければならない。

(4) 給水が、水道その他圧力を有する水源から供給される場合には、この水源からの管を返り管に取り付けなければならない。

(5) 蒸気ボイラーに取り付ける圧力計の目盛盤の最大指度は、常用圧力の1.5倍以上3倍以下の圧力を示す指度としなければならない。

解説 (5) 法令での圧力は、最高使用圧力です。したがって、圧力計の目盛盤の最大指度は、**最高使用圧力**の1.5倍以上3倍以下の圧力を示す指度とします。

問 4

出題頻度

鋳鉄製ボイラー（小型ボイラーを除く）に関し、法令に定められていないものは次のうちどれか。

(1) 温水温度が120℃を超える温水ボイラーは鋳鉄製としてはならない。

(2) ボイラーの構造は、組合せ式としなければならない。

(3) 温水ボイラーには、ボイラーの本体または温水の出口付近に水高計または圧力計を取り付けなければならない。

(4) 給水が、水道その他圧力を有する水源から供給される場合には、この水源からの管を逃がし管に取り付けなければならない。

(5) 蒸気ボイラーの蒸気部、水柱管または水柱管に至る蒸気側連絡管には、圧力計を取り付けなければならない。

解説 (4) 給水が水道その他の圧力を有する水源から供給される場合には、この水源からの管は**返り管に取り付けなければなりません**。これは、ボイラー水と給水の温度差を小さくする措置です。

解答 問3－(5)　問4－(4)

レッスン 2 構造規格のおさらい問題

ボイラーの構造規格に関する以下の設問について、正誤を○、×で答えよ。

■ 2-1 鋼製ボイラーの安全弁		
1	蒸気ボイラーには、安全弁を2個以上備えなければならないが、伝熱面積が100 m² 以下の蒸気ボイラーでは安全弁を1個とすることができる。	×：1個にできるのは、伝熱面積が50 m² 以下の蒸気ボイラー
2	貫流ボイラーには、ボイラー本体と気水分離器の出口付近のそれぞれに安全弁を取り付け、安全弁の吹出し総量を最大蒸発量以上にしなければならない。	×：貫流ボイラーには最大蒸発量以上の吹出し量の安全弁を過熱器の出口付近に取り付ける
3	過熱器には、過熱器の出口付近に過熱器の温度を設計温度以下に保持することができる安全弁を備えなければならない。	○
■ 2-2 鋼製ボイラーの圧力計、水高計、温度計		
4	水高計の目盛盤の最大指度は、最高使用圧力の1.2倍以上3.6倍以下の圧力を示す指度としなければならない。	×：最高使用圧力の1.5倍以上3.0倍以下を示す指度とする
5	蒸気ボイラーの圧力計への連絡管には、コックまたは弁を設けてはならない。	×：コックまたは弁を、開閉状況を容易に知ることができるように取り付ける
■ 2-3 鋼製ボイラーの水面測定装置		
6	水柱管とボイラーを結ぶ蒸気側連絡管を、水柱管およびボイラーに取り付ける口は、水面計で見ることができる最高水位より下でなければならない。	×：水面計で見ることができる最高水位より下であってはならない
7	ガラス水面計でない水面測定装置として験水コックを設ける場合には、胴の内径が750 mm以下で、かつ伝熱面積が10 m² 未満の蒸気ボイラーを除き、ガラス水面計のガラス管取り付け位置と同等の高さの範囲において2個以上取り付けなければならない。	×：3個以上取り付けなければならない
8	最高使用圧力1.2 MPaを超えるボイラーの水柱管は鋳鉄製としてはならない。	×：鋳鉄製としてはならないのは1.6 MPaを超えるボイラーの水柱管
9	蒸気ボイラー（貫流ボイラーを除く）には、ガラス水面計を2個以上取り付けなければならないが、遠隔指示水面測定装置を2個取り付けたものでは、そのうちの1個をガラス水面計でない水面測定装置とすることができる。	○
10	水側連絡管を水柱管またはボイラーに取り付ける口は、水面計で見ることができる最低水位より上であってはならない。	○
■ 2-4 鋼製ボイラーの蒸気止め弁および吹出し装置		
11	最高使用圧力1 MPa以上の蒸気ボイラー（移動式ボイラーを除く）の吹出し管には、吹出し弁または吹出しコックを1個以上取り付けなければならない。	×

12	最高使用圧力 1 MPa 以上の蒸気ボイラー（移動式ボイラーを除く）の吹出し管には、吹出し弁を 2 個以上または吹出し弁と吹出しコックをそれぞれ 1 個以上直列に取り付けなければならない。	○
■ 2-5　鋼製ボイラーの自動制御装置		
13	貫流ボイラーでは、自動給水調整装置を設けた場合は、低水位燃料遮断装置に代えて、低水位警報装置を設けることができる。	×
14	燃焼安全装置は、作動用電源が断たれている場合および復帰した場合に自動的に遮断が解除されるものであってはならない。	○
15	貫流ボイラーには、当該ボイラーごとに起動時にボイラー水が不足している場合および運転時にボイラー水が不足した場合に、自動的に燃料の供給を遮断する装置またはこれに代わる安全装置を設けなければならない。	○
■ 2-6　鋳鉄製ボイラーの構造規格		
16	温水温度が 100℃を超える温水ボイラーは、鋳鉄製としてはならない。	×：正しくは、120℃
17	蒸気ボイラーには、圧力計に代えて水高計を取り付けることができる。	×
18	温水ボイラーには、ボイラー本体または温水の入口もしくは出口付近に水高計を取り付けなければならないが、水高計に代えて圧力計を取り付けることができる。	×：「入口もしくは出口付近」ではなく、「出口付近」
19	蒸気ボイラーに取り付ける圧力計の目盛盤の最大指度は、最大使用圧力の 1.5 倍以上 3 倍以下の圧力を示す指度としなければならない。	○
20	ガラス水面計でない他の水面測定装置として験水コックを設ける場合は、ガラス水面計のガラス管取付け位置と同等の高さの範囲において 3 個以上取り付けなければならない。	×：鋳鉄製ボイラーの場合は 2 個
21	温水ボイラーで圧力が 0.1 MPa を超えるものには、温水温度が 120℃を超えないよう温水温度自動制御装置を設けなければならない。	×：正しくは、圧力が 0.3 MPa を超えるもの
22	給水が、水道その他圧力を有する水源から供給される場合には、この水源からの管を返り管に取り付けなければならない。	○

間違えたら、各レッスンに戻って再学習しよう！

ボイラーおよび第一種圧力容器に関する知識

「ボイラーおよび第一種圧力容器に関する知識」の出題範囲は、①種類、②構造、③材料、④工作、⑤据付け、⑥附属設備および附属品の構造および取扱い、⑦自動制御装置、⑧水処理、⑨その他取扱い方法、⑩燃焼方式および燃焼方法、⑪損傷の種類およびその防止方法、⑫点検の12項目に関して10問出題されています。

ボイラー技士の資格がない方は、この科目から学習されると思われますので、問題の内容を理解できるように説明や図を多く配置しました。

「レッスン1」では、①種類、②構造を、「レッスン2」では、③材料、④工作、⑤据付けを解説しています。なお、据付けの不定形耐火材に関する問題は、平成27～出題されていませんので、「2学期の整備の作業に使用する器材、薬品等に関する知識」の炉壁材でまとめて説明しています。「レッスン3」では、⑥附属設備および附属品の構造および取扱いを解説しています。「レッスン4」では、⑦自動制御を、「レッスン5」では、⑧水処理および⑨その他の取扱い、⑪損傷の種類およびその防止方法を説明しています。「レッスン6」では、⑩の燃焼方式および燃焼方法について解説します。また、⑫点検に関しては、1学期の「ボイラーおよび第一種圧力容器の整備の作業に関する知識」で説明しています。

実際の出題は、出題件数の多い問題とそれ以外の問題が組合わされているので、出題率が低い問題もしっかり覚えるようにしましょう。

過去 18 年（36 回分）の出題傾向

出題項目	H18～27年	H28～R5年	H18～R5年
	出題数	出題数	出題ランク
レッスン1　ボイラーおよび圧力容器の定義および構造			
レッスン1-1　ボイラーおよび圧力容器の定義	8	0	★★☆
レッスン1-2　丸ボイラー（炉筒煙管ボイラー）	8	3	★★☆
レッスン1-3　水管ボイラーおよび貫流ボイラー	10	7	★★★
レッスン1-4　鋳鉄製ボイラー	4	5	★★☆
レッスン1-5　第一種圧力容器（圧力容器のふた締め付け装置）	7	7	★★★
レッスン2　材料および工作			
レッスン2-1　金属材料	20	16	★★★
レッスン2-2　ボイラーの工作	8	11	★★★
レッスン2-3　溶接	10	5	★★★
レッスン2-4　ボイラーの据付け	13	0	★★★
レッスン3　附属設備および附属装置			
レッスン3-1　附属設備	7	4	★★☆
レッスン3-2　安全装置（安全弁、逃がし弁、逃がし管）	9	8	★★★
レッスン3-3　指示器具類（圧力計、水面計、流量計）	5	11	★★★
レッスン3-4　送気系統装置	5	3	★★☆
レッスン3-5　給水装置	3	8	★★☆
レッスン3-6　吹出し装置	4	8	★★☆
レッスン4　自動制御装置			
レッスン4-1　各種制御機器	4	6	★★☆
レッスン4-2　水位検出器	8	5	★★★
レッスン4-3　燃焼安全装置	8	5	★★★
レッスン5　水処理、その他の取扱い			
レッスン5-1　水処理装置	7	7	★★★
レッスン5-2　清缶剤	5	4	★★☆
レッスン5-3　スケール、スラッジの害	9	3	★★☆
レッスン5-4　腐食、膨出、圧壊	10	13	★★★
レッスン5-5　保存法	9	5	★★★
レッスン6　燃焼方式および燃焼装置			
レッスン6-1　重油バーナ	12	11	★★★
レッスン6-2　ガスバーナ	5	4	★★☆
レッスン6-3　微粉炭バーナおよび通風装置	2	1	★☆☆
合計	200	160	

※過去 36 回の試験中、13 回以上出題★★★、12 回～7 回出題★★☆、6～1 回出題★☆☆

レッスン 1 ボイラーおよび圧力容器の定義および構造

レッスン１「ボイラーおよび圧力容器の定義および構造」では、毎回２問程度は出題されています。出題の多い項目は、1-3「水管ボイラーおよび貫流ボイラー」、２番目に多い項目は、1-5「第一種圧力容器（圧力容器のふた締め付け装置)」、以下、1-2「丸ボイラー（炉筒煙管ボイラー)」、1-4「鋳鉄製ボイラー」、1-1「ボイラーおよび圧力容器の定義」と続きます。

中でも出題数が多い問題は、貫流ボイラー、第一種圧力容器の輪付きボルト締め式などがあります。他の問題は、平均して出題されています。

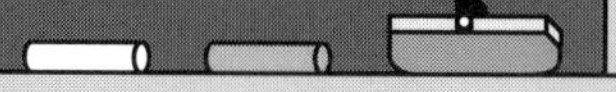

- 1-1「ボイラーおよび圧力容器の定義」のボイラーの定義では、同じ問題が繰り返し出題されているので解説を覚えておきましょう。第一種圧力容器の定義もほぼ同じ問題が出題されています。第一種圧力容器の機能と第二種圧力容器の機能の違いをしっかり理解しましょう。
- 1-2「丸ボイラー（炉筒煙管ボイラー)」の出題傾向は、①丸ボイラーの構造による分類、②炉筒煙管ボイラーと他の丸ボイラーの比較、および水管ボイラーとの比較などが出題されています。
- 1-3「水管ボイラーおよび貫流ボイラー」の出題傾向は、①丸ボイラーとの比較、②自然循環式、強制循環式、貫流ボイラーなどの構造的な特徴、③水の循環（密度差）などが多く出題されています。
- 1-4「鋳鉄製ボイラー」の出題傾向は、①還水口（給水口）の場所、②鋼製ボイラーとの比較、③給水管を取り付ける位置などが出題されています。
- 1-5「第一種圧力容器（圧力容器のふた締め付け装置)」では、６種類のふたの締め付け装置の特徴が出題されています。①ロッキング式、②ガスケットボルト締め式、③輪付きボルト締め式が多く出題されています。

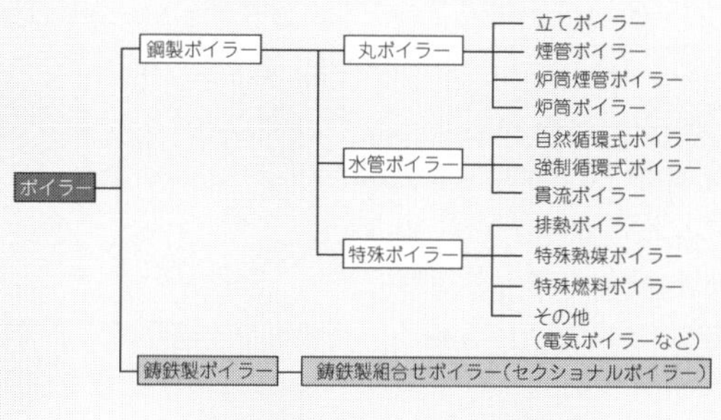

●図　ボイラーの分類●

レッスン 1-1

ボイラーおよび圧力容器の定義

重要度

1 ボイラーの定義

ボイラーには、蒸気ボイラーと温水ボイラーがあり①～③の要件を満たすものをボイラーといいます。

① **熱源は火気・燃焼ガスその他の高温ガス（廃ガス、発生炉ガスなど）または電気**であること

② **水または熱媒を加熱し大気圧を超えた蒸気・温水を作る**こと

③ **蒸気・温水を他に供給する装置**であること

2 圧力容器の定義

(1) 第一種圧力容器

圧力容器は、大気圧を超える液体または気体を内部に保有する容器をいい、第一種圧力容器と第二種圧力容器があります。

第一種圧力容器、表1の（イ）～（ニ）の種類があります。

表1 第一種圧力容器（労働安全衛生法施工令第1条第5号）

種類		条件
（イ）	加熱器	蒸気その他の熱媒を受け入れ、又は蒸気を発生させて固体又は液体を加熱する容器で、容器内の圧力が大気圧を超えるもの（ロ、ハに掲げる容器を除く） ［使用例：蒸煮器、殺菌器、加硫器、精錬器、熱交換器、ストレージタンクなど］
（ロ）	反応器	容器内における化学反応、原子核反応その他の反応によって蒸気が発生する容器で、容器内の圧力が大気圧を超えるもの ［使用例：オートクレーブ、連続反応器など］
（ハ）	蒸発器	容器内の液体の成分を分離するため、当該液体を加熱し、その蒸気を発生させる容器で、容器内の圧力が大気圧を超えるもの ［使用例：蒸留器、蒸発器、抽出器など］
（ニ）	蓄熱器	イからハまでに掲げる容器のほか、大気圧における沸点を超える温度の液体を内部に保有する容器 ［使用例：フラッシュタンク、スチームアキュムレータ、蒸気発生器など］

(2) 第二種圧力容器

ゲージ圧力が**0.2 MPa 以上の気体**をその内部に保有する容器（第一種圧力容器を除く）のうち次に掲げる容器をいいます。

（イ）内容積が 0.04 m^3 以上の容器

（ロ）胴の内径が 200 mm 以上で、かつ、その長さが 1 000 mm 以上の容量

問 1

出題頻度

ボイラーの説明に関する次の文中の［　　］内に入れるAからCの語句の組合せとして、正しいものは（1）～（5）のうちどれか。

「ボイラーは、一般に、火気、高温ガスまたは電気を熱源とし、水または［ A ］を［ B ］して、蒸気または温水を作り、これを［ C ］する装置である。」

	A	B	C
(1)	熱媒	蒸留	他に供給
(2)	熱媒	加熱	他に供給
(3)	熱媒	加熱	内部に保有
(4)	液体	加熱	内部に保有
(5)	液体	蒸留	内部に保有

解説　ボイラーは、密閉容器内に、高温ガスまたは電気を熱源として、水または［熱媒］を［加熱］し、蒸気または温水を作り、［他に供給］する装置です。蒸気ボイラーと温水ボイラーがあります。

問 2

出題頻度

圧力容器を機能によって分類するとき、第一種圧力容器に該当しないものは次のうちどれか。ただし、容器の内部圧力や形状寸法は考慮しないものとする。

(1)　熱媒を受け入れて固体や液体を加熱する容器。
(2)　容器内での化学反応によって蒸気が発生する容器。
(3)　圧縮気体のみをその内部に保有する容器。
(4)　容器内の液体の成分を分離するために液体を加熱してその蒸気を発生させる容器。
(5)　大気圧における沸点を超える温度の液体をその内部に保有する容器。

解説　(3) 第一種圧力容器は**大気圧における沸点を超える温度の液体を内部に保有**するのに対し、**第二種圧力容器は内部に圧縮気体を保有するもの**です。

解答　問1－(2)　　問2－(3)

レッスン 1-2

丸ボイラー（炉筒煙管ボイラー）

重要度

炉筒煙管ボイラーの特徴

炉筒煙管ボイラーの構造的な特徴は、以下のとおりです。

① 径の大きい**胴の中に波形炉筒と煙管群を収めた内だき式の構造**である（図 2）
② **圧力 1 MPa 以下**で用いられるものが多く、高圧大容量には適さない
③ 製造工場で完成状態にして運搬できる**パッケージ形式が多い**
④ **加圧燃焼方式**を採用し燃焼効率を高めているものもある
⑤ 煙管には、**スパイラル管**を用い伝熱効果を上げたものが多い
⑥ **戻り燃焼方式**を採用して燃焼効率を高めたものもある（図 1）
⑦ 煙道にエコノマイザや空気予熱器を設置して効率を高めているものもある
⑧ **ボイラー効率が 85 ～ 90%**におよぶものがある
⑨ 水管ボイラーと比べ、**保有水量が多く、起動から蒸気発生までの時間が長い**反面、負荷変動に対する**圧力変動**および**水位変動は小さい**
⑩ 他の丸ボイラーに比べ、**構造が複雑**で内部が狭く掃除や検査が困難なため、**十分に処理した給水が必要**になる

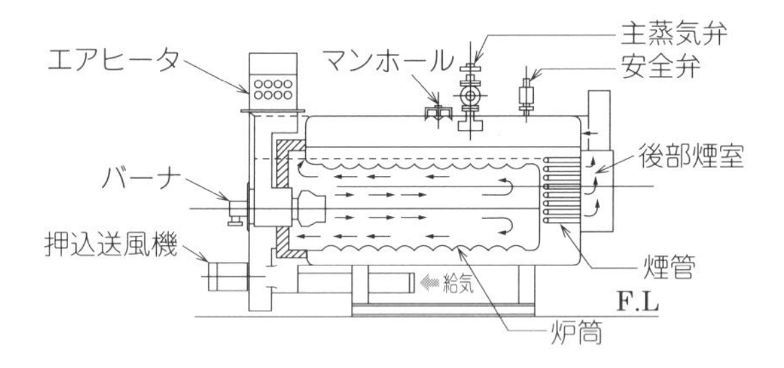

● 図 1　戻り燃焼方式（3 パス式）●

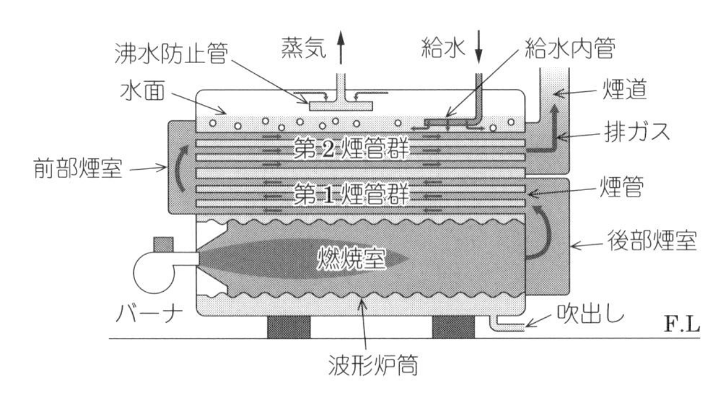

● 図 2　炉筒煙管ボイラー（ドライバック式）の構造 ●

よく出る問題

問 1

出題頻度

炉筒煙管ボイラーに関し、次のうち適切でないものはどれか。

(1)　加圧燃焼方式を採用し、燃焼室熱負荷を高くして燃焼効率を高めたものもある。
(2)　全ての組立てを製造工場で行い、完成状態で運搬できるパッケージ形式にしたものが多い。
(3)　水管ボイラーに比べ、伝熱面積当りの保有水量が少ないので負荷変動による水位が変動しやすい。
(4)　戻り燃焼方式を採用して、燃焼効率を高めたものがある。
(5)　ボイラー効率が85～90%におよぶものがある。

解説　(3) 炉筒煙管ボイラーは、水管ボイラーに比べ保有水量が多いため**負荷変動に対する水位の変動や圧力変動は小さいボイラー**です。

問 2

出題頻度

ボイラーを構造によって分類するとき、次のAからEまでのボイラーについて、丸ボイラーに該当するもののみの組合せとして、正しいものは（1）～（5）のうちどれか。

A　鋳鉄製ボイラー　　B　強制循環式水管ボイラー　　C　立てボイラー
D　貫流ボイラー　　E　炉筒煙管ボイラー

(1)　A、B　(2)　A、C　(3)　B、D　(4)　C、E　(5)　D、E

解説　丸ボイラーには、**C：立てボイラー、E：炉筒煙管ボイラー**などがあります。
また、水管ボイラーには、自然循環式水管ボイラー、強制循環式水管ボイラー、貫流ボイラーなどがあります（p.153の「ボイラーの分類」の図参照）。

問 3

出題頻度

炉筒煙管ボイラーに関し、次のうち適切でないものはどれか。

(1)　他の丸ボイラーに比べ、構造が複雑であるが内部は広く、掃除や検査が容易であり、良質のボイラー水を必要としない。
(2)　水管ボイラーに比べ、負荷変動による圧力変動が小さい。
(3)　加圧燃焼方式を採用し、燃焼室熱負荷を高くして燃焼効率を高めたものがある。
(4)　戻り燃焼方式を採用して、燃焼効率を高めたものがある。
(5)　ボイラー効率が85～90%におよぶものがある。

解説　(1) 炉筒煙管ボイラーは、他の丸ボイラーと比べ構造が複雑で**内部が狭く、掃除や検査が困難**なため、十分に処理した給水が必要です。

解答　問1－(3)　問2－(4)　問3－(1)

レッスン 1-3

水管ボイラーおよび貫流ボイラー

重要度

1 水管ボイラーの構造的特徴

① 燃焼室を自由な大きさに作れるので、**燃焼効率が良く、種々の燃料および燃焼方式に対し適応性がある**

② 伝熱面が大きくとれるので**ボイラー効率が良い**

③ 自然循環式水管ボイラーでは、火炎や高温ガスに触れる**上昇管内で蒸気が発生して密度が減少**し、水が上昇する。一方ボイラー出口などの**ガス温度の低い部分や加熱されない管ではボイラー水が下降する**。この上昇管と下降管の**密度差によりボイラー水が循環する**

④ 一般的な2胴曲管形水管ボイラーは、**炉壁内面に水管を配した水冷壁と蒸気ドラムと水ドラムを連結する水管群を組み合わせた形式**である

⑤ 蒸気ドラムおよび水ドラムの鏡板にはマンホールが設けられている

⑥ 水管ボイラーの**炉壁に配置する水管は強い放射伝熱を受けるため、炉壁の保護と伝熱効果を上げるために水冷壁が用いられる**。水冷壁管の外側は耐火物とケーシングで覆われているが、**パネル式水冷壁（メンブレムウォール）のように耐火物を省略するものもある**

⑦ 伝熱面積当たりの**保有水量が少なく、起動から所要の蒸気発生までの時間は短い**反面、**負荷変動に対する圧力や水位の変動が大きい**

⑧ 給水やボイラー水の処理は注意を要し、**特に高圧ボイラーでは厳密な管理を要する**

⑨ **低圧小容量から高圧大容量まで適している**

⑩ 立て水管ボイラーは、燃焼室内の高温ガスに接触する水管が上昇管として外側の低温燃焼ガスと接触する水管は下降管として、循環系を構成している

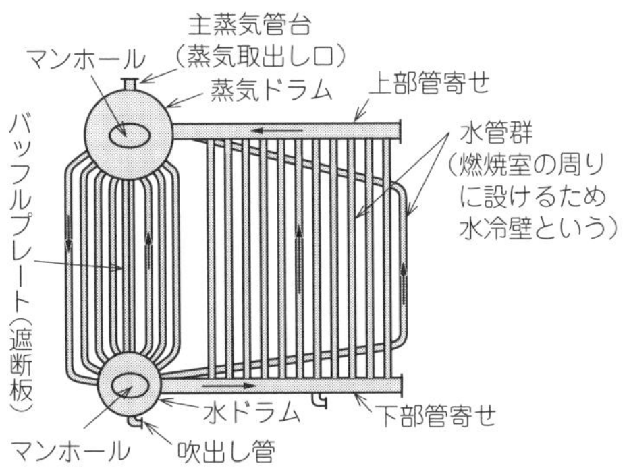

《注》水管内の矢印はボイラー水の流れを表す

●図1　2胴曲管形水管ボイラーの水循環●

2 強制循環式水管ボイラーの特徴

自然循環式水管ボイラーは、高圧になるほど蒸気と水の密度差が小さくなり循環力が低下するため、ボイラー水の**循環回路にポンプを設け、強制的にボイラー水を循環させる形式**です。

3 貫流ボイラーの特徴

① **貫流ボイラーは、管系だけで構成されているため、高圧大容量ボイラーに適している**

② 保有水量が著しく少ないので、蒸気発生までの時間は短い

③ 負荷変動による圧力および水位変動が生じやすいので、応答の早い給水量および燃料量の自動制御が必要

④ 細い管内で給水の全部あるいはほとんどが蒸発するので十分に処理された給水が必要

⑤ 暖房用、業務用工場プロセス用などの低圧の小型貫流ボイラーとして、単管式や多管式の貫流ボイラーが広く普及している

※レッスン1-3のよく出る問題は、p.166にあります。

レッスン 1-4 鋳鉄製ボイラー

重要度

鋳鉄製ボイラーの特徴

① 鋳鉄製蒸気ボイラーでは、その**使用圧力は 0.1 MPa 以下**に限られる

② 鋳鉄製ボイラーは、鋼製ボイラーに比べ**腐食に強いが、強度が弱く熱による不同膨張により割を生じやすい**

③ 鋳鉄製ボイラーの構造は、燃焼室の周囲を水冷壁構造とした**加圧燃焼方式のウェットボトム形**が広く用いられている

④ セクションの**側二重柱構造**は、セクションの強度を補強するとともに**ボイラー水の循環を促進する**（燃焼室側が上昇管、外側が下降管）

⑤ 熱接触部は、セクションの伝熱面が**多数のスタッド壁で構成され効率を上げている**

⑥ 蒸気ボイラーでは復水を循環利用するため、**給水管**はボイラーに直接ではなく、**返り管に取り付ける**

⑦ 蒸気暖房用ボイラーの返り管には、**ハートフォード式連結法**が用いられる

⑧ 前部セクションの下部には検査口、後部セクションには還水口（給水口）フランジがある

⑨ 各セクションには、**上部に蒸気連絡口、下部左右に水部連絡口**を備え、各連絡口にニップルをはめて結合している

⑩ 化学的洗浄による内部清掃は、**はがれ落ちたスケールを完全に取り出せる場合に限って行う**ようにしなければならない

⑪ 小型で据付け面積が小さいが、内部清掃や検査が難しい

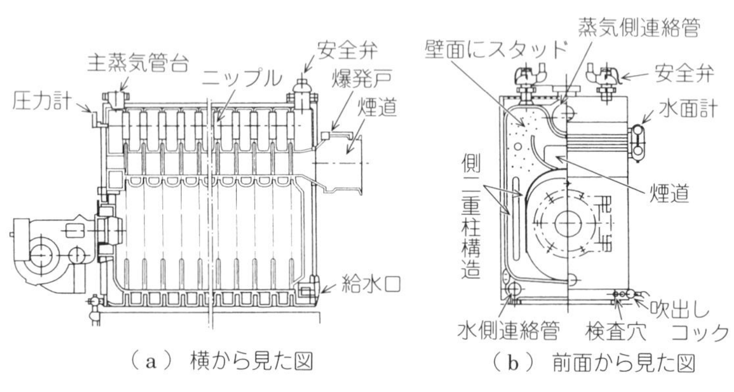

●図1 ウェットボトム形鋳鉄製ボイラーの構成図●

よく出る問題

問 1

出題頻度

鋳鉄製ボイラーの構造および特徴に関し、次のうち適切でないものはどれか。

(1)　燃焼室の周囲全部を水冷壁構造としたウェットボトム形で加圧燃焼式の鋳鉄製ボイラーが最近多く採用されている。

(2)　各セクションは、上部が1個、下部が1個または2個のニップル継手で結ばれ、蒸気または温水がこれらのニップルを通って流通する。

(3)　ボイラー本体は、外側が鋼板製の保温板で囲われ、燃焼室には、バーナ取付け口、のぞき窓などが設けられている。

(4)　爆発戸は、燃焼室、煙室または後部セクションに取り付けられている。

(5)　還水口フランジは前部セクションの下部に設けられ、検査穴は後部セクションの下部に設けられる。

解説　(5) 還水口（給水口）フランジは、**後部セクション下部に、検査穴は前部セクション下部に設けられます**（図1参照）。

問 2

出題頻度

鋳鉄製ボイラーに関し、次のうち適切でないものはどれか。

(1)　鋼製ボイラーに比べ、強度は低いが、腐食には強い。

(2)　燃焼室の底面は、ほとんどがウェットボトム方式の構造となっている。

(3)　蒸気ボイラーでは、給水管は、ボイラーに直接ではなく、逃がし管に取り付けられる。

(4)　セクション壁面に多数のスタッドを取り付け、燃焼ガスが壁面間を直上して熱接触することにより高い伝熱面負荷を得る構造になっている。

(5)　各セクションは、蒸気部連絡口および水部連絡口の部分にニップルをはめて結合されている。

解説　(3) 鋳鉄製暖房用蒸気ボイラーは、復水を循環使用するため返り管を備えています。給水管は、ボイラーに直接ではなく、この**返り管に取り付け**、温度の低い給水がボイラー内に入るのを防止しています。問題文は、輪付きボルト締め式の説明です。

解答　問1－(5)　　問2－(3)

レッスン 1-5

第一種圧力容器（圧力容器のふた締付け装置）

重要度 ///

第一種圧力容器ふた締付け装置の特徴

●表1●

ふた締付け装置	特　徴
クラッチドア式	ふた板と胴の周囲に設けたクラッチ（爪）とクラッチリングのクラッチ（爪）をかみ合わせ、クラッチリングを回転させて、ふた板を緊密に締め付ける
上下スライド式	ふた板と胴のフランジの上半周と下半周のそれぞれに爪と溝を設け、ふた板を上下にスライドさせてフランジ全周で爪とふたをかみ合わせ締め付ける
ロックリング式	ふた板を閉じた後、ふた板の外周に取り付けたロックリングを油圧シリンダで拡張し本体側フランジの溝にはめ込み、リングストッパを差し込み固定する
輪付きボルト締め式	ふた板の周りに切欠き部を設け、胴側ブラケットのボルト基部を支点として、ボルトを切欠き部にはめ込んで締め付ける
ガスケットボルト締め式	ふた板および胴の周囲に設けたフランジ部のボルト穴にボルトを差し込んで締め付ける
放射棒式	ふた板中央のハンドルを回転し、数本の放射棒を半径方向に伸ばし、その先端を胴側の受け金具に入り込ませ、ふた板を固定する

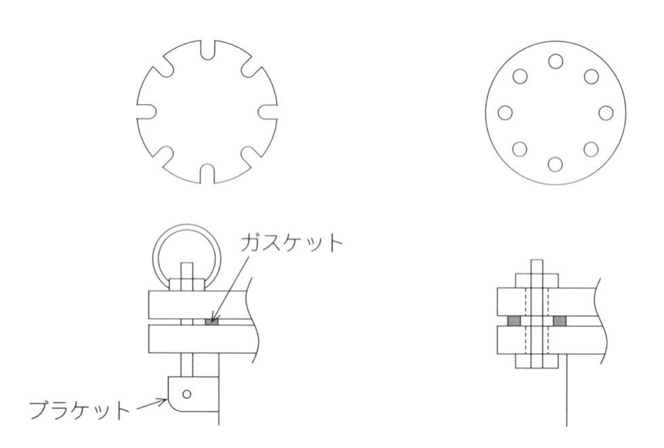

●図1●

問 1

出題頻度

圧力容器のふた締付け装置に関し、次のうち適切でないものはどれか。

(1)　クラッチドア式は、ふた板および胴の周囲に設けた爪とクラッチリングの爪を、クラッチリングを回転させてかみ合わせ、ふた板を緊密に締め付ける。

(2)　上下スライド式は、ふたの外側の周囲に取り付けたロックリングを油圧シリンダでスライドさせて本体側フランジの溝にはめ込み、リングストッパを差し込んで固定する。

(3)　輪付きボルト締め式は、ふた板の周りに切欠き部を設け、胴側ブラケットのボルト基部を支点として、ボルトを切欠き部にはめ込んで締め付ける。

(4)　ガスケットボルト締め式は、ふた板および胴の周囲に設けたフランジ部のボルト穴にボルトを差し込んで締め付ける。

(5)　放射棒式は、ふた板中央のハンドルを回転し、数本の放射棒を半径方向に伸ばして、その先端を胴側の受け金具に入り込ませ、ふた板を固定する。

解説　(2) 上下スライド式は、**胴とふた板のフランジの上半周と下半周のそれぞれに設けた爪と溝を、ふた板を上下にスライドさせてフランジ全周でかみ合わせ、ふた板を締め付ける**ものです。問題文は、ロックリング式の説明になります。

問 2

出題頻度

圧力容器のふた締付け装置に関し、次のうち適切でないものはどれか。

(1)　クラッチドア式は、ふた板および胴の周囲に設けた爪に、クラッチリングを回転させてかみ合わせ、ふた板を締め付ける。

(2)　上下スライド式は、胴とふた板のフランジの上半周と下半周のそれぞれに設けた爪と溝を、上下にスライドさせてフランジ全周でかみ合わせ、ふた板を締め付ける。

(3)　ガスケットボルト締め方式は、ふた板の周りに切欠き部を設け、胴側ブラケットのボルト基部を支点として、ボルトを切欠き部にはめ込んで、締め付ける。

(4)　ロックリング式は、ふたの外側の周囲に取り付けたロックリングを、油圧シリンダで拡張して本体側フランジの溝にはめ込み、リングストッパを差し込んで固定する。

(5)　放射棒式は、ふた板中央のハンドルを回転し、数本の放射棒を伸ばして、その先端を胴側の受け金具に入り込ませ、ふた板を固定する。

解説　(3) ガスケットボルト締め方式は、**ふた板および胴の周辺に設けたフランジ部のボルト穴にボルトを差し込んで締め付ける方式**です。問題文は、輪付きボルト締め式の説明です。

解答　問1－(2)　　問2－(3)

レッスン 1 ボイラーおよび圧力容器の定義および構造のおさらい問題

ボイラーおよび圧力容器の定義および構造に関する以下の設問について、正誤を○、×で、また選択肢より該当するものを答えよ。

■ 1-1　ボイラーおよび圧力容器の定義		
1	ボイラーは、一般に、火気、高温ガスまたは電気を熱源とし、水または［ A ］を［ B ］して、蒸気または温水をつくり、これを［ C ］する装置である。 ① 熱媒　② 液体　③ 蒸留　④ 加熱 ⑤ 他に供給　⑥ 内部に保有	A：①　B：④　C：⑤
2	圧縮気体のみをその内部に保有する容器は、第一種圧力容器である。	×：表記の容器は第二種圧力容器
■ 1-2　丸ボイラー（炉筒煙管ボイラー）		
3	ボイラーの分類上、丸ボイラーに該当しないものは、次のうちどれか。 ① 炉筒煙管ボイラー　② 貫流ボイラー ③ 立てボイラー　④ 煙管ボイラー	②
4	ボイラーの分類上、丸ボイラーに該当するものは次のうちどれか。 ① 鋳鉄製ボイラー　② 強制循環式水管ボイラー ③ 炉筒煙管ボイラー　④ 貫流ボイラー	③
5	炉筒煙管ボイラーは、他の丸ボイラーに比べ、構造が複雑であるが内部は広く、掃除や検査が容易であり、良質のボイラー水を必要としない。	×：内部が狭く掃除や検査が困難なため、良質のボイラー水を必要とする
6	炉筒煙管ボイラーは、水管ボイラーに比べ、負荷変動による圧力変動が大きい。	×：伝熱面積当たりの保有水量が多いので、負荷変動による圧力の変動が小さい
7	炉筒煙管ボイラーは、水管ボイラーに比べ、伝熱面積当たりの保有水量が多いので、負荷変動による水位の変動が小さい。	○
■ 1-3　水管ボイラーおよび貫流ボイラー		
8	自然循環式水管ボイラーは、高圧になるほど蒸気と水との密度差が大きくなり、ボイラー水の循環力が強くなる。	×高圧になるほど蒸気と水との密度差が小さくなり、ボイラー水の循環力が**弱く**なる
9	立て水管式ボイラーは、燃焼室内で高温燃焼ガスに接触する内側の水管は上昇管とし、低温燃焼ガスと接触する外側の水管は下降管として循環系を構成している。	○
10	ボイラーの分類上、水管ボイラーに該当しないものは次のうちどれか。 ① 自然循環ボイラー　② 立てボイラー ③ 強制循環ボイラー　④ 貫流ボイラー	②

11	水管ボイラーの水冷壁管は、高温ガスとの接触によって熱を受け、高い蒸発率を示す接触伝熱面となるとともに、炉壁を保護する。	×：水冷壁管は、火炎からの強い放射熱を受け、高い蒸発率を示す放射伝熱面となる
12	水管ボイラーは伝熱面積当たりの保有水量が大きいので、負荷変動によって圧力および水位が変動しにくい。	×：伝熱面積当たりの保有水量が小さいので、圧力および水位の変動が大きい
13	伝熱面積当たりの保有水量が小さいので、起動から所要蒸気発生までの時間が短い。	○
14	貫流ボイラーは、管系だけで構成され、蒸気ドラムおよび水ドラムがないので、高圧ボイラーに適していない。	×：高圧ボイラーに適しており、超臨界圧力のボイラーは全て貫流式
■ 1-4　鋳鉄製ボイラー		
15	化学的洗浄による内部清掃は、はがれ落ちたスケールを完全に取り出せる場合に限って行うようにする。	○
16	還水口のフランジは前部セクションの下部に設けられ、検査穴は後部セクションの下部に設けられている。	×：還水口は後部セクションの下部、検査穴は前部セクションの下部に設けられる
17	燃焼室の底面は、ほとんどがドライボトム方式の構造となっている。	×：燃焼室の底面は、ウェットボトム方式
18	鋼製ボイラーに比べ、強度は低いが、腐食に強く、熱による不同膨張にも強い。	×：熱による不同膨張には弱い
19	蒸気ボイラーでは、給水管は、ボイラーに直接ではなく、逃がし管に取り付けられる。	×：逃がし管ではなく、返り管に取り付ける
20	温水ボイラーでは、復水を循環使用するため、給水管は、ボイラーに直接取り付けられる。	×：蒸気ボイラーに直接ではなく、返り管に取り付ける
21	側二重柱構造のセクションでは、燃焼室側がボイラー水の下降管、外側が上昇管の役割を果たす。	×：燃焼室側がボイラー水の上昇管、外側が下降管の役割を果たす
■ 1-5　第一種圧力容器（圧力容器のふた締付け装置）		
22	ガスケットボルト締め方式は、ふた板の周りに切欠き部を設け、胴側ブラケットのボルト基部を支点として、ボルトを切欠き部にはめ込んで、締め付ける。	×：表記は輪付きボルト締め方式の説明
23	輪付きボルト締め方式は、ふた板および胴のフランジに設けた切欠き部にボルトを差し込んで、ふた板を締め付ける。	×：表記はガスケットボルト締め方式の説明
24	上下スライド式は、ふたの外側の周囲に取り付けたロックリングを油圧シリンダでスライドさせて本体側フランジの溝にはめ込み、リングストッパを差し込み固定する。	×：表記はロックリング式の説明
25	上下スライド式は、胴とふた板のフランジの上半周と下半周のそれぞれに設けた爪と溝を、上下にスライドさせてフランジ全周でかみ合わせ、ふた板を締め付ける。	○

間違えたら、各レッスンに戻って再学習しよう！

問 1

出題頻度

水管ボイラーまたは貫流ボイラーに関し、次のうち適切でないものはどれか。

(1) 自然循環式水管ボイラーは、高圧になるほど蒸気と水との密度差が大きくなり、ボイラー水の循環力が強くなる。

(2) 2胴形水管ボイラーは、炉壁内面に水管を配した水冷壁と、上下ドラムを連絡する水管群を組合わせたものが一般的である。

(3) 水管ボイラーの水冷壁は、燃焼室炉壁に水管を配置したもので、火炎の放射熱を吸収するとともに、炉壁を保護する。

(4) 水管ボイラーは給水およびボイラー水の処理に注意を要し、特に高圧ボイラーでは厳密な水管理を行う必要がある。

(5) 水管ボイラーは、伝熱面積当たりの保有水量が小さいので、起動から所要蒸気発生までの時間が短い。

解説 (1) 自然循環式水管ボイラーでは、圧力が高くなると蒸気が圧縮され密度が大きくなるため、**水と蒸気の密度差が小さくなり、ボイラー水の循環力は弱くなります。**

問 2

出題頻度

水管ボイラーに関し、次のうち適切でないものはどれか。

(1) 自然循環式水管ボイラーは、加熱によって水管内に発生する蒸気により、密度が減少することを利用して、ボイラー水に自然循環を行わせるものである。

(2) 曲管形水管ボイラーは、炉壁内面に水管を配した水冷壁と上下ドラムを連絡する水管群を組合わせた形式のものが一般的である。

(3) 立て水管式ボイラーは、燃焼室内面の高温ガスに接触する水管は上昇管とし、外側の低温燃焼ガスと接触する水管は下降管として循環系を構成している。

(4) 高圧になるほど蒸気と水との密度差が小さくなるため、強制循環式水管ボイラーは、循環ポンプの駆動力を利用して、ボイラー水の循環を行わせるものである。

(5) 貫流ボイラーは、管系だけから構成され、蒸気ドラムおよび水ドラムを要しないので、高圧ボイラーに適していない。

解説 (5) 水管だけで構成されているため、**高圧大容量ボイラーに適しています。**

解答 問1－(1)　問2－(5)

レッスン 2 材料および工作

レッスン 2「材料および工作」では、毎回 2 問以上の出題があります。出題数の多い項目は、2-1「金属材料」、2-2「ボイラーの工作」、2-3「溶接」の順になります。

出題数の多い問題は、炭素鋼に含まれる脱酸剤と不純物の種類、炭素鋼の炭素を増やした時の性質の変化、ユニオンメルト溶接と呼ばれる自動溶接の問題などが出題されています。

その他の問題は、あまり偏りもなく出題されています。

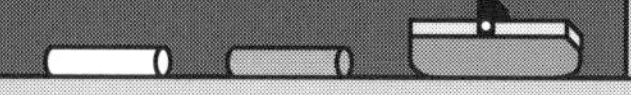

- 2-1「金属材料」に関する問題は、ほぼ毎回出題され、①炭素鋼、②鋳鋼、③鋳鉄、④銅合金に関する問題が多く出題されています。また、JIS の名称および記号に関する問題も 1 回出題されています。
- 2-2「ボイラーの工作」の出題傾向としては、①胴、②鏡板、③炉筒、④管類の加工に関する問題が出題されていますが、胴および鏡板が多く出題されています。
- 2-3「溶接」に関する問題の出題傾向は、①サブマージアーク溶接、②突合せ両側溶接および片側溶接、③自動溶接などの特徴が出題されています。
- 2-4「ボイラーの据付け」に関しては、①不定形耐火物に関する問題は、平成 27 年以降この項目での出題がなく、2 学期のレッスン 3「補修用材料」の 3-1「炉壁材」で出題されていますので、説明はそちらでまとめました。②爆発戸に関する出題は、同様の内容で 2 回出題されています。丸ボイラーと水管ボイラーの爆発戸の設置場所の違いを理解しておきましょう。

レッスン 2-1 金属材料

重要度 ✎✎✎

1 炭素鋼の特徴

① 鉄と炭素に脱酸剤（ケイ素、マンガン）、若干の不純物（リン、硫黄）が含まれる
② 圧延鋼材や鋼管、鍛鋼品や鋳鋼品に加工される
③ 炭素量が増すと硬度は増すが、展延性が減少する
④ 軟鋼、中鋼、硬鋼に大別され、ボイラー用は炭素量 0.1 ～ 0.2％の軟鋼を使用する
⑤ 溶接に使用するものは、炭素量 0.3％以下のものを使用する
⑥ 不純物のリンや硫黄は鋼材をもろくする
⑦ 強度が大きく、じん性に富み、安価であるが、錆びやすい

【日本産業規格（JIS）の用途別鋼材の規格の名称および記号（抜粋）】

・ボイラおよび圧力容器用炭素鋼およびモリブデン鋼鋼板（SB）
・溶接構造用圧延鋼材（SM）
・圧力容器用鋼板（SPV）
・ボイラ・熱交換器用合金鋼鋼管（STBA）
・ボイラ・熱交換器用ステンレス鋼鋼管（SUS）
・圧力配管用炭素鋼鋼管（STPG）
・高圧配管用炭素鋼鋼管（STS）

2 炭素鋼以外のボイラー材料

● 表1 ●

種　類	特　徴
鋼管	インゴットから高温加工または常温加工により継ぎ目なく製造したり、帯鋼を巻いて電気抵抗溶接によって製造する
鍛鋼	インゴットから鍛造によって成形した後、機械加工により仕上げる
鋳鋼	電気炉で溶解し、完全に脱酸した溶鋼を鋳型に注入し成形する。鋳造したままのものは著しくもろいので、約 950℃で焼きなましなどの熱処理を行う
鋳鉄	炭素量 1.7％以上の鉄・炭素の合金で、強度が低く、もろくて展延性に欠けるので、鍛造や圧延はできないが、溶融点が低く流動性が良いので、複雑な形状が作成できる
銅合金	耐食性があり、加工が容易で強度もかなり大きいが、価格が高く、高温下での強度低下が著しい欠点がある。バルブやコックに使われる
オーステナイト系ステンレス鋼（SUS 304、316）	鉄にクロムとニッケルを加えたもので、耐食性、耐熱性、機械加工性、溶接性に優れ広く使用されているが、孔食腐食割れ、応力腐食割れを生ずるものもある
クラッド鋼	炭素鋼材の片面または両面に、ステンレス鋼やチタンなどの薄い金属板を合わせ材として圧着または爆着し、表面の耐食性を高めた複合材

問 1

出題頻度

ボイラー用材料に関し、次のうち適切でないものはどれか。

(1) 炭素鋼には、鉄と炭素の他に、脱酸剤としてのケイ素やマンガン、不純物としてのリンや硫黄が含まれている。

(2) 炭素鋼は、軟鋼、中鋼、硬鋼に大別され、ボイラー用材料としては主に軟鋼が使用される。

(3) 鋳鉄は、強度が小さく、もろくて展延性に欠けるが、融点が低く流動性が良いので、鋳造によって複雑な形状の鋳物を製造できる。

(4) 鋼管は、インゴットから高温加工または常温加工により継ぎ目なく製造したり、帯鋼を巻いて電気抵抗溶接によって製造する。

(5) 鋳鋼品は、通常、電気炉で融解し、脱酸した溶鋼を鋳型に注入して成形した後、鍛造や圧延によって所要の形状や寸法に仕上げる。

解説 (5) 鋳鋼は、鋳造したままのものは著しくもろいので、**950℃で焼きなましを行います。**

問 2

出題頻度

ボイラーや圧力容器に使用する金属材料に関し、次のうち適切でないものはどれか。

(1) 銅合金は、耐食性があり加工が容易であるが、高温下では強度低下が著しい。

(2) 鍛鋼品は、インゴットから鍛造によって成形した後、一般に、機械加工によって所要の形状や寸法に仕上げる。

(3) 鋳鋼品は、通常電気炉で融解し、脱酸した溶鋼を鋳型に注入して成形した後、焼きなましなどの熱処理を行う。

(4) オーステナイト系ステンレス鋼は、鉄にクロムおよびニッケルを加えた耐食合金鋼で、応力腐食割れを起こさず、耐熱性、加工性および溶接性も優れている。

(5) クラッド鋼は、炭素鋼材の片面または両面に合わせ材としてステンレス鋼やチタンなどの薄い金属板を圧着または爆着して完全に金属結合させ、表面の耐食性などを高めている。

解説 (4) オーステナイト系ステンレス鋼は、**孔食腐食割れ**や**応力腐食割れ**を生じてしまうことがあります。

解答 問1－(5)　　問2－(4)

レッスン 2-2 ボイラーの工作

重要度 

ボイラーの加工の特徴

● 表1 ●

加工名	特　徴
胴の曲げ加工	・曲げローラまたは水圧プレスで行う ・板厚が **38 mm 程度までのもの**は、**曲げローラ**が仕上がりもよく能率的である ・板厚が **38 mm を超えるもの**は、**水圧プレス**を使用する
鏡板の加工	・鋼板を**切断し加熱後プレスにより押し抜き成形**するか、**縁曲げ機によって**成形する ・曲げ加工後、胴に取り付ける端面に必要な**開先加工**を行う
管板の加工	・煙管ボイラーの管板は、**鋼板上に展開寸法をけがき、切断後縁曲げ機**により成形する
炉筒の加工	・波形炉筒は、**厚板でない場合には、円筒形に作られたものを特殊ロール機**を用いて波形に加工する。 ・**厚板は、炉内で加熱し、型を用いてプレス**により成形する
管類の加工	・管曲げ後も断面が**真円**であるように行う ・通常、管曲げ機を用いて、常温で加工するが、厚肉大径管では内部に**小石や砂利を詰め、加熱して曲げる方法**が用いられる
管の取付け	・管の取付けは、ころ広げ法によるが、ころ広げが強すぎると管板や管を損傷し弱いと漏れの原因となる。煙管が火炎に触れる端部は過熱を防ぐため、ころ広げ後、縁曲げを行う ・水管、過熱管、煙管および管ステーは、**溶接**により取り付けることができる ・**管ステー**は、**ねじ込む**かまたは**溶接により管板に取り付け、ねじ込む場合は火炎に触れる端部を縁曲げする** ・管取付部の周囲は、**漏れ止め溶接**を行うことができる

よく出る問題

問 1

出題頻度

ボイラーの工作に関し、次のうち適切でないものはどれか。

(1)　胴の曲げ加工では、板厚 38 mm 程度までの鋼板には曲げローラを使用するが、それより厚い鋼板には水圧プレスを使用する。

(2)　鏡板は、鋼板を切断後、常温で曲げローラによって成形してから胴に取り付ける端面に必要な開先加工を行う。

(3)　ころ広げによって水管を取り付けるとき、ころ広げが強すぎると管板や水管を損傷し、弱いと漏れの原因となる。

(4)　波形炉筒は、厚板でない場合は、鋼板を曲げ加工と溶接によって円筒形としたものを特殊ロール機を用いて波形に成形する。

(5)　水管、過熱管および管ステーは、溶接により取り付けることができる。

解説　(2) 鏡板は、鋼板を切断後、**加熱してプレスで押し抜き成形するか縁曲げ機により成形してから**、胴に取り付ける端面に必要な開先加工を行います。

問 2

出題頻度

ボイラーの工作に関し、次のうち適切でないものはどれか。

(1)　胴の曲げ加工では、板厚が 38 mm 程度までの鋼板には水圧プレスを使用するが、それより厚い鋼板には曲げローラを使用する。

(2)　鏡板は、鋼板を切断後、鋼板をプレスによって成形するか、または縁曲げ機によって成形する。

(3)　水管ボイラーの水管の管曲げ加工は、厚肉の大径管の場合は、管曲げ後も断面が真円となるように内部に小石や砂を詰め、加熱して行う。

(4)　煙管は、ころ広げ法または溶接により管板に取り付け、ころ広げだけで行うときは火炎に触れる端部を縁曲げする。

(5)　波形炉筒は、厚板でない場合は、鋼板を曲げ加工と溶接によって円筒形としたものを特殊ロール機を用いて波形に成形する。

解説　(1) **板厚 38 mm 程度までは曲げローラ**を使用し、**それより厚板の場合は水圧プレス**を用いて加工します。

問 3

出題頻度

ボイラーの工作に関し、適切でないものは次のうちどれか。

(1)　鏡板は、鋼板を切断後プレスによって成形するか、または縁曲げ機によって成形する。

(2)　波形炉筒は、鋼板を特殊ロール機を使用して波形に成形したものを、溶接などによって円筒形に加工する。

(3)　胴板の曲げ加工では、一般に、板厚が 38 mm 程度までの鋼板には曲げローラを、それより厚い鋼板には水圧プレスを使用する。

(4)　煙管の管板への取り付けは、ころ広げのみまたは溶接と軽いころ広げによるが、ころ広げのみで行うときは火炎に触れる端部を縁曲げする。

(5)　水管ボイラーの水管の管曲げ加工は、管曲げ後も断面が真円となるようにする。

解説　(2) 波形炉筒は、**溶接により円筒形**に作ったものを**特殊ロール機を用いて波形に成形**します。

解答　問 1 －(2)　　問 2 －(1)　　問 3 －(2)

レッスン 2-3 溶接

重要度

1 アーク溶接の種類および特徴

●表1●

種類	特徴
被覆アーク溶接	・被覆剤を塗った溶接棒と母材の間に発生するアーク熱を利用して溶接を行う
サブマージアーク溶接	・一般にユニオンメルト溶接とも呼ばれ、自動溶接として広く用いられている ・ワイヤに大電流を流すことができ溶接速度が速く、十分な溶込みが得られる ・ボイラーや圧力容器のドラムの溶接に用いられる

2 溶接作業要領

●表2●

作業項目	特徴
手溶接	・できるだけ下向き溶接で行う
突合せ両側溶接	・裏溶接を行う前に裏はつりをていねいに行う ・一層目の溶込み不良部分を除去することができるので良い溶込みを得られる
突合せ片側溶接	・一層目の溶込み不良部分を除去することができないので、溶接不良に注意する。ある一定の継手に使用が制限されている
自動溶接	・手動溶接以上に、開先の精度や開先合せの精度が要求される ・溶接条件に不都合があると、ビート全体に欠陥を生ずるおそれがある
熱処理	・溶接部の残留応力の緩和および溶接部を軟化し溶接部の性質を向上させる ・炉内加熱による熱処理方法が主に用いられるが、現地での溶接では局部加熱による方法が用いられる
溶接部の検査	・機械試験などの破壊検査と放射線検査などの非破壊検査がある ・破壊検査は、溶接部の強度を試験する ・目視（微細なものは浸透探傷、磁粉探傷）による検査は、アンダカット、オーバラップ、縦割れ、横割れを検査する ・非破壊検査（放射線検査、磁粉深傷、超音波深傷試験）は、溶込み不良、融合不良、硫黄割れ、ビート下割れなどを検査する

問 1

出題頻度

ボイラーの溶接工作に関し、次のうち適切でないものはどれか。

(1)　被覆アーク溶接は、被覆剤を塗った溶接棒と母材との間に発生したアーク熱を利用する溶接方法である。

(2)　自動溶接は、開先精度が低いとビート全体に欠陥が生じるおそれがある。

(3)　突合せ片側溶接は、一層目の溶込み不良部分を除去することができるので、良い溶込みを得ることができる。

(4)　溶接後熱処理は、炉内加熱または局部加熱によって行い、溶接部の残留応力を緩和するとともに、溶接部の性質を向上させる。

(5)　溶接部に生じる欠陥のうち、一般に、表面に開口していない融合不良は、放射線透過試験または超音波深傷試験によって探知する。

解説　(3) 突合せ片側溶接は、**一層目の溶込み不良を除去することができない**ので、溶接不良に注意が必要です。

問 2

出題頻度

ボイラーの溶接工作に関し、次のうち適切でないものはどれか。

(1)　サブマージアーク溶接は、自動溶接で、溶接速度が速く、十分な溶込みが得られるため、ボイラーの胴などの溶接に広く用いられている。

(2)　突合せ両側溶接は、一層目の溶込み不良部分を除去することができるので、良い溶込みを得ることができる。

(3)　自動溶接は、手溶接に比べて、開先精度が低い場合でも、ビート全体にわたる欠陥が生じることが少ない。

(4)　溶接後熱処理は、炉内加熱または局部加熱によって行い、溶接部の残留応力を緩和するとともに、溶接部の性質を向上させる。

(5)　溶接部に生じる欠陥のうち、通常、表面に開口していないビート下割れは、非破壊検査によって探知する。

解説　(3) 自動溶接は、手動溶接以上に開先精度が要求されます。**開先精度が低いと、ビート全体に欠陥を生じる**おそれがあります。

解答　問１－(3)　　問２－(3)

レッスン 2-4 ボイラーの据付け

重要度

1 不定形耐火物

不定形耐火物の説明および問題は、2学期レッスン3「補修材料」の3-1「炉壁材」にまとめて記載してあります。

2 爆発戸

① 重油、ガスまたは微粉炭だきボイラーのれんが壁には、爆発戸を設けることが多い

② 水管ボイラーの爆発戸は、燃焼室側の上部およびガスだまりになるガス通路の上部に設ける

③ 丸ボイラーの爆発戸は、炉筒または燃焼室の突き当たりの煙道上部に設ける

④ 爆発戸が開いたとき作業員に危害をおよぼすおそれのない位置および構造とする

⑤ 爆発戸からガスが吹出した場合に火災発生のおそれがないようにする

問 1

出題頻度

爆発戸に関し、次のうち適切でないものはどれか。

(1) 重油、ガスだきボイラーのれんが壁には、爆発戸を設けることが多い。

(2) 水管ボイラーでは、燃焼室側壁の下部およびガスだまりになるガス通路の下部に爆発戸を設ける。

(3) 丸ボイラーでは、炉筒または燃焼室の突き当たりの煙道の上部に爆発戸を設ける。

(4) 爆発戸は、戸が開いたときに作業員に危害をおよぼすおそれのない位置および構造とする。

(5) 爆発戸は、戸が開いてガスが吹き出した場合に、火災発生のおそれがないようにする。

解説 (2) 水管ボイラーの爆発戸は、**燃焼室側壁の上部**およびガスだまりになる**ガス通路の上部**に設けます。また、丸ボイラーの爆発戸は、炉筒または燃焼室の突き当りの**煙道上部**に取り付けられます。

解答 問1－(2)

レッスン 2 材料および工作のおさらい問題

材料および工作に関する以下の設問について、正誤を○、×で、また選択肢より該当するものを答えよ。

■ 2-1 金属材料		
1	炭素鋼は、炭素量が多くなると展延性は増すが、強度と硬度は低下する。	×：炭素量が多くなると強度と硬度は増し展延性は低下する
2	炭素鋼は加工が容易であるが、錆やすい欠点がある。	○
3	炭素鋼は、軟鋼、中鋼および硬鋼に大別され、ボイラー用材料としては主に硬鋼が使用される。	×：ボイラーには炭素量0.1～0.2%の軟鋼が使用される
4	炭素鋼には、鉄や炭素のほかに、脱酸剤としてリンや硫黄が、不純物としてケイ素やマンガンが含まれている。	×：脱酸剤としてケイ素やマンガン、不純物としてリンや硫黄が含まれる
5	炭素鋼は、強度が大きく錆びにくいが、じん性に乏しい。	×：炭素鋼は錆びやすい欠点がある
6	炭素鋼は、鋳鉄に比べじん性に富むが強度は小さい。	×：じん性に富み強度も大きい
7	鋳鉄は、強度が低くもろくて展延性に欠けるが腐食に強く、また、融点が低く流動性が良いので、鋳造によって複雑な形状の鋳物を製造できる。	○
8	鋳鋼品は、通常、電気炉で融解し、脱酸した溶鋼を鋳型に注入して成形した後、鍛造や圧延によって所要の形状や寸法に仕上げる。	×：成形した後、約950℃で焼きなましを行う
9	鋳鋼は、鋳造したままのものでは著しくもろいので、必ず約1 100℃で焼入れする。	×
10	銅合金は、耐食性があり、加工が容易で、高温でも強度が低下しないが、軟鋼に比べ、価格が高い。	×：高温での強度低下が著しい欠点がある
11	オーステナイト系ステンレス鋼は、鉄にクロムおよびニッケルを加えた耐食合金鋼で、応力腐食割れを起こさず、耐熱性、加工性および溶接性も優れている。	×：孔食腐食割れ、応力腐食割れを起こす場合がある
12	日本産業規格の鋼種の規格の名称および記号の組合せとして、誤っているものは①～⑤のうちどれか。 鋼種の規格の名称　鋼種の記号 ① ボイラおよび圧力容器用炭素鋼およびモリブデン鋼鋼板　SB ② 溶接構造用圧延鋼材　SM ③ 高圧配管用炭素鋼鋼管　STS ④ 圧力配管用炭素鋼鋼管　STPT ⑤ ボイラ・熱交換器用合金鋼鋼管　STBA	④：圧力配管用炭素鋼鋼管はSTPG

■ 2-2　ボイラーの工作

13	胴板の曲げ加工では、一般に、板厚が 38 mm 程度までの鋼板には水圧プレスを使用するが、それより厚い鋼板には曲げローラを使用する。	×：板厚が 38 mm 程度までの鋼板には曲げローラ、それより厚い鋼板には水圧プレスを使用する
14	胴板の曲げ加工では、一般に、板厚が最大 58 mm 程度までの鋼板には曲げローラを使用するが、それより厚い鋼板には水圧プレスを使用する。	×
15	鏡板は、鋼板を切断後、常温で曲げローラによって成形してから、胴に取り付ける端面に必要な開先加工を行う。	×：切断後、加熱してプレスで押し抜き成形するか、縁曲げ機によって成形してから開先加工を行う
16	煙管で火炎に触れる一端は、過熱を防ぐため、ころ広げ後、縁曲げを行う。	○
17	波形炉筒は、厚板の場合には、鋼板を曲げ加工と溶接によって円筒形としたものを特殊ロール機を用いて波形に成形する。	×：円筒形にしたものを炉内で加熱し、型を用いプレスにより成形する
18	波形炉筒は、鋼板を曲げ加工と溶接によって円筒形としたものを特殊ロール機を使用して波形に成形してから、外周に補強リングを溶接する。	×：波形炉筒は、補強リングは取り付けない
19	波形炉筒は、直径および長さが増すに従い強度が低下するので、外周に補強リングを溶接する。	×
20	波形炉筒は、鋼板を特殊ロール機を使用して波形に成形したものを、溶接等によって円筒形に加工する。	×：鋼板を曲げ加工と溶接で円筒形としたものを、特殊ロール機により波形に成形する

■ 2-3　溶接

21	自動溶接は、手溶接に比べて、開先精度が低い場合でも、ビート全体にわたる欠陥が生じることが少ない。	×：手溶接以上に開先精度が要求される
22	炭酸ガスアーク溶接は、ユニオンメルト溶接とも呼ばれる自動溶接で、溶接速度が速く、十分な溶込みが得られる。	×：表記はサブマージアーク溶接の内容
23	溶接部に生じる欠陥のうち、アンダカットや縦割れなどは破壊検査によって検査し、溶込み不良やビート下割れなどは非破壊検査によって検査する。	×：アンダカットや縦割れなども非破壊検査によって検査する
24	突合せ両側溶接は、一層目の溶込みが十分に得られるので、裏はつりを省略することができる。	×：裏溶接を行う前に裏はつりをていねいに行う
25	突合せ片側溶接は、一層目の溶込み不良部分を除去することができるので、良い溶込みを得ることができる。	×：突合せ片側溶接は一層目の溶込み不良部分を除去できないので、使用が制限される

■ 2-4　ボイラーの据付け

※不定形耐火物は、2 学期レッスン 3-1「炉壁材」にまとめた

26	丸ボイラーでは、炉筒または燃焼室の突当りの煙道の下部に爆発戸を設ける。	×：炉筒または燃焼室の突当りの煙道の上部に設ける
27	水管ボイラーでは、燃焼室側壁の上部およびガスだまりになるガス通路の上部に爆発戸を設ける。	○

レッスン 3 附属設備および附属装置

レッスン 3「附属設備および附属装置」に関しても、ほぼ毎回 2〜3 問が出題されています。

出題数の多い項目は、3-2「安全装置（安全弁、逃がし弁、逃がし管）」、3-3「指示器具類（圧力計、水面計、流量計）」で、他の項目は、ほぼ同じような出題数でまんべんなく出題されています。

レッスン 3 は項目数が多いのですが、特に出題数による偏りは少なく、平均して出題されています。各レッスンの「よく出る問題」を覚えるようにしましょう。

- 3-1「附属設備」は、空気予熱器の出題が多く、過熱器およびエコノマイザは各1問出題されています。①空気予熱器（低温腐食、通風抵抗、再生式空気予熱器の設置されるボイラーの容量）、②過熱器（安全弁の吹き出す順番）、③エコノマイザ（機能）などが出題されています。
- 3-2「安全装置（安全弁、逃がし弁、逃がし管）」の出題傾向としては、①全量式安全弁の吹出し面積を決める部分、②安全弁と逃がし弁の作動する流体の違いおよび、それにともなう出口側の形状の違い、③逃がし管の弁の取り付けに関する出題が多いです。
- 3-3「指示器具類（圧力計、水面計、流量計）」に関しては、3種類の指示器具がほぼ同数出題されており、偏りは少ないです。①「圧力計」では、ボイラーに取り付ける方法、②「水面計」では、ガラス管を取り付ける位置および平形反射式水面計や二色水面計の水位の確認方法、③「流量計」に関しては容積式流量計に関する問題が多く出題されています。
- 3-4「送気系統装置」は、①気水分離器、沸水防止管、②主蒸気弁、逆止め弁、③減圧弁、④スチームトラップなどから出題されます。項目が多いため、各装置の出題数は多くありません。
- 3-5「給水装置」に関係する機器は、給水ポンプ、給水ストレーナ、給水弁、給水逆止め弁、給水内管、給水タンクなどと多いため、送気系統装置と同様に、各装置の出題数は少なく給水装置としての出題が多くなっています。解答に関係する機器としては、①給水ポンプ（ディフューザポンプとうず巻ポンプの違い）、②給水弁と給水逆止め弁の取り付ける位置、③給水内管に関して出題されています。
- 3-6「吹出し装置」の出題傾向としては、①急開弁と漸開弁の位置、②仕切弁・Y形弁を使用する目的などが出題されています。

レッスン 3-1 附属設備

重要度

1 過熱器の特徴

① ボイラーで発生する飽和蒸気をさらに過熱して過熱蒸気を作る設備である

② 過熱器には、**放射形、対流形、放射・対流形**がある

2 節炭器（エコノマイザ）の特徴

① 節炭器は、煙道に設けて、排ガスの余熱を回収して給水を予熱してボイラー効率を高める設備である

② 一般に、フィン付き鋼管またはステンレス鋼管および管寄せで構成されている

③ 燃焼側は、**重油燃焼の場合**、燃料中の硫黄の燃焼により発生した硫酸で**低温腐食を発生**する。また、**ガス燃焼の場合は**、炭酸ガスによる**低 pH 凝縮水の腐食が発生**する

3 空気予熱器の特徴

① 燃焼ガスで燃焼用空気を予熱することにより、ボイラー効率を高める装置である。反面、燃焼温度が高くなり、**窒素酸化物（NO_x）の発生が増加する**傾向にある

② 燃焼用空気温度が高くなることにより、燃料の着火および燃焼を良好に行える

③ 中小容量のボイラーには、鋼管またはプレートを用いた熱交換式（伝導式）空気予熱器が使用される

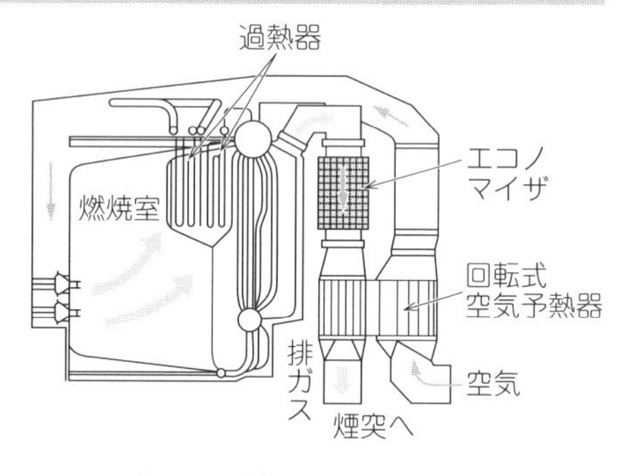

図1 附属設備の配置例

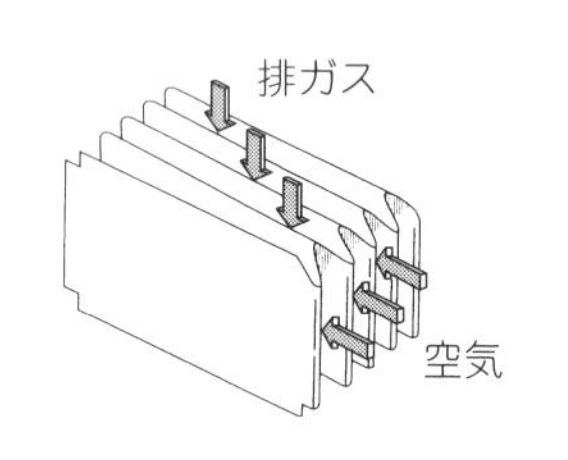

（a） プレート形（伝導式）空気予熱器の例

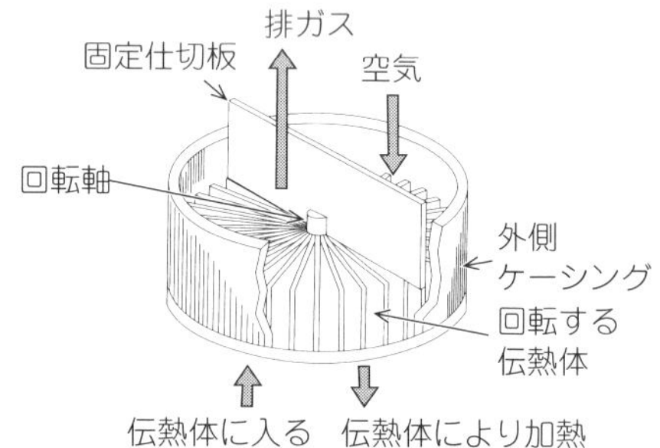

（b） 回転式（再生式）空気予熱器の例

図2 空気予熱器の例

④　熱交換式（伝導式）空気予熱器は、燃焼ガスの熱を、伝熱面を隔てて空気側に移動させる
⑤　大容量のボイラーには、再生式空気予熱器が使用される
⑥　再生式空気予熱器は、燃焼ガスで加熱された伝熱エレメントが、空気側に移動して空気を予熱する構造である
⑦　燃焼ガス側には、エコノマイザと同様に燃焼ガス中の硫酸蒸気が凝縮して**低温腐食が発生しやすい**
⑧　通風抵抗はエコノマイザより大きい

よく出る問題

問 1

出題頻度

ボイラーの附属設備に関し、次のうち適切でないものはどれか。

(1)　エコノマイザは、煙道に設置して排ガスの余熱を回収し、給水の予熱に利用する装置である。
(2)　エコノマイザは、一般に、フィン付き鋼管またはステンレス鋼管および管寄せにより構成されている。
(3)　硫黄を含む燃料の場合、エコノマイザの燃焼ガス側には、低温腐食が発生しやすい。
(4)　空気予熱器は、燃焼用空気温度が高くなるので、燃料の着火、燃焼を良好にする効果がある。
(5)　中小型ボイラーには、一般に、再生式空気予熱器が使用され、大型ボイラーには伝導式（熱交換式）空気予熱器が使用される。

解説　(5) **中小型ボイラーには**一般に**伝導式（熱交換式）空気予熱器**が使用され、**大型ボイラーには再生式空気予熱器**が使用されます。

問 2

出題頻度

ボイラーの附属設備に関し、次のうち適切でないものはどれか。

(1)　エコノマイザは、排ガスの余熱を回収して給水の予熱に利用する装置である。
(2)　プレート形の伝導式（熱交換式）空気予熱器は、鋼板を一定間隔に並べて端部を溶接し、１枚おきに空気および燃焼ガスの通路を形成したものである。
(3)　再生式空気予熱器は、金属板の伝熱体を円筒内に収め、これを回転させ燃焼ガスと空気に交互に接触させて伝熱を行うものである。
(4)　空気予熱器の設置による通風抵抗の増加は、エコノマイザの設置による抵抗の増加より小さい。
(5)　硫黄を含む燃料の場合、空気予熱器の燃焼ガス側には、低温腐食が発生しやすい。

解説　(4) 空気予熱器の設置による通風抵抗の増加は、エコノマイザの設置による抵抗の増加より**はるかに大きい**です。

解答　問１－(5)　　問２－(4)

レッスン 3-2

安全装置（安全弁、逃がし弁、逃がし管）

重要度 ///

安全弁および逃がし弁ならびに逃がし管の構造

① 安全弁および逃がし弁は、ボイラーや圧力容器の圧力が設定圧力に達すると自動的に内部の流体を逃がし、圧力の上昇を防ぐ装置である

② 安全弁と逃がし弁の構造は同じであるが、蒸気などの気体に使用される。**安全弁の出口側は開放形で、逃がし弁は液体に使用されるので出口側は密閉形**になる

③ ばね安全弁は、調整ボルト（調整ねじ）により、ばねが弁体を弁座に押し付ける構造で、弁体が開いたとき、弁体の移動量をリフトという。リフトの大きさにより、ばね安全弁には**揚程式と全量式**がある

④ 揚程式安全弁の揚程（リフト）は、**弁座口の径の 1/40 以上 1/4 未満**で、弁体が開いたときの吹出し面積（蒸気流路面積）の中で弁座流路面積（カーテン面積）が最小の形式である（弁座流路面積 = $L \times \pi \times d$）（図 1 参照）

⑤ 全量式安全弁の弁座流路面積は、下部にある**のど部の面積より十分大きなもの**となるような揚程が得られる構造であり、揚程式安全弁に比べ、吹出し容量が大きい

⑥ 逃がし管は、温水ボイラーの安全装置で、ボイラー水の膨張分を膨張タンクに逃がし、圧力上昇を防ぐために設けられるものである。このため、**管の途中に弁やコックを設けてはならない**

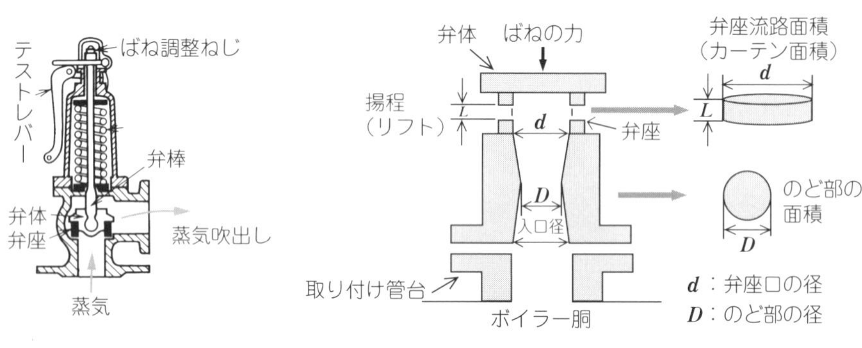

（a）ばね安全弁の断図面　（b）安全弁の径

● 図 1　ばね安全弁の断面図 / 安全弁の径 ●

よく出る問題

問 1

出題頻度

ボイラーの安全弁、逃がし弁および逃がし管に関し、次のうち適切でないものはどれか。

(1)　安全弁は、蒸気圧力が設定圧力に達すると自動的に弁体が開いて蒸気を吹出し、蒸気圧力の上昇を防ぐものである。

(2)　安全弁の弁座流路面積は、弁体が開いたときの弁体と弁座間の面積で、カーテン面積ともいう。

(3)　全量式安全弁は弁座流路面積で吹出し容量が決められる。

(4)　逃がし弁の構造は、安全弁とほとんど変わらないが、液体の圧力によって弁体を押し上げ液体を逃がすものである。

(5)　逃がし管は、温水ボイラーの安全装置で、ボイラー水の膨張による圧力上昇を防ぐために設けられる。

解説　(3) 全量式安全弁は、**のど部の面積**で吹出し量が決められます。

問 2

出題頻度

ボイラーの安全弁、逃がし弁および逃がし管に関し、次のうち適切でないものはどれか。

(1)　安全弁の吹出し圧力は、調整ボルト（調整ねじ）により、ばねが弁体を弁座に押し付ける力を変えることによって調整する。

(2)　安全弁の弁座流路面積は、弁体が開いたときの弁体と弁座間の面積で、カーテン面積ともいう。

(3)　全量式安全弁の吹出し量は、のど部の面積で決まる。

(4)　逃がし弁の構造は、安全弁とほとんど変わらないが、液体の圧力によって弁体を押し上げて液体を逃がすものである。

(5)　逃がし管は、温水ボイラーの圧力上昇を防ぐ安全装置で、管の途中に圧力調整用の弁が設けられる。

解説　(5) 逃がし管は、温水ボイラーの圧力上昇を防ぐ安全装置です。水の膨張分を膨張タンクに逃がすための管で、開放管であることが条件です。そのため、**管の途中に弁やコックを設けてはなりません。**

解答　問１－(3)　　問２－(5)

レッスン 3-3 指示器具類（圧力計、水面計、流量計）

重要度 ●●●

1 ブルドン管式圧力計

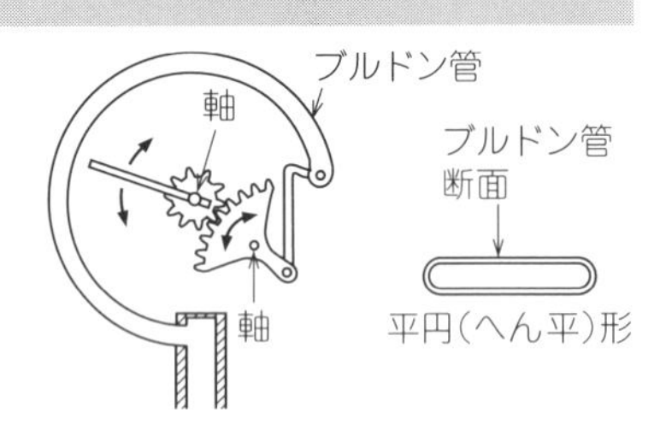

● 図1 圧力計の構造と ブルドン管断面図 ●

① 断面がへん平なブルドン管を円弧状に曲げ、その一端を固定し他端を閉じて、その先端に扇形歯車と指針を組み合わせた圧力計

② ブルドン管に圧力が加わるとブルドン管の円弧が広がり、扇形歯車が動き、指針が圧力を表示する。表示された圧力は、ゲージ圧力を示す

③ ブルドン管圧力計は、原則として**胴または蒸気ドラムの一番高い位置に取り付ける**

④ 水を入れたサイホン管を**ボイラー本体と圧力計の間に取り付け、直接蒸気が入らないようにする**

⑤ 圧力計のコックのハンドルは、**管軸と同一方向の場合に開くように取り付ける**

2 水面計

蒸気ボイラー（貫流ボイラーを除く）には、原則、**2個以上のガラス水面計を見やすい箇所に取り付けなければなりません。**

ガラス水面計は、**見える範囲の最下部が安全低水面と同じ高さになる**ように取り付けます。また、**ボイラー本体または蒸気ドラムに直接取り付けるか、水柱管を設けてこれに取り付けます。**

ガラス水面計には、以下のような種類があります。

① **丸形ガラス水面計**：最高使用圧力**1 MPa以下**のボイラーに用いられる

② **平形反射式水面計**：**蒸気部**は光を反射して**白色（銀色）**に、**水部は黒色**に見える

③ **平形透視式水面計**：裏面から電灯の光を通して水面を見分けるもので、高圧ボイラーに使用される。平形透視式には、蒸気部は赤色に、水部は緑色に見える**二色水面計**などもある

3 流量計

(1) 差圧式流量計　流体の流れている管の中にオリフィスやベンチュリ管などの絞り機構を入れたもので、入口と出口の差圧が流量の2乗に比例することを利用しています。**流量は、差圧の平方根に比例**します。

(2) 容積式流量計　ケーシングの中にだ円形歯車を2個組み合わせ、流体が流れることにより歯車が回転することを利用した流量計です。**流量は、歯車の回転数に比例**します。

(3) 面積式流量計　垂直に置かれたテーパ管の中で流量によりフロートが上下方に

移動すると、テーパ管との間の環状面積が変化します。流量はこの環状面積と比例することを利用した流量計です。

(4) U 字管式通風計　燃焼室の炉壁などに小さな穴を設け、ここに水を入れたU字管をつないだ通風計です。U 字管の水面の差により、通風力を測定します。

問 1

出題頻度

ボイラーの指示器具類に関し、次のうち適切でないものはどれか。

(1)　ガラス水面計は、可視範囲の最下部がボイラーの安全低水面と同じ高さになるように取り付ける。

(2)　ブルドン管式圧力計のコックは、ハンドルが管軸と同一方向になった場合に開くように取り付ける。

(3)　丸形ガラス水面計は、主として最高使用圧力 1 MPa 以下の丸ボイラーなどに用いられる。

(4)　差圧式流量計は、流体が流れている管の中に絞りを挿入すると、入口と出口との間に流量の二乗に比例する差圧が生じることを利用している。

(5)　容積式流量計は、だ円形のケーシングの中にだ円形歯車を 2 個組み合わせたもので、流量が歯車の回転数の 2 乗に比例することを利用している。

解説　(5) 容積式流量計は、だ円形のケーシングの中にだ円形歯車を 2 個組み合わせたもので、流量が歯車の**回転数に比例**することを利用しています。

問 2

出題頻度

ボイラーの指示器具類に関し、次のうち適切でないものはどれか。

(1)　ブルドン管圧力計では、断面がへん平なブルドン管に圧力が加わると、ブルドン管の円弧が広がり、歯付扇形片が動いて小歯車が回転し、指針が圧力を示す。

(2)　ブルドン管圧力計は、オリフィスを胴または蒸気ドラムと圧力計との間に取り付け、ブルドン管に蒸気が直接入らないようにする。

(3)　ガラス水面計は、ボイラー本体または蒸気ドラムに直接取り付けるか、または水柱管を設けこれに取り付ける。

(4)　平形透視式水面計は、裏側から電灯の光を通して水面を見分けるもので、一般に高圧ボイラーに用いられる。

(5)　面積式流量計は、垂直に置いたテーパ管の中にフロートを設けたもので、流量がテーパ管とフロートの間の環状面積に比例することを利用している。

解説　(2) ブルドン管圧力計は、**水を入れたサイホン管**を胴または蒸気ドラムと圧力計との間に取り付け、ブルドン管に蒸気が直接入らないようにします。

解答　問 1 − (5)　　問 2 − (2)

レッスン 3-4 送気系統装置

重要度

送気系統装置の特徴

(1) 主蒸気弁

① 送気の開始または停止を行うため、ボイラーの蒸気取り出し口または過熱器の蒸気出口に取り付ける

② 主蒸気弁には、**玉形弁（グローブバルブ）**、**アングル弁**、**仕切弁**などがある

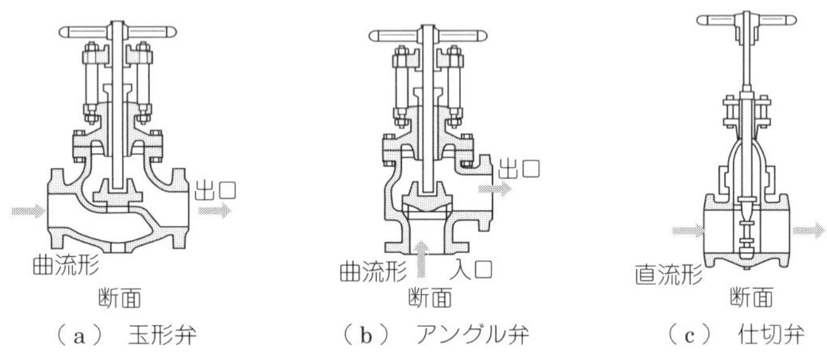

● 図1 主蒸気弁の種類 ●

③ 仕切弁は、蒸気が弁内で直線状に流れるため抵抗が少ない

④ 玉形弁は、蒸気の流れが弁体内部でS字形になるため抵抗が大きい

⑤ アングル弁はボイラー上での操作性から低圧の中小ボイラーで用いられる

⑥ 2基以上のボイラーが蒸気出口で同一管系に連結している場合には、逆流防止のため**主蒸気弁の後に蒸気逆止め弁を設ける**

⑦ 逆止め弁には、**スイング式**、**リフト式**がある

(2) 気水分離器

① 蒸気と水滴を分離して乾き度の高い飽和蒸気にするため、胴またはドラム内に設ける

② **沸水防止管は、低圧ボイラーに用いられ、主蒸気取り出し口に設ける**。大径のパイプの上面の多数の穴から蒸気を取り入れ、蒸気流の方向を変えることにより気水

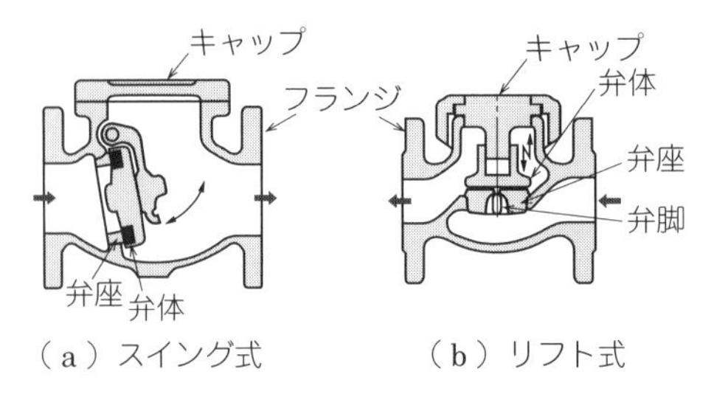

● 図2 逆止め弁の種類 ●

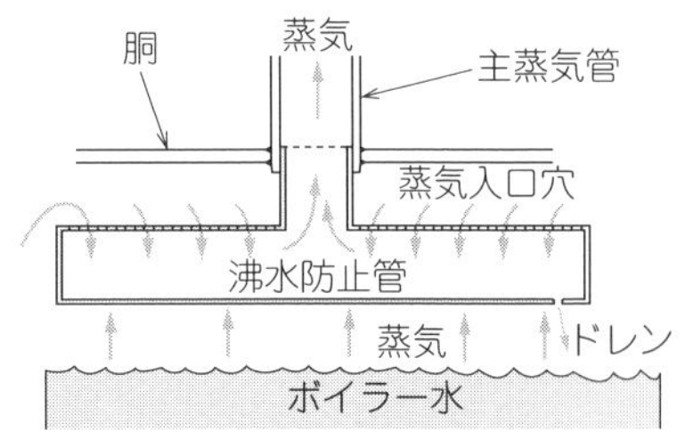

● 図3 沸水防止管（気水分離器）●

を分離する

③　**高圧ボイラーには、サイクロン式や波形板を組み合わせた気水分離器**を用いる

(3) スチームトラップ

①　蒸気配管や蒸気使用設備中に溜まったドレンを自動的に排出する装置

②　**スチームトラップの機能**

・発生したドレンを速やかに排除する

・蒸気を漏らさない

・空気などの不凝縮ガスを排除する、など

③　**スチームトラップの種類**

・蒸気とドレンの密度差を利用した**メカニカルトラップ**

・蒸気とドレンの温度差を利用した**サーモスタチックトラップ**

・蒸気とドレンの熱力学的性質の差を利用した**サーモダイナミックトラップ**など

④　メカニカルスチームトラップは、蒸気とドレンの密度差を利用して弁を開放し、ドレンを排出するもので、**作動が迅速確実で信頼性が高い**

(4) 減圧弁

①　高圧の蒸気を、機器の使用圧力まで下げる機能を持つ

②　高圧側の圧力が変動したときでも、低圧側の圧力をほぼ一定圧力に保つ

問 1　出題頻度

ボイラーの送気系統装置に関し、次のうち適切でないものはどれか。

(1)　主蒸気弁は、送気の開始または停止を行うため、ボイラーの蒸気取り出し口または過熱器の蒸気出口に取り付ける。

(2)　主蒸気弁には、アングル弁、玉形弁、仕切弁の種類があり、仕切弁は、蒸気が弁内で直線状に流れるため抵抗が小さい。

(3)　２基以上のボイラーが蒸気出口で同一管系に連絡している場合は、通常、主蒸気弁の後に蒸気逆止め弁を設ける。

(4)　気水分離器は、蒸気中に含まれる水分を分離して、湿り度の高い蒸気を得るために設ける。

(5)　メカニカルスチームトラップは、蒸気とドレンの密度差を利用して弁を開閉し、ドレンを排出するもので、作動が迅速確実で信頼性が高い。

解説　(4) 気水分離器は、蒸気中に含まれる水分を分離して。**乾き度の高い飽和蒸気**を得るために設けられます。炉筒煙管ボイラーでは沸水防止管、水管ボイラーでは遠心式、反転式、スクラバ式、デミスタ式などを組み合わせて使用されます（図３　沸水防止管（気水分離器）参照）。

解答　問１－(4)

レッスン 3-5 給水装置

重要度

給水装置の特徴

(1) 給水ポンプ

給水ポンプには、遠心ポンプとしてうず巻ポンプとディフューザポンプ、特殊ポンプとして渦流（かりゅう）ポンプなどがあります。

① **うず巻ポンプ**：羽根車の外周に案内羽根のないポンプで、**低圧の給水用**として用いられる（図1）

② **ディフューザポンプ**：羽根車の外周に案内羽根があるポンプで、段数を増やすと吐出し圧力を高くできるので、**高圧の給水用**として用いられる（図3）

③ **渦流ポンプ**：小さな駆動動力で高い揚程が得られるので、**小容量の蒸気ボイラーの給水ポンプ**として用いられる（図2）

(2) 給水弁および給水逆止め弁

① 給水装置の給水管には、蒸気ボイラーに近接した位置に、給水弁および給水逆止め弁を取り付ける

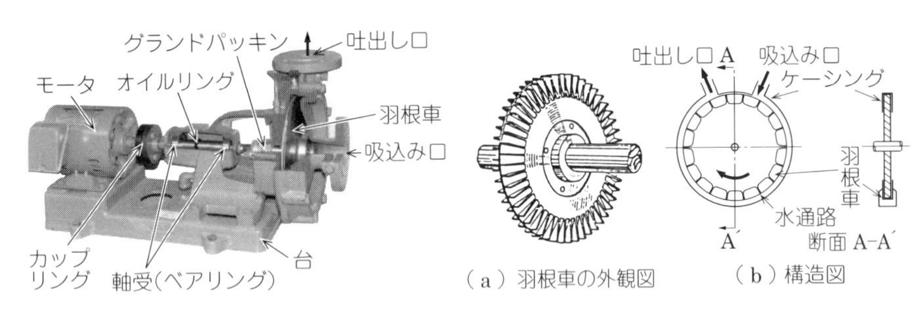

● 図1 うず巻ポンプ ●

● 図2 渦流ポンプ ●

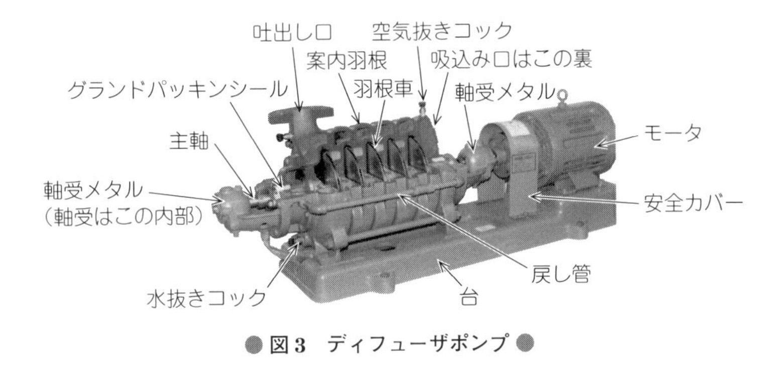

● 図3 ディフューザポンプ ●

② 給水弁には**玉形弁**または**アングル弁**が用いられ、給水逆止め弁には**リフト式**または**スイング式逆止め弁**が用いられる

③ 給水弁はボイラーまたは節炭器の入口に取り付け、給水逆止め弁はポンプ側に取り付ける

(3) 給水内管

① 長い鋼管に多数の穴を開けたもので、ボイラーの蒸気ドラムまたは胴内部に取り付け、給水を広い範囲に均一に分布するために用いる

② 給水内管は、蒸気ドラムや胴の安全低水面よりやや下方に取り付ける

③ 給水内管は、取り外しができる構造とする

問 1

出題頻度

ボイラーの給水装置に関し、次のうち適切でないものはどれか。

(1) ディフューザポンプは、羽根車の周辺に案内羽根のある遠心ポンプで、高圧のボイラーには多段ディフューザポンプが用いられる。

(2) 渦流ポンプは、小さい駆動動力で高い揚程が得られるので、小容量の蒸気ボイラーなどの給水ポンプとして使用される。

(3) 給水弁にはスイング式またはリフト式の弁が、給水逆止め弁にはアングル弁または玉形弁が用いられる。

(4) 給水弁と給水逆止め弁をボイラーに取り付ける場合は、給水弁をボイラーに近い側に、給水逆止め弁を給水ポンプに近い側に取り付ける。

(5) 給水内管は、一般に長い鋼管に多数の穴を設けたもので、胴または蒸気ドラム内の安全低水面よりやや下方に取り付ける。

解説 (3) **スイング式またはリフト式は給水逆止め弁**に、**アングル弁または玉形弁は給水弁**に用いられます。

解答 問1－(3)

レッスン 3-6 吹出し（ブロー）装置

重要度

吹出し装置の特徴

ボイラーの給水中に含まれる溶解性の不純物や注入された清缶剤は、蒸気の発生にともない濃縮していきスラッジも増加していきます。このボイラー水の濃縮やスラッジの増加を防止するために吹出しを行います。吹出しには、スラッジの排出とボイラー水の濃度を下げるために胴下部または水ドラムの底部から手動で行う**間欠吹出し**と、ボイラー水の濃縮管理をするために胴または蒸気ドラム内の水面近くに吹出し管を取り付けて連続的に行う**連続吹出し**があります

(1) 間欠吹出し

最高使用圧力1MPa以上の蒸気ボイラー（移動式ボイラーを除く）の吹出し管には、**吹出し弁2個以上**または**吹出し弁と吹出しコックをそれぞれ1個以上直列**に取り付けなければならないと構造規格で決められています。

吹出し弁は、不純物などによる損傷・摩耗による故障をさけるため、玉形弁の使用は避け、**仕切弁**か**Y形弁**が用いられます。

また、吹出し弁には、急開弁と漸開弁があります。

① **急開弁**：仕切弁またはコックなどが使用され、ボイラー近くに取り付けてわずかなハンドル操作で弁が全開または全閉となる弁をいう

② **漸開弁**：ボイラーから遠い方に取り付けて、弁の開度を加減して吹出し量を調整できるようにしたもの

最高使用圧力が1MPa未満の低圧ボイラーには、吹出し弁の代わりに**吹出しコック**が用いられます。

(2) 連続吹出し

連続運転するボイラーでは、水面近くに吹出し管を取り付けて、ボイラー水の濃度を水質基準以下とするために連続的に少量ずつ吹出しを行います。

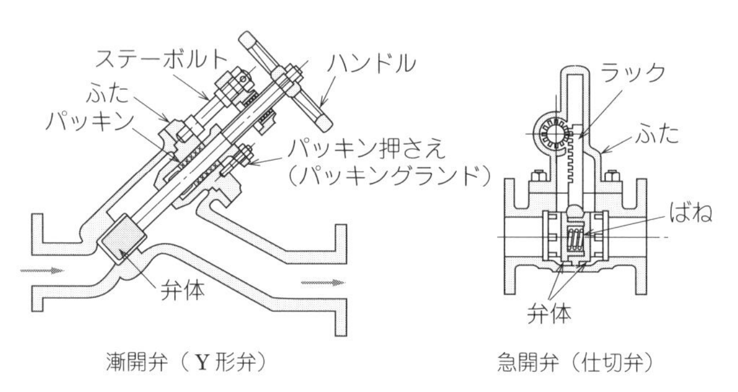

● 図1 吹出し弁の例 ●

問 1

出題頻度

ボイラーの吹出し装置に関し、次のうち適切でないものはどれか。

(1)　吹出し弁には、スラッジなどによる故障を避けるため、仕切弁やＹ形弁が用いられる。

(2)　最高使用圧力が１MPa未満の低圧ボイラーには、吹出し弁の代わりに吹出しコックが用いられることが多い。

(3)　２個の吹出し弁を直列に設けるときは、ボイラーに近いほうに漸開弁を、遠いほうに急開弁を取り付ける。

(4)　連続運転するボイラーでは、ボイラー水の不純物濃度を一定に保つため連続吹出し装置が用いられる。

(5)　連続吹出し装置の吹出し管は、胴や蒸気ドラムの水面近くに取り付ける。

解説　(3) ２個の吹出し弁を直列に設けるときは、**ボイラーに近いほうに急開弁**を、**遠いほうに漸開弁**を取り付けます。

問 2

出題頻度

蒸気ボイラー（貫流ボイラーを除く）の吹出し装置に関し、適切でないものは次のうちどれか。

(1)　最高使用圧力１MPa未満のボイラーには、吹出し弁の代わりに吹出しコックが用いられることがある。

(2)　連続運転するボイラーでは、ボイラー水の不純物濃度を一定に保つため連続吹出し装置が用いられる。

(3)　スラッジ排出のための吹出し管は、胴や蒸気ドラムの水面近くに取り付ける。

(4)　吹出し弁には、不純物などによる損傷・摩耗による故障を避けるため、仕切弁やＹ形弁が用いられる。

(5)　２個の吹出し弁を直列に設けるときは、ボイラーに近い方に急開弁を、遠い方に漸開弁を取り付ける。

解説　(3) スラッジの排出とボイラー水の濃度下げるため、吹出し管は、**胴下部または水ドラムの底部に取り付けます。**

胴や蒸気ドラムの水面近くに吹出し管を取り付けるのは連続吹出し装置で、連続運転するボイラーのボイラー水濃度を一定に保つために取り付けます。

解答　問１－(3)　　問２－(3)

レッスン 3 附属設備および附属装置のおさらい問題

附属設備および附属装置に関する以下の設問について、正誤を○、×で答えよ。

No.	設問	解答
■ 3-1 附属設備		
1	空気予熱器の燃焼ガス側には、高温腐食が発生しやすい。	×：高温腐食は過熱器に発生する
2	重油燃焼の場合、空気予熱器の燃焼ガス側は、燃焼ガス中の硫酸蒸気が低温部と接触し酸露点以下となることにより低温腐食が発生しやすい。	○
3	空気予熱器の設置による通風抵抗の増加は、エコノマイザの設置による抵抗の増加より小さい。	×：通風抵抗の増加は、エコノマイザより大きくなる
4	中小型ボイラーには、一般に、再生式空気予熱器が使用され、大型ボイラーには伝導式（熱交換式）空気予熱器が使用される。	×：中小型ボイラーには伝導式（熱交換式）空気予熱器が、大型ボイラーには再生式空気予熱器が使用される
5	再生式空気予熱器は、金属製の管の中にアンモニアなどの熱媒体を減圧して封入したもので、高温側で熱媒体を蒸発させ、低温側で熱媒体蒸気を凝縮させて伝熱を行う。	×：表記は、ヒートパイプ式空気予熱器の説明
6	ボイラー本体の安全弁は、過熱器用安全弁より先に作動するよう調整すること。	×：ボイラー本体の安全弁より先に過熱器の安全を作動させる
7	エコノマイザは、排ガスの余熱を回収して燃焼用空気の予熱に利用する設備である。	×：エコノマイザは給水を予熱する設備
■ 3-2 安全装置（安全弁、逃がし弁、逃がし管）		
8	全量式安全弁は、同一呼び径の揚程式安全弁に比べ吹出し容量が大きい。	○
9	全量式安全弁の吹出し量は、弁座流路面積で決まる。	×：噴出し量はのど部の面積で決まる
10	安全弁のリフトとは、弁体が開いたときの弁体と弁座間の面積をいう。	×：弁体が開いたときの弁体と弁座間の距離をいう
11	安全弁と逃がし弁は、その構造が基本的に同じであるが、一般に安全弁の出口側は開放形で、逃がし弁の出口側は密閉形である。	○
12	一般に、安全弁は液体に用いられ、逃がし弁は気体に用いられる。	×：安全弁は気体に、逃がし弁は液体に用いられる
13	逃がし弁の構造は、安全弁とほとんど変わらないが、蒸気の圧力によって弁体を押し上げて蒸気を逃がすものである。	×
14	逃がし弁は蒸気、空気などの気体に用いられ、構造は安全弁とほとんど変わらない。	×
15	逃がし管は、温水ボイラーの圧力上昇を防ぐ安全装置で、管の途中に圧力調整用の弁が設けられる。	×：逃がし管は、開放管であることが条件

■ 3-3　指示器具類（圧力計、水面計、流量計）

No.	問題	解答
16	ブルドン管圧力計は、断面が真円形のブルドン管に圧力が加わり管の円弧が広がると、歯付扇形片が動いて小歯車が回転し、指針が圧力を示す。	×：ブルドン管にはへん平な管が用いられる
17	ブルドン管圧力計は、水を満たしたサイホン管を胴または蒸気ドラムと圧力計との間に取り付け、ブルドン管に蒸気が直接入らないようにする。	○
18	ブルドン管式圧力計のコックは、ハンドルが管軸と同一方向になった場合に開くように取り付ける。	○
19	ガラス水面計は、可視範囲の最下部がボイラーの安全低水面と同じ高さになるように取り付ける。	○
20	平形反射式水面計は、その前面から見ると蒸気の部分は黒色に、水の部分は銀色に光って見えることから水面を見分ける。	×：水の部分は黒色に、蒸気の部分は銀色に光って見える
21	二色水面計は、光線の屈折率の差を利用したもので、水部は黒色に、蒸気部は白色に光って見える。	×：水部は緑色に、蒸気部は赤色に見える
22	差圧式流量計は、流体が流れている管の中に絞りを挿入すると、入口と出口との間に流量の平方根に比例する圧力差が生じることを利用している。	×：流量の二乗に比例する圧力差が生じる
23	容積式流量計は、だ円形のケーシングの中に、だ円形歯車を2個組み合わせたもので、流量が歯車の回転数の二乗に比例することを利用している。	×：流量が歯車の回転数に比例することを利用している
24	面積式流量計は、だ円形のケーシングの中に、だ円形歯車を2個組み合わせたもので、流量が歯車の回転数に比例することを利用している。	×：表記は容積式流量計の説明

■ 3-4　送気系統装置

No.	問題	解答
25	主蒸気弁には、アングル弁、玉形弁、仕切弁の種類があり、仕切弁は、蒸気が弁内で直線状に流れるため抵抗が小さい。	○
26	主蒸気弁は、送気の開始または停止を行うため、ボイラーの蒸気取り出し口または過熱器の蒸気出口に取り付けられる。	○
27	バイパス弁は、発生蒸気の圧力と使用箇所での蒸気圧力の差が大きいときや使用箇所での蒸気圧力を一定に保つときに用いる。	×：表記は減圧弁の説明
28	気水分離器は、ボイラーで発生する飽和蒸気をさらに加熱して過熱蒸気にする装置である。	×：水滴をなるべく含まない乾き度の高い飽和蒸気にする装置
29	気水分離器は、蒸気中に含まれる水分を分離して、湿り度の高い蒸気を得るために設ける。	×：乾き度の高い蒸気

■ 3-5　給水装置

No.	問題	解答
30	ディフューザポンプは、羽根車の周辺に案内羽根のない遠心ポンプで、高圧のボイラーには多段ディフューザポンプが用いられる。	×：ディフューザポンプは、羽根車の周辺に案内羽根がある
31	うず巻ポンプは、羽根車の周辺に案内羽根のある遠心ポンプで、低圧の給水用として用いられる。	×：うず巻ポンプは、羽根車の周辺に案内羽根がない
32	渦流ポンプは、羽根車の周辺に案内羽根のない遠心ポンプで、一般に低圧のボイラーに用いられる。	×：渦流ポンプは、小容量蒸気ボイラーに使用される

33	給水内管は、一般に長い鋼管に多数の穴を設けたもので、胴または蒸気ドラム内の安全低水面より上方に取り付ける。	×：安全低水面よりやや下方に取り付ける
34	給水弁にはスイング式またはリフト式の弁が、給水逆止め弁にはアングル弁または玉形弁が用いられる。	×：給水弁にはアングル弁や玉形弁、給水逆止め弁にはスイング式またはリフト式が用いられる
■ 3-6　吹出し装置		
35	連続吹出し装置の吹出し管は、胴や水ドラムの底部に取り付ける。	×：胴や蒸気ドラムの水面近くに取り付ける
36	吹出し弁には、スラッジなどによる故障を避けるため、玉形弁が用いられる。	×：仕切弁やY形弁が用いられる
37	2個の吹出し弁を直列に設けるときは、ボイラーに近い方に急開弁を、遠い方に漸開弁を取り付ける。	○
38	スラッジ排出のための吹出し管は、胴や蒸気ドラムの水面近くに取り付ける。	×：胴や水ドラムの底部に取り付ける
39	最高使用圧力1MPa以上のボイラー（移動式ボイラーを除く）の吹出し管には、吹出し弁を2個以上または吹出しコックを2個以上直列に取り付ける。	×：吹出し弁を2個以上または吹出しコックと吹出し弁をそれぞれ1個以上直列に取り付ける

間違えたら、各レッスンに戻って再学習しよう！

レッスン 4 自動制御装置

レッスン４「自動制御装置」では、１問が毎回出題されています。
出題の多い項目は、4-2「水位検出器」、4-3「燃焼安全装置」があります。
出題数が多い問題では、電極式水位検出器に関する問題、主安全制御器に関する問題、オンオフ式蒸気圧力調節器に関する問題が多く出題されています。「よく出る問題」を覚えるようにしましょう。

- 4 - 1「各種制御機器（圧力制御、温度制御）」は、制御用機器全体としてはよく出題されていますが、各機器（圧力制御用機器、温度制御用機器、水位制御用機器）個別の出題数は少ないです。解答に関係した項目は、①圧力制御用機器のオンオフ式と比例式の設定の違い、②電極式水位検出器の誤動作の原因、③電子式圧力センサなどが出題されています。
- 4 - 2「水位検出器」は、各種センサでの出題が多くなっています。水位検出器単独では、①電極式水位検出器の各電極の機能、②電極式水位検出器の検出筒内の水の純度に関する問題が出題されています。
- 4 - 3「燃焼安全装置」の出題傾向としては、①主安全制御器の構成、②安全スイッチの機能、③燃焼安全装置の構成、④自動制御機器と構成部品などが出題されています。

レッスン 4-1

各種制御機器（圧力制御、温度制御）

重要度

各種制御機器（圧力制御、温度制御）の特徴

(1) オンオフ式圧力調節器（圧力制限器）

オンオフ式圧力調節器は、ベローズやダイアフラムで圧力を検知し、圧力の変化でベローズなどが変形しばねが伸縮します。これによって作動レバーを動かしマイクロスイッチなどを作動させ電気回路を開閉し、このオンオフ信号をバーナに送ることにより、バーナを発停させます。

オンオフ式圧力調節器には、**圧力調節ねじ**と**動作すき間調整ねじ**があり、これによって動作圧力と動作すき間（オンとオフの圧力差）を調節します。

オンオフ式圧力調節器は、**比較的小容量のボイラーの圧力制御に用いられます**。

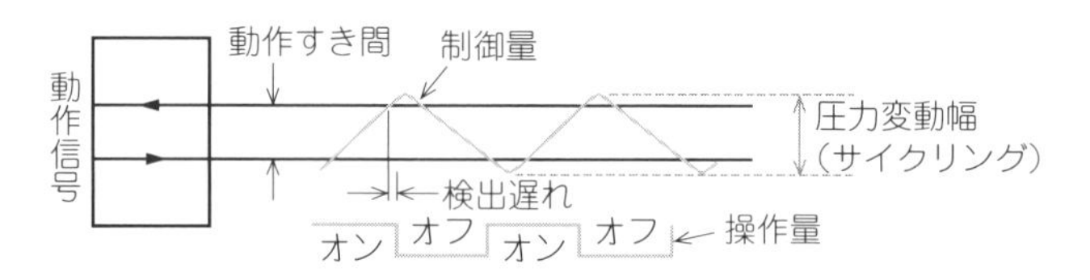

● 図1　オンオフ動作の一例 ●

(2) 比例式圧力調節器

比例式圧力調節器は、オンオフ式同様にベローズとばねが用いられます。ベローズが圧力の変化で変形しばねを伸縮させ、すべり抵抗器（ポテンショメータ）のワイパが動きます。ワイパの動きにより電気抵抗が変化し、信号をコントロールモータなどの操作部に送り燃料を調節します。

比例式圧力調節器には、**圧力調節ねじ**と**比例帯調節ねじ**がありこれらを調節することが必要です。

(3) 電子式圧力センサ

金属ダイアフラムで圧力を受け、封入された液体を介してシリコンダイアフラムに伝え、シリコンダイアフラムの変形により抵抗が変化することを利用して圧力を検出します。

(4) オンオフ式温度調節器

調節器本体（ベローズやダイアフラム）、揮発性溶液を密封した感温部およびこれらを

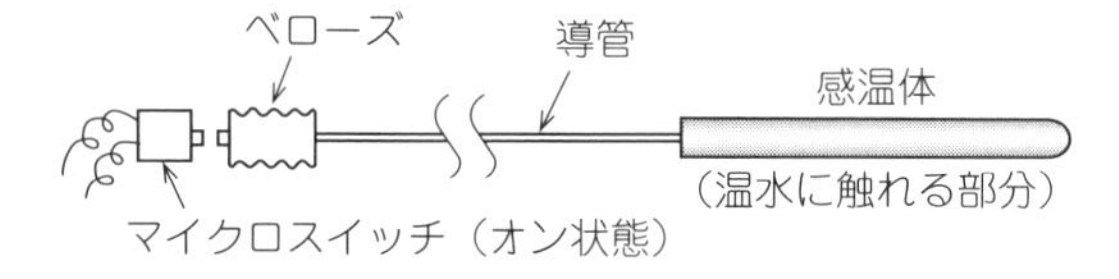

● 図2　オンオフ式温度調節器の作動原理 ●

連結する導管から構成されますが、導管がないものもあります。

感温部の温度上昇または下降により密封された揮発性溶液が膨張収縮し、ベローズやダイアフラムを変化させ、マイクロスイッチを動作させます。

よく出る問題

問1

出題頻度

ボイラーの圧力制御用機器、温度制御用機器および水位制御用機器に関し、次のうち適切でないものはどれか。

(1)　オンオフ式蒸気圧力調節器は、圧力制御範囲の上下限でオンオフ動作を行い、蒸気圧力を調節する。

(2)　比例式蒸気圧力調節器は、調整ねじによって、動作圧力と動作すき間を設定する。

(3)　オンオフ式蒸気圧力調節器は、蒸気圧力の変化によってベローズとばねが伸縮し、レバーが動いてマイクロスイッチなどを開閉する。

(4)　揮発性液体などを用いるオンオフ式温度調節器は、通常、調節器本体、感温体およびこれらを連結する導管で構成されるが、導管がないものもある。

(5)　電極式水位検出器は、蒸気の凝縮によって検出筒内部の水の純度が高くなると、正常に動作しなくなる。

解説　(2) 比例式蒸気圧力調節器は、調整ねじによって、**動作圧力と比例帯**を設定します。動作圧力と動作すき間を調節するのは、オンオフ式蒸気圧力調節器の設定です。

問2

出題頻度

ボイラーの圧力制御用機器、温度制御用機器および水位制御用機器に関する記述として、適切でないものは次のうちどれか。

(1)　比例式蒸気圧力調節器は、一般に、コントロールモータとの組合せにより、設定した比例帯の範囲で蒸気圧力を調節する。

(2)　オンオフ式蒸気圧力調節器は、ベローズに直接蒸気が浸入しないように水を満たしたサイホン管を用いて取り付ける。

(3)　揮発性液体などを用いるオンオフ式温度調節器は、通常、調節器本体、感温体およびこれらを連結する導管で構成されるが、導管がないものもある。

(4)　電子式圧力センサは、シリコンダイアフラムで受けた圧力を封入された液体を介して金属ダイアフラムに伝え、その金属ダイアフラムの抵抗の変化を利用し、圧力を検出する。

(5)　フロート式水位検出器には、水位調整ねじが取り付けられており、この調整ねじによって低水位遮断信号を発信する水位を設定することができる。

解説　(4) 電子式圧力センサは、金属ダイアフラムで受けた圧力を封入された液体を介して**シリコンダイアフラム**に伝え、その**シリコンダイアフラムの抵抗の変化を利用し、圧力を検出**します。

解答　問1－(2)　　問2－(4)

レッスン 4-2 水位検出器

重要度 ///

水位検出器の特徴

(1) フロート式水位検出器

① 水位検出器は低水位遮断器や水位調節器に用いられ、**フロート式**と**電極式**がある

② フロート式水位検出器は、水位の上下によりフロートが上下して、マイクロスイッチを動かす

③ 1個のフロートに対し、水位調整と低水位遮断の信号をやり取りしているものもある

④ 水位調整ねじが取り付けられており、この調整ねじによって低水位遮断信号を発信する水位を設定できる

(2) 電極式水位検出器

① 電極式水位検出器は、検出筒内に長さの異なる電極を備え、水位の上下により、電極がボイラー水に触れ電気回路が閉じ、ボイラー水から離れると回路が開く

② 蒸気の凝縮によって検出筒内部の**水の純度が高くなる（蒸留水や純水＝電気が流れにくい水）と正常に動作しなくなる**

(3) 熱膨張式水位調節器（現在ではあまり使われていない）

① 傾斜してボイラーに取り付けられた金属製伸縮管の下部は固定され、上部は伸縮自由でそれにレバーが取り付けられている

② 水位が下がれば伸縮管内の蒸気部が多くなり、管の温度が上がって膨張する。このため、レバーが動き、給水調節弁の開度を増し、給水を増加させる

③ 電力などの補助動力を必要としないので、**自力式制御装置**といわれる

④ ボイラー水の検出の他、蒸気流量の検出を加えて給水量を調節する2要素式のものもある

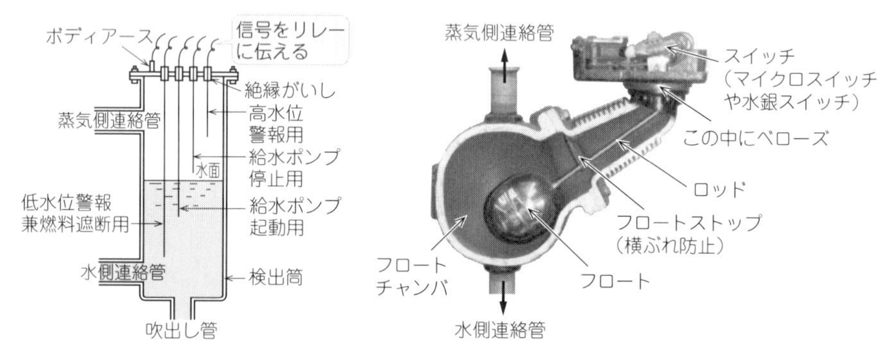

● 図1 電極式水位検出器 ●

● 図2 フロート式水位検出器 ●

問 1

出題頻度

電極式水位検出器について、長さの異なる各電極に対応した機能の組合せとして、正しいものは次のうちどれか。

	短い電極	中間の電極	長い電極
(1)	低水位検出用	ポンプ停止用	ポンプ起動用
(2)	低水位検出用	ポンプ起動用	ポンプ停止用
(3)	ポンプ停止用	ポンプ起動用	低水位検出用
(4)	ポンプ停止用	低水位検出用	ポンプ起動用
(5)	ポンプ起動用	低水位検出用	ポンプ停止用

解説　電極棒が短いものはポンプ停止用、電極棒が中間のものはポンプ起動用、電極棒が長いものは、低水位検出用です。

問 2

出題頻度

ボイラーの圧力制御用機器、温度制御用機器および水位制御用機器に関し、次のうち適切でないものはどれか。

(1)　比例式蒸気圧力調節器は、コントロールモータとの組合せにより、比例動作によって蒸気圧力を調節する。

(2)　オンオフ式蒸気圧力調節器は、調整ねじによって、動作圧力と動作すき間を設定する。

(3)　オンオフ式蒸気圧力調節器は、蒸気圧力の変化によってベローズとばねが伸縮し、レバーが動いてマイクロスイッチなどを開閉する。

(4)　揮発性液体などを用いるオンオフ式温度調節器は、通常、調節器本体、感温体およびこれらを連結する導管で構成されるが、導管がないものもある。

(5)　電極式水位検出器は、蒸気の凝縮によって検出筒内部の水の純度が低くなると、正常に作動しなくなる。

解説　(5) 電極式水位検出器の検出筒内で蒸気が凝縮すると蒸留水（純度の高い水）になります。**純度の高い水は、電気が流れにくいので正常な動作ができなくなります。**

解答　問１－(3)　　問２－(5)

レッスン 4-3 燃焼安全装置

燃焼安全装置の種類と特徴

燃焼安全装置の**主安全制御器（プロテクトリレー）**は、**出力リレー**（負荷リレー）、**フレームリレー**、**安全スイッチ**の３つの主要部分で構成されています。

(1) 出力リレー（負荷リレー）

起動（停止）のスイッチを押すか、または圧力、温度などの調節器からバーナ起動（停止）信号が出ると、**最初に出力リレーが作動して、バーナモータ、点火用燃料弁、点火用変圧器に信号が送られバーナを起動（停止）**します。

(2) フレームリレー

増幅回路を経由した**火炎検出器の信号によって作動するリレー**で、火炎の有無をフレームリレーの作動、復帰に変換します。

(3) 安全スイッチ

一定時間内に火炎が検出されなければ、点火の失敗とみなして出力リレーの作動を解き、燃料の供給をすべて停止します。

安全リレーが作動すると、機械的な作動保持機構によって出力リレーの再起動を防ぎ、**バーナが再起動できないようにします**。再起動させるためには、**安全スイッチの復帰操作を行い作動保持を人為的に解除**しなければなりません。

● 表１　火炎検出器の原理および特徴 ●

種　類	原　理	特　徴
フォトダイオードセル（従来：硫化カドミウムセル（CdS セル））	光起電力効果を利用	油だきガンタイプバーナ。環境規制によりCdS セルからフォトダイオードセルに変更
硫化鉛セル（PbS セル）	硫化鉛の抵抗値が火炎のちらつき（フリッカ）により変化することを利用	すべての燃焼炎に適するが、主として蒸気噴霧式バーナに使用される
整流式光電管	光電子放出現象を利用	油燃焼炎の検出に使用され、ガス燃焼炎には適さない
紫外線光電管	光電子放出現象を利用	すべての燃焼炎に適する
フレームロッド	火炎の導電作用を利用	ガス燃焼炎の検出、点火用ガスバーナ

● 表２　自動制御機器と構成部品 ●

自動制御機器	構成部品
燃料遮断弁	電磁コイル
点火装置	点火変圧器
火炎検出器	光電管、フレームロッド
蒸気圧力調節器	ベローズ
水位検出器	電極棒、フロート式

よく出る問題

問 1

出題頻度

ボイラーの燃焼安全装置に関し、次のうち適切でないものはどれか。

(1)　主安全制御器は、出力リレー、火炎検出器および安全スイッチの3つの主要部分から成る。

(2)　起動スイッチを押すと、主安全制御器の出力リレーが作動して、バーナモータ、点火用燃料弁、点火用変圧器などに電気信号が送られバーナを起動する。

(3)　起動スイッチを押して一定時間内に火炎が検出されないときには、主安全制御器の安全スイッチが作動し、出力リレーの作動を解き、燃料の供給をすべて停止させる。

(4)　紫外線光電管を用いた火炎検出器は、バーナの火炎からの光が光電管に照射されると光電子が放出されて電流が流れることを利用して火炎を検出する。

(5)　フレームロッドを用いた火炎検出器は、火炎中に電圧をかけた電極を挿入すると電流が流れることを利用して火炎を検出する。

解説　(1) 主安全制御器は、**出力リレー、フレームリレーおよび安全スイッチ**の3つの主要部分から成ります。

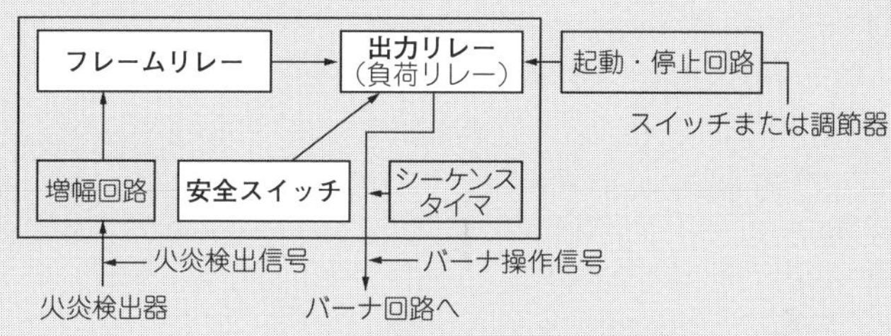

● **主安全制御器の構成** ●

問 2

出題頻度

ボイラーの自動制御における燃焼安全装置の基本構成に含まれていない機器は次のうちどれか。

(1)　火炎検出器　　(2)　主安全制御器　　(3)　制限器

(4)　燃料タンクの液面調節器　　(5)　燃料遮断弁

解説　(4) 燃料タンクの液面調節器は、基本構成には入っていません（図参照）。

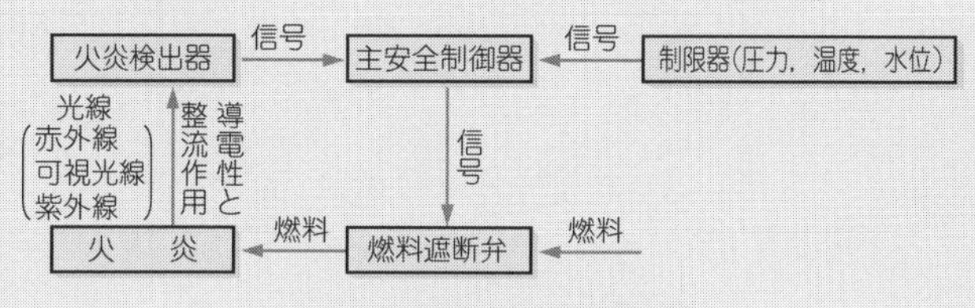

● **燃焼安全装置の基本構成** ●

解答　問1－(1)　　問2－(4)

問 3

出題頻度 ✎✎✎

ボイラーの燃焼安全装置に関し、次のうち適切でないものはどれか。

(1) 主安全制御器は、出力リレー、フレームリレーおよび安全スイッチの3つの主要部分から成る。

(2) 起動スイッチを押すと、主安全制御器の出力リレーが作動して、バーナモータ、点火用燃料弁、点火用変圧器などに電気信号が送られ、バーナを起動する。

(3) 起動スイッチを押して一定時間内に火炎が検出されないときは、主安全制御器の安全スイッチが作動し燃料が遮断されるが、一定時間経過するとバーナは再起動する。

(4) 硫化鉛セルを用いた火炎検出器は、硫化鉛の抵抗が火炎のフリッカによって変化する電気的特性を利用して火炎を検出する。

(5) フレームロッドを用いた火炎検出器は、火炎中に電圧をかけた電極を挿入すると電流が流れることを利用して火炎を検出する。

解説 (3) 安全スイッチは、遅延動作形タイマの一種で、一定時間内に火炎が検出されなければ、出力リレーの作動を解き、燃料の供給を停止します。安全スイッチが作動すると機械的な作動保持機構によって出力リレーの再起動を防ぎ、**自動復帰できない**構造になっています。

問 4

出題頻度 ✎

ボイラーの自動制御用機器とその構成部分との組合せとして、適切でないものは次のうちどれか。

	(機器)	(構成部分)
(1)	燃料遮断弁	電磁コイル
(2)	点火装置	感温体
(3)	火炎検出器	光電管
(4)	蒸気圧力調節器	ベローズ
(5)	水位検出器	電極棒

解説 (1) 燃料遮断弁は、電磁コイルに電気が流れると弁が持ち上げられて開き、電気が流れなくなると弁が落ちて閉じることを利用しています。

(2) 点火装置は、高電圧を発生させる**着火トランス**と、スパークを発する**点火電極**で燃料に点火する装置です。

(3) 火炎検出器は、火炎の有無を光電管などの光電子放出現象などを利用して電気信号に変換する装置です。

(4) 蒸気圧力調節器は、蒸気の圧力をベローズで感知して、蒸気圧力を制御する装置です。

(5) 水位検出器は、電極棒を水中に挿入し、電極に流れる電流の有無を検出する装置です。

解答 問3 −(3)　問4 −(2)

レッスン 4 自動制御装置のおさらい問題

自動制御装置に関する以下の設問について、正誤を○、×、または番号で答えよ。

■ 4-1 各種制御機器		
1	オンオフ式蒸気圧力調節器は、ポテンショメータとコントロールモータとの組合せにより、オンオフ動作によって蒸気圧力を調節する。	×：ポテンショメータとコントロールモータとの組合せは、比例式圧力調節器に用いられる
2	オンオフ式蒸気圧力調節器は、マイクロスイッチまたは水銀スイッチの電気抵抗が変化し、燃料調節の信号がコントロールモータ部に送られる。	×：マイクロスイッチや水銀スイッチの接点を開閉してバーナを発停する
3	オンオフ式蒸気圧力調節器は、調整ねじによって、動作圧力と比例帯を設定する。	×：動作圧力と動作すき間を設定する
4	比例式蒸気圧力調節器は、調整ねじによって、動作圧力と動作すき間を設定する。	×：動作圧力と比例帯を設定する
5	電子式圧力センサは、シリコンダイヤフラムで受けた圧力を封入された液体を介して金属ダイヤフラムに伝え、その金属ダイヤフラムの抵抗の変化を利用し、圧力を検出する。	×：金属ダイヤフラムで受けた圧力をシリコンダイヤフラムに伝え、圧力を検出する
■ 4-2 水位検出器		
6	電極式水位検出器について、以下に示す長さの異なる各電極に対応した機能の組合せは、正しい。 短い電極：ポンプ停止用 中間の電極：ポンプ起動用 長い電極：低水位検出用	○
7	電極式水位検出器は、蒸気の凝縮によって検出筒内部の水の純度が低くなると、正常に作動しなくなる。	×：蒸気が凝縮すると純度の高い水となる
8	熱膨張式水位調整器は、電力などの補助動力を必要とするので、電動式制御装置といわれている。	×：電力を必要としないので自力式制御装置といわれる
9	熱膨張式水位調整器の伸縮管は、線膨張係数の大きな材料でつくられ、ボイラーに水平に取り付けられている。	×：伸縮管は傾斜してボイラーに取り付けられる
■ 4-3 燃焼安全装置		
10	主安全制御器は、出力リレー、火炎検出器および安全スイッチの3つの主要部分から成る。	×：主要部分は、出力リレー、フレームリレー、安全スイッチ
11	主安全制御器の安全スイッチは、フィードバック制御によって燃料の供給を制御する。	×：時間内に火炎が検出されない場合、燃料の供給を停止する
12	起動スイッチを押して一定時間内に火炎が検出されないときは、主安全制御器の安全スイッチが作動し燃料が遮断されるが、一定時間経過するとバーナは再起動する。	×：バーナの再起動ができない構造になっている
13	燃焼安全装置の基本構成に含まれない機器は次のうちどれか。 ① 火炎検出器 ② 主安全制御器 ③ 制限器 ④ 燃料油タンクの液面調節器 ⑤ 燃料遮断弁	④：燃料油タンクの液面調節器は基本構成に含まれない

14	ボイラーの自動制御用機器とその構成部分との組合せとして、誤っているものは次のうちどれか。 （機器）（構成部分） ① 燃料遮断弁 ……… 電磁コイル ② 点火装置 ………… 感温体 ③ 火炎検出器 ……… 光電管 ④ 蒸気圧力調節器 … ベローズ ⑤ 水位検出器 ……… 電極棒	②：感温体は温度調節器などに用いられる温度検出部
15	紫外線光電管を用いた火炎検出器は、火炎中に電圧をかけた電極を挿入すると電流が流れることを利用して火炎を検出する。	×：表記はフレームロッドの説明

間違えたら、各レッスンに戻って再学習しよう！

レッスン 5 水処理、その他の取扱い

レッスン 5「水処理、その他の取扱い」では、毎回 2 問程度が出題されています。

出題数の多い項目は、5-4「腐食、膨出、圧壊」、5-5「保存法」、5-1「水処理装置」、5-3「スケール、スラッジの害」などがあります。

出題数の多い問題は、満水保存法、軟化装置、内面腐食の原因、外面腐食の原因、エコノマイザの低温腐食に関するものがあります。

● 5 -1「水処理装置」は出題率が高い項目で、出題傾向としては、①軟化器の再生、②脱気器の特徴、③イオン交換樹脂の劣化などが出題されています。

● 5 -2「清缶剤」の最近の出題傾向は、水処理装置と組合わせた問題が多くなっています。項目としては、①軟化剤、②低圧ボイラーに使われる薬剤、③硬度リークの原因などが多く出題されています。

● 5 -3「スケール、スラッジの害」に関する出題は、問題数に比べ問題の種類は少ないので確実に覚えましょう。

● 5 -4「腐食、膨出、圧壊」は、出題率が高い項目です。傾向としては、①内面腐食の原因、②外面腐食の原因、③膨出・圧壊の発生する箇所、などが出題されています。

● 5 -5「保存法」もよく出題される項目で、傾向としては、①満水保存法（保存期間、保存中の薬品の添加等の処置）、②窒素封入法（封入圧力、適用範囲）、③乾燥保存法の特徴などが出題されています。

レッスン 5-1 水処理装置

重要度

1 軟化器の特徴

水処理装置の軟化器は、水中の硬度成分（カルシウム・マグネシウム）をイオン交換樹脂によりナトリウムに交換して除去し、硬度成分がほとんどない軟化水を作る装置です。

軟化水を取り続けると、水に硬度成分が残るようになり、許容範囲の貫流点を超えると残留硬度は著しく増加します。イオン交換樹脂の交換能力がなくなる前に、食塩水（塩化ナトリウム）でイオン交換能力を回復させることを**樹脂の再生**といいます。

樹脂は使用とともに劣化していきます。劣化の原因は遊離塩素や鉄分であり、遊離塩素は**活性炭で吸着除去**し、鉄分は**1年に1回程度調査し塩酸系洗浄剤での洗浄および補充**を行います。

2 脱気器の特徴

低圧ボイラー（圧力2 MPa以下）で使用される脱気器には、真空脱気器と膜脱気器が広く用いられます。

(1) 真空脱気器

真空脱気器は、内圧を真空にすることで水中の酸素などの溶存気体の溶解度を下げて脱気するもので、水中の酸素濃度を**100～300 μg/L程度**まで下げる能力があります。

(2) 膜脱気器

膜脱気器は、高分子気体透過膜を用いて水中の酸素を分離除去する装置です。膜の片方に水を供給して、反対側を真空にすることで、水中の酸素などの溶存気体が膜を透過し除去されます。酸素濃度を**500 μg/L程度**まで下げる能力があります。

よく出る問題

問 1

出題頻度

ボイラーの水処理装置および清缶剤に関し、次のうち適切でないものはどれか。

(1) 軟化剤は、ボイラー水中の硬度成分を不溶性の化合物（スラッジ）に変えるための清缶剤である。

(2) 軟化器は、残留硬度の許容限度である貫流点に達したら通水をやめ、通常、塩酸で樹脂再生を行う。

(3) 樹脂再生を行っても徐々に強酸性陽イオン交換樹脂が劣化するので、1年に1回程度、鉄分などによる汚染を調査し、樹脂の洗浄および補充を行う。

(4) 清缶剤の機能には、ボイラー本体へのスケールの付着の防止、ボイラー水のpHの調節などがある。

(5) 低圧ボイラーで使用される清缶剤には、リン酸ナトリウムなどがある。

解説　(2) 軟化器に使われている樹脂の再生には、塩酸ではなく**食塩水（塩化ナトリウム）**が用いられます。

問 2

出題頻度

ボイラーの水処理装置および清缶剤に関する記述として、適切でないものは次のうちどれか。

(1)　軟化器は、水中の硬度成分をイオン交換樹脂により除去するものである。

(2)　軟化器は、残留硬度の許容限度である貫流点に達したら通水をやめ、通常、塩化ナトリウム水溶液で樹脂再生を行う。

(3)　真空脱気器は、気体透過膜の片側に水を供給し、反対側を真空にすることによって、水中の酸素などの溶存気体を除去するものである。

(4)　軟化剤は、ボイラー水中の硬度成分を不溶性の化合物（スラッジ）に変えるための清缶剤である。

(5)　清缶剤の投入には、ボイラー水を新しく張り込んだときに投入する基礎投入と、ボイラー水の補給水量に応じて投入する補給投入がある。

解説　(3) 真空脱気器は、脱気器の内圧を真空にすることにより、水中の酸素などの溶存気体の溶解度を下げて脱気するものです。選択肢の文章は、**膜脱気器**の説明です。

問 3

出題頻度 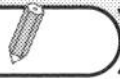

ボイラー給水の水処理装置および清缶剤に関し、次のうち適切でないものはどれか。

(1)　軟化器は、残留硬度成分の許容範囲である貫流点に達したら通水をやめ、通常、塩水を用いて逆洗して樹脂再生を行う。

(2)　軟化器のイオン交換樹脂の劣化を防止するため、給水中の鉄分を活性炭で除去し、遊離塩素は塩酸系洗浄剤で洗浄する。

(3)　真空脱気器は、その内部で真空雰囲気に水がさらされ、水中の酸素などの溶存気体の溶解度が減少することによって溶存気体を除去する。

(4)　膜脱気器は、気体透過膜の片側に水を供給し、反対側を真空にすることにより、水中の酸素などの溶存気体をこの膜を透過させて除去する。

(5)　清缶剤は、一般にボイラー本体へのスケールの付着を防止する機能とボイラー水のpHおよび酸消費量を調節する機能とを持つ薬剤である。

解説　(2) 軟化器のイオン交換樹脂の劣化を防止するため、給水中の**遊離塩素は活性炭で除去**し、鉄分は**塩酸系洗浄剤での洗浄および補充**を行います。

解答　問１－(2)　　問２－(3)　　問３－(2)

レッスン 5-2 清缶剤

重要度

1 清缶剤の種類および機能

① 清缶剤はボイラー本体へのスケール付着防止とボイラー水のpH調節をする薬品で、**リン酸塩系清缶剤とポリマー系清缶剤**がある

② 低圧ボイラー用では、リン酸ナトリウムとアルカリ調整剤（水酸化ナトリウムなど）を組み合わせたものが使用されている

③ リン酸塩系の清缶剤には、**アルカリ性清缶剤と酸性清缶剤**がある

④ 運転開始時にはアルカリ性清缶剤の**基礎投入**を行い、運転中ボイラー水の補給水量に応じて**補給投入**を行う

⑤ 清缶剤はアルカリ性の物が多いため、**給水ポンプに銅合金が使われていると腐食のおそれ**がある

⑥ 排水規制の強化により、**ポリマー系清缶剤が広く使われている**

⑦ 清缶剤の溶解には軟化水が用いられる

2 清缶剤の使用目的

(1) 酸消費量の調整

① 酸消費量を基準値内に保つことにより**水中での鉄のイオン化（腐食）を防止**する

② 基準値に比べアルカリ量が少ないときには、アルカリ性清缶剤を不足している分投入する

③ 基準値に比べアルカリ量が多いときには、酸性清缶剤を投入して基準値まで下げる

(2) pH 調整

pHを調整し、障害の出ない範囲で高く保ち水中の硬度成分の溶解度を減じ残留硬度を小さくし、スケールの付着を抑えます。

(3) 硬度成分の軟化

軟化剤を用いて、水中の硬度成分を不溶性の化合物（スラッジ）に変えます。炭酸ナトリウム（低圧用）とリン酸ナトリウムがあります。

(4) スラッジ調整

スラッジが伝熱面に固着しないよう結晶の成長を防止します。

(5) 溶存酸素の除去

脱酸素剤（ヒドラジン、亜硫酸ナトリウム、タンニンなど）を使い水中の溶存酸素を除去します。

よく出る問題

問 1

出題頻度

清缶剤に関し、次のうち適切でないものはどれか。

(1)　清缶剤は、一般にボイラー本体へのスケールの付着を防止する機能と、ボイラー水のpHや酸消費量を調節する機能を持つ薬品である。

(2)　硬度リークは、多量の清缶剤を投入することにより生じる現象である。

(3)　酸消費量を調節するためのリン酸塩系清缶剤には、アルカリ性清缶剤と酸性清缶剤がある。

(4)　清缶剤を溶解する場合は、軟化水やイオン交換水などのボイラー給水を使用する。

(5)　ポリマー系清缶剤は、排水規制が強化されたため、リン酸化合物に代わり広く使用されるようになっている。

解説　(2) 硬度リークは、**軟化器の樹脂再生不良、樹脂の劣化などが原因**で、清缶剤の大量投入は、原因になりません。また、硬度リークが生じた場合は、短時間でボイラー水中の清缶剤が不足するので、追加投入が必要です。

問 2

出題頻度

ボイラーの水処理装置および清缶剤に関し、次のうち適切でないものはどれか。

(1)　軟化器は、水中の硬度成分をイオン交換樹脂により除去するものである。

(2)　軟化器は、残留硬度の許容限度である貫流点に達したら通水をやめ、通常、食塩水で樹脂再生を行う。

(3)　膜脱気器は、気体透過膜の片側に水を供給し、反対側を真空にすることによって、水中の酸素などの溶存気体を除去するものである。

(4)　軟化剤は、ボイラー水中の硬度成分を可溶性のスラッジに変えるために投入する清缶剤である。

(5)　清缶剤の投入には、ボイラー水を新しく張り込んだときに投入する基礎投入と、ボイラー水の補給水量に応じて投入する補給投入がある。

解説　(4) 軟化剤は、ボイラー水中の硬度成分を**不溶性のスラッジ**に変えるために投入する清缶剤です。使用薬剤には、リン酸ナトリウム、炭酸ナトリウム（低圧ボイラー用）があります。

解答　問1－(2)　　問2－(4)

レッスン 5-3 スケール、スラッジの害

重要度

スケールおよびスラッジの害

① 炉筒や水管に付着して**伝熱面を過熱**させる

② 熱の伝達を妨げ、**ボイラー効率を低下**させる

③ スケール成分の性質によっては、炉筒や水管ならびに煙管などを**腐食**させる

④ 水管の内面に付着すると**水の循環を悪くする**

⑤ **連絡管やコックおよび小穴を詰まらせる**

●表1 ボイラー関係の熱伝導率●

物　質	W/(m·K)
ケイ酸塩を主成分とするスケール	0.23 ～ 0.47
炭酸塩を主成分とするスケール	0.47 ～ 0.70
硫酸塩を主成分とするスケール	0.58 ～ 2.33
酸化鉄を主成分とするスケール	2.3 ～ 3.5
す　す	0.06 ～ 0.12
油脂類	0.06 ～ 0.12
軟鋼（ボイラー鋼材）	46.5 ～ 58.2

問 1

出題頻度

次のAからDまでの事項のうち、スケールおよびスラッジ（かま泥）の害として、正しいものの組合せは（1）～（5）のうちどれか。

A　節炭器（エコノマイザ）に低温腐食を発生させること。

B　熱の伝達を妨げ、炉筒や水管の伝熱面を過熱させたり、ボイラーの効率を低下させること。

C　ウォータハンマを発生させること。

D　スケール成分の性質によっては、炉筒や水管、煙管などを腐食させること。

（1）A、B　（2）A、C　（3）B、C　（4）B、D　（5）C、D

解説　A　低温腐食は、燃料に含まれる硫黄に起因する外面腐食で、スケールやスラッジによる害ではありません。

C　ウォータハンマは、主蒸気弁などを急に開いたときに発生する現象でスケールやスラッジの害ではありません。

B、Dは正しい記述です。

問 2

出題頻度

ボイラーにおけるスケールおよびスラッジ（かま泥）の害として、適切でないものは次のうちどれか。

(1)　熱の伝達を妨げ、ボイラーの効率を低下させる。
(2)　成分の性質によっては、炉筒、水管、煙管などを腐食させる。
(3)　水管の内面に付着すると水の循環を悪くする。
(4)　再生式空気予熱器のエレメント部を腐食させる。
(5)　ボイラーに連結する管、コック、小穴などを詰まらせる。

解説　(4) 空気予熱器は、燃焼ガスの余熱を利用して燃焼用空気を予熱するものです。再生式空気予熱器は大型のボイラーに取り付けられ、伝熱エレメントを回転させ燃焼ガスから吸収した熱を空気に伝えるものです。したがって、**スケールやスラッジは付着しません。**

問 3

出題頻度

ボイラーにおけるスケールおよびスラッジの害として、適切でないものは次のうちどれか。

(1)　熱の伝達を妨げ、ボイラーの効率を低下させる。
(2)　炉筒や水管などの伝熱面を過熱させる。
(3)　水管の内面に付着すると水の循環を悪くする。
(4)　ボイラーに連結する管、コック、小穴などを詰まらせる。
(5)　エコノマイザに低温腐食を発生させる。

解説　(5) エコノマイザは、燃焼ガスの余熱を利用して給水を予熱する設備です。
低温腐食は、ボイラー燃焼側の低温伝熱面に発生する腐食で、燃料中に含まれる硫黄が燃焼して生成される硫酸による腐食です。

解答　問1－(4)　　問2－(4)　　問3－(5)

レッスン 5-4 腐食、膨出、圧壊

重要度

1 内面腐食の原因

① 化学洗浄時の**酸洗浄液の濃度または温度に著しい差が生じている**ため
② 満水保存法で**保存液の濃度が低すぎる**ため
③ 乾燥保存法で**ボイラー内に外気が流入**しているため
④ **給水処理が不適切**（給水中に溶存酸素が含まれているため）
⑤ 溶接加工による**残留応力が生じている**ため

2 外面腐食の原因

① スートブロワや安全弁などからの漏水により、**すすや灰が湿気を帯びている**ため
② 雨水の侵入により、**保温材やれんが積みが湿気を帯びている**ため
③ **煙管や水管の取付け部からボイラー水の漏れ**が生じているため
④ **重油に硫黄分**が含まれているため（低温腐食の原因）
⑤ **重油にバナジウム**が含まれているため（高温腐食の原因）

3 膨出

膨出とは、**ボイラー本体の火炎に触れる部分が過熱**された結果、**内部の圧力に耐えられず外部に膨れ出る現象**です（過熱管、火炎に触れる水管など）。

4 圧壊

圧壊は、**炉筒や火室**のように円筒または球体の部分が**外部からの圧力に耐えられずに、急激に押しつぶされて裂ける現象**です（炉筒煙管ボイラーの炉筒上面、立てボイラーの火室上部など）。

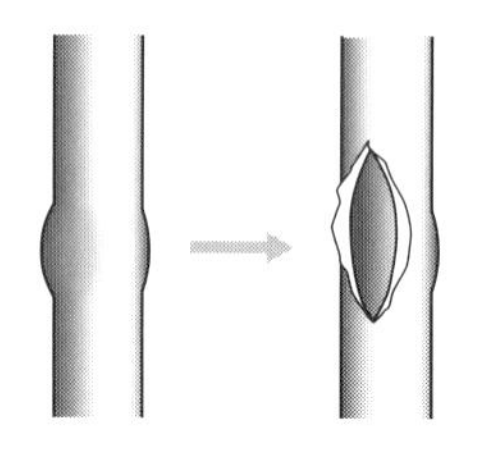

●図1　膨出から破裂した水管●

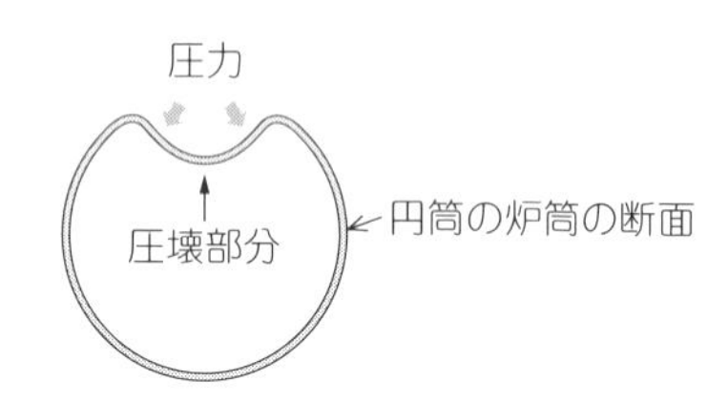

●図2　圧壊●

問 1

出題頻度

ボイラーの内面腐食（水側の腐食）の原因となる事項として、適切でないものは次のうちどれか。

(1)　酸洗浄液（化学洗浄）の濃度または温度に著しい差が生じている。
(2)　満水保存法で保存剤の濃度が低すぎる。
(3)　煙管や水管の取付け部からボイラー水の漏れが生じている。
(4)　給水中に溶存酸素が含まれている。
(5)　溶接加工による残留応力が生じている。

解説　(3) 煙管や水管の取付け部からボイラー水が漏れている場合は、**外面腐食の原因**になります。

問 2

出題頻度

ボイラーの外面腐食の原因となる事項として、適切でないものは次のうちどれか。

(1)　スートブロワや安全弁などからの漏水により、すすや灰が湿気を帯びていること。
(2)　雨水の侵入により、保温材やれんが積みが湿気を帯びていること。
(3)　煙管や水管の取付け部からボイラー水の漏れが生じていること。
(4)　重油に硫黄分が含まれていること。
(5)　キャリオーバが発生していること。

解説　(5) キャリオーバは、ボイラー水中に溶解している固形物や水滴が**ボイラーで発生した蒸気に混じってボイラー外に運び出される現象**で、外面腐食の原因とはなりません。

問 3

出題頻度

ボイラーの膨出または圧壊とこれらが発生しやすい箇所の例との組合せとして、適切でないものは次のうちどれか。

(1)　膨出 ……… 過熱管
(2)　膨出 ……… 火炎に触れる水管
(3)　圧壊 ……… 炉筒煙管ボイラーの炉筒上面
(4)　圧壊 ……… 立てボイラーの火室上部
(5)　圧壊 ……… 鋳鉄製ボイラーのセクション上部

解説　(5) 鋳鉄製ボイラーのセクションは、**割れや亀裂の起こる部分**です。

解答　問１－(3)　　問２－(5)　　問３－(5)

レッスン 5-5 保存法

重要度

1 乾燥保存法

① **長期間の休止**または休止期間中に**凍結のおそれ**のある場合に使用される保存法

② ボイラー本体と蒸気管、給水管および吹出し管との連絡をフランジに遮断板を挟むなどの方法で完全に遮断する

③ 内部を十分に乾燥し、ボイラーペイントなどの錆止めを行う

④ 外気が入るおそれがある場合は、**乾燥剤を入れ**、各部の穴（ボイラー本体と給水管、蒸気管などの連絡管）を**密閉する**

⑤ **密閉後1～2週間後に乾燥剤を点検し、乾燥剤の増減を行う**

2 満水保存法

① **3か月程度の休止**や、使用に備え**一時的に休止**する場合に使用される保存法

② 内部腐食を防止する目的で**ボイラー水に清缶剤や脱酸素剤を適量溶け込ませる**

3 窒素封入法

① 主として高圧、大容量のボイラーに用いられる保存法

② **窒素ガスを0.05～0.06 MPaに加圧封入し、空気と置き換える**

③ 保存中は、期間を定め封入窒素圧力の低下を調べる

よく出る問題

問1

出題頻度

ボイラーの保存法に関し、次のうち適切でないものはどれか。

(1) 乾燥保存法は、ボイラーの休止期間が長い場合に最も適した方法であり、休止期間中に凍結のおそれがある場合にも採用される。

(2) 乾燥保存法では、ボイラー本体と給水管、蒸気管などとの連絡を遮断したうえで、ボイラー内を十分に乾燥し、適量の乾燥剤を入れ、マンホール、掃除穴などを密閉する。

(3) 満水保存法は、ボイラーの休止期間が最長3か月程度の場合や一時的に休止する場合に採用される。

(4) 満水保存法では、ボイラーの内面の腐食を防止するため、黒鉛などを主成分とする塗装を内面に塗布した後、清水で満たす。

(5) 窒素封入法は、ボイラー内部に窒素ガスを0.05～0.06 MPa程度に加圧封入して空気と置換する保存法であり、主に高圧大容量のボイラーの保存に採用される。

解説 (4) 満水保存法は、内面の腐食を防止するため**清缶剤および脱酸素剤を標準値の上限に保持した保存液**でボイラー内を満水にする保存法です。内面の錆止め塗装は、乾燥保存法で行うことがあります。

解答 問1－(4)

レッスン 5 水処理、その他の取扱いのおさらい問題

水処理、その他の取扱いに関する以下の設問について、正誤を○、×、または番号で答えよ。

■ 5-1 水処理装置		
1	軟化器は、残留硬度の許容限度である貫流点に達したら通水をやめ、通常、塩酸で樹脂再生を行う。	×：樹脂の再生は、塩水（塩化ナトリウム）で行う
2	軟化器のイオン交換樹脂の劣化を防止するため、給水中の鉄分を活性炭で除去し、遊離塩素は塩酸系洗浄剤で洗浄する。	×：遊離塩素は活性炭で、鉄分は塩酸系洗浄剤で洗浄する
3	真空脱気器は、気体透過膜の片側に水を供給し、反対側を真空にすることによって、水中の酸素などの溶存気体を除去するものである。	×：表記は膜脱気装置の説明
4	膜脱気器は、気体透過膜の片側に水を供給し、反対側に逆浸透圧力以上の圧力を加えることにより、水中の酸素などの溶存気体がこの膜を透過して除去される。	×：反対側は真空にする
■ 5-2 清缶剤		
5	軟化剤は、ボイラー水中の硬度成分を可溶性のスラッジに変えるために投入する清缶剤である。	×：軟化剤は不溶性のスラッジに変える薬剤
6	排水規制の強化により、ポリマー系清缶剤の使用が少なくなっている。	×：排水規制強化により使用が多くなっている
7	硬度リークは、多量の清缶剤を投入することにより生じる現象である。	×：硬度リークは軟化器の貫流点を超えた給水を補給することで起こる
8	清缶剤は弱酸性であるため、ポンプのインペラ等に銅合金が使用されていると、これを腐食するおそれがある。	×：清缶剤は、ほとんどがアルカリ性
9	低圧ボイラーで使用される清缶剤には、炭酸カルシウムなどがある。	×：カルシウムは硬度成分で、清缶剤に用いられることはない
■ 5-3 スケール、スラッジの害		
10	スケールおよびスラッジ（かま泥）の害として、再生式空気予熱器のエレメント部を腐食させる。	×：空気予熱器は、燃焼用空気を予熱する物でスケール・スラッジの害はない
11	スケールおよびスラッジの害として、ウォータハンマを発生させる。	×：ウォータハンマは、ドレンが管壁や曲がり角にぶつかって衝撃を与える現象
12	スケールおよびスラッジの害として、熱の伝達を妨げ、炉筒や水管の伝熱面を過熱させたり、ボイラーの効率を低下させる。	○
13	スケールおよびスラッジの害として、スケール成分の性質によっては、炉筒や水管、煙管などを腐食させる。	○
14	スケールおよびスラッジの害として、エコノマイザに低温腐食を発生させる。	×：低温腐食は硫黄が燃焼して生成した硫酸によって発生する燃焼側の腐食

■ 5-4　腐食、膨出、圧壊		
15	ボイラーの外面腐食の原因として、「溶存酸素が含まれている」。	×：溶存酸素は、内面腐食の原因になる
16	ボイラーの外面腐食の原因として、「キャリオーバが発生した」。	×：キャリオーバは蒸気にボイラー水の水滴が混入してボイラー外に出てしまう現象
17	ボイラーの外面腐食の原因として、「重油に含まれる硫黄分が燃焼と酸化により化学変化し、排ガス中の水分と化合して硫酸蒸気となり、これがボイラーの高温部で硫酸となる」。	×：排ガス中の硫酸蒸気が硫酸になるのは低温部
18	内面腐食の原因となる事項として、「燃料油中に硫黄分が含まれている」。	×：燃料中の硫黄は外面腐食（低温腐食）の原因
19	ボイラーの内面腐食発生の原因として、「重油にバナジウムが含まれている」。	×：バナジウムは外面腐食（高温腐食）の原因
20	ボイラーの内面腐食の原因として、「煙管や水管の取付け部からボイラー水の漏れが生じている」。	×：ボイラー水の漏れは外面腐食の原因
21	ボイラーの膨出または圧壊とこれらが発生しやすい箇所の例との組合せとして、適切でないものは次のうちどれか。 ①　圧壊…立てボイラーの火室上部 ②　圧壊…煙管ボイラーの管板の管穴間	②
22	ボイラーの膨出または圧壊とこれらが発生しやすい箇所の例との組合せとして、適切でないものは次のうちどれか。 ①　圧壊…鋳鉄製ボイラーのセクション上部 ②　圧壊…炉筒煙管ボイラーの炉筒上面	①
■ 5-5　保存法		
23	満水保存法では、ボイラーの内面の腐食を防止するため、黒鉛などを主成分とする塗料を内面に塗布した後、清水で満たす。	×：防錆塗装は乾燥保存法で用いることもある
24	満水保存法においては、ボイラー水に清浄剤などの薬品を加えてはならない。	×：清缶剤・脱酸素剤を適量溶け込ました水で満水にする
25	満水保存法は、休止期間が6か月以上の長期にわたる場合に採用される。	×：満水保存法は3か月程度以内または使用に備えた一時的な休止に用いる
26	窒素封入法は、主として高圧、大容量のボイラーに用いられるが、中・低圧のボイラーの保存にも用いられることもある。	○
27	窒素封入法では、ボイラー内部に窒素ガスを最高使用圧力程度に加圧封入して空気と置換し、保存中は、適宜期間を定めて封入窒素圧力の低下を調べる。	×：窒素を 0.05 ～ 0.06 MPa に加圧して封入する

間違えたら、各レッスンに戻って
再学習しよう！

レッスン 6 燃焼方式および燃焼装置

レッスン６「燃焼方式および燃焼装置」は、毎回１問出題されています。
出題の多い項目は、6-1「重油バーナ」ですが、最近の傾向としては、6-2「ガスバーナ」の出題も増えています。
出題数の多いのは、圧力噴霧式オイルバーナ、蒸気噴霧式オイルバーナ、センタタイプガスバーナ、ロータリカップ形の回転噴霧式オイルバーナに関する問題です。

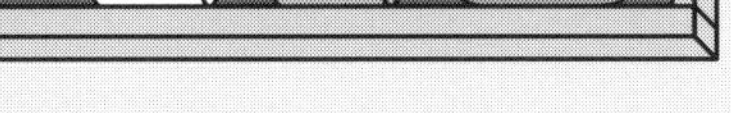

- 6-1「重油バーナ」の問題は、油バーナの霧化の特徴などが出題され、①圧力噴霧式、②蒸気噴霧式、③回転噴霧式などが多く出題されています。
- 6-2「ガスバーナ」では、ガスバーナの特徴の出題が多く出題され、センタタイプやリングタイプが重要です。また、燃焼方式では、予混合燃焼方式と拡散燃焼方式の特徴が出題されています。
- 6-3「微粉炭バーナおよび通風装置」の出題は少ないです。微粉炭バーナの特徴と通風装置の部品などを覚えておきましょう。

レッスン 6-1 重油バーナ

重要度

オイルバーナの原理および特徴

●表1●

形　式	原理および特徴
圧力（油圧）噴霧式	① 0.5 ～ 4 MPa の**燃料油の圧力エネルギーで微粒化する**
	② 高圧の燃料油をアトマイザ先端に設けた旋回室内で旋回を与え、燃料油をその先の**ノズルから微粒化し円錐状に噴霧する**
	③ 微粒化は油圧が低いと悪くなる
	④ 非戻り油形、戻り油形、プランジャ形などがある
蒸気（空気）噴霧式（**霧化媒体として、蒸気または高圧空気**）	① 比較的**高圧（0.1 ～ 1 MPa）の蒸気または空気を霧化媒体とし燃料油を微粒化する**（高圧気流噴霧式とも呼ばれる）
	② 内部混合形は、霧化器内部の混合室で乳化（エマルジョン化）混合した燃料油と霧化媒体を先端のノズルから高速で噴霧し微粒化する形式である
	③ 外部混合形と内部混合形および中間混合形がある
	④ **霧化特性がよい**
低圧気流噴霧式（**霧化媒体として、低圧空気**）	① 比較的**低圧（4 ～ 20 kPa）の気体を霧化媒体として使用する**
	② 霧化用の**空気をアトマイザ先端で 2 流に分割**し、**一方の空気流に旋回力を与え**その遠心力で形成した油膜を炉内に噴霧し、**他方の空気流を衝突させて**、吹きちぎって微粒化する
回転（噴霧）式	① 回転板形とロータリカップ形がある。回転板形は軽質油用の極小型・小容量バーナ用である
	② ロータリカップ形は、**カップの回転で生じる遠心力を利用し微粒化する**
	③ 回転する霧化筒に燃料油を流し込み遠心力で筒の先端で放射状に飛散させ、筒の外周から逆方向に旋回する霧化空気による強いせん断力により油膜を微粒化する
ガンタイプ式	① **圧力噴霧式オイルバーナに、油ポンプ、送風機、点火装置、安全装置などを組込んだバーナである**
	② 取扱いが容易で、小容量バーナに多く用いられる

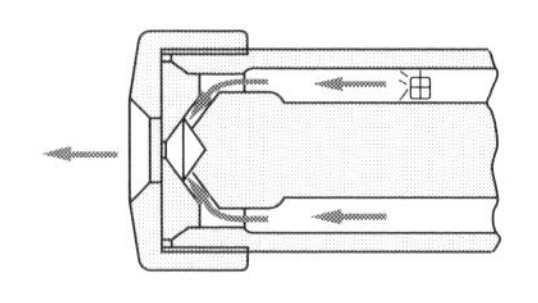

（a） 非戻り油形圧力噴霧バーナの一例

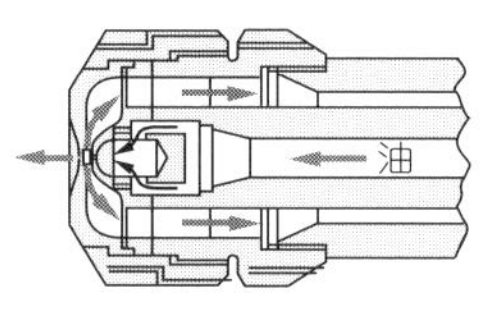

（b） 戻り油形圧力噴霧バーナの一例

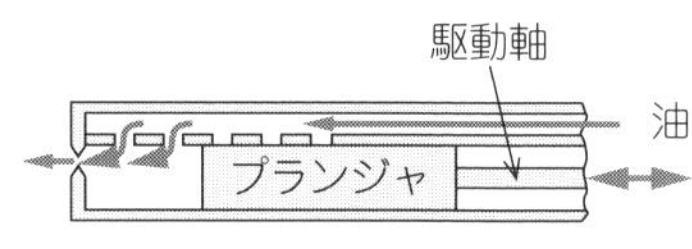

（c） プランジャ形圧力噴霧バーナの原理

●図1　圧力（油圧）噴霧式バーナの種類●

問 1

出題頻度

ボイラーの燃焼装置に関し、次のうち適切でないものはどれか。

(1)　圧力（油圧）噴霧式オイルバーナは、比較的高圧の燃料油をアトマイザ先端の旋回室に導き、旋回させながらノズルから円錐状に噴射して微粒化するバーナである。

(2)　蒸気噴霧式オイルバーナは、比較的高圧の蒸気を霧化媒体として燃料油を微粒化するバーナである。

(3)　ロータリカップ形の回転（噴霧）式オイルバーナは、低圧の空気を二流に分割し、燃料油に旋回を与えた一部の空気によって油膜を形成して炉内に噴射し、残りの空気をその油膜に衝突させて微粒化するバーナである。

(4)　リングタイプガスバーナは、リング状のバーナ管の内側に設けた多数のガス噴射口から、燃料ガスを空気流に向かって噴射するバーナで、油アトマイザを装備して油燃料との混焼を行うことができる。

(5)　微粉炭バーナは、微粉炭と一次空気との混合物を噴射するバーナで、噴射された混合物は、燃焼室の高温輻射熱によって着火され、その周囲に供給される二次空気によって燃焼する。

解説　(3) ロータリカップ形の回転（噴霧）式オイルバーナは、回転する霧化筒に流し込んだ燃料油を筒の先端で放射状に飛散させ、筒の外周から噴出する空気流によって微粒化するバーナです。選択肢の文章は**低圧気流噴霧式オイルバーナ**です。

問 2

出題頻度

ボイラーの燃焼装置に関し、次のうち適切でないものはどれか。

(1)　蒸気噴霧式オイルバーナは、比較的高圧の燃料油をアトマイザ先端の旋回室に導き、ノズルから旋回させながら円錐状に噴射して微粒化するバーナである。

(2)　ロータリカップ形の回転（噴霧）式オイルバーナは、回転する霧化筒に流し込んだ燃料油を筒の先端で放射状に飛散させ、筒の外周から噴出する空気流によって微粒化するバーナで、取扱いが簡単である。

(3)　ガンタイプオイルバーナは、圧力（油圧）噴霧式オイルバーナに送風機、油ポンプ、点火装置、安全装置などを組込んで取扱いを容易にしたバーナで、小容量のボイラーに多く用いられる。

(4)　センタタイプガスバーナは、空気流の中心にあるバーナ管のノズルから放射状に燃料ガスを噴射するバーナで都市ガスなどの比較的発熱量の高いガスに多く用いられる。

(5)　微粉炭バーナは、微粉炭と一次空気との混合物を噴射するバーナで、噴射された混合物は、燃焼室の高温輻射熱によって着火され、その周囲に供給される二次空気によって燃焼する。

解説　(1) 蒸気噴霧式オイルバーナは、比較的高圧の蒸気を霧化媒体として燃料油を微粒化するバーナで、霧化特性が良いのが特徴です。選択肢の文章は、**圧力噴霧式オイルバーナ**の説明です。

解答　問１－(3)　　問２－(1)

レッスン 6-2 ガスバーナ

重要度 

1 気体燃料の燃焼方式

● 表1 ●

燃焼方式	特　徴
予混合燃焼	① **あらかじめ混合した気体燃料と燃焼用空気をノズルから噴射して燃焼する**
	② 燃焼用空気の全量を気体燃料と混合した**完全予混合燃焼**と、燃焼用空気の一部を気体燃料と混合しノズルから噴射して、残りの空気をノズルの周辺から供給する**部分予混合燃焼**に分類される
	③ **完全予混合燃焼**では、火炎の高温化、燃焼室の小型化などが図られる反面、混合気の噴出速度が燃焼速度より小さくなるとノズル内への**逆火が発生**するおそれがある
	④ 工業用としては小容量のものに使用される。ボイラー用では**点火用のパイロットバーナ**に使用されている
拡散燃焼	① **気体燃料と燃焼用空気を別々にバーナに供給して燃焼させる**
	② バーナ内で混合気を作らないので**逆火の心配がない**
	③ 空気の流速、旋回強度、ガスの噴射角度などで火炎の広がり、長さ、温度分布などの火炎特性の調節が容易である
	④ 高温に予熱した燃焼用空気を使用したり、気体燃料も予熱して使用できる
	⑤ **工業用ガスバーナとしては、大容量から小容量のガスバーナまで使用できる**

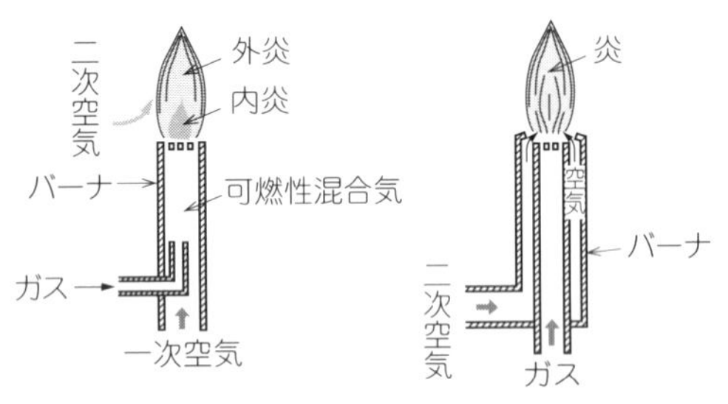

● 図1　気体燃料の燃焼方式 ●

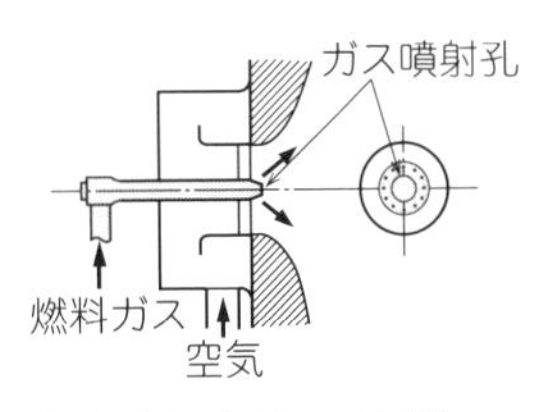

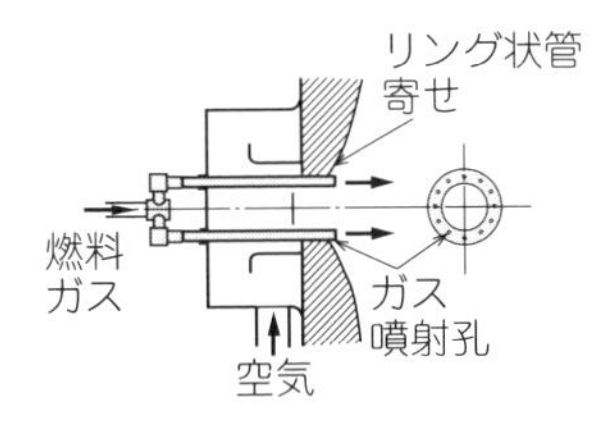

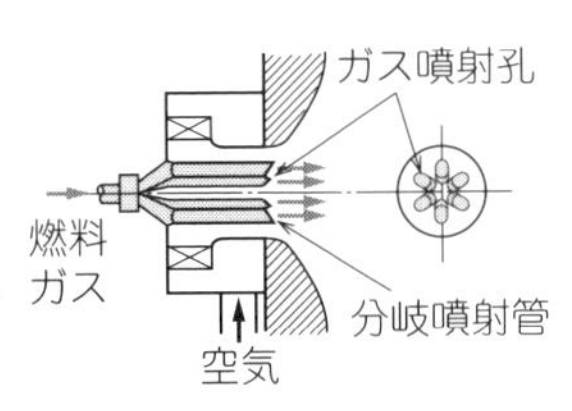

● 図2　拡散形ガスバーナの種類 ●

2 ガスバーナの構造と特徴

●表2●

バーナ形式	構造および特徴
センタファイヤ形（センタタイプ）	① バーナの中心から炉に向かって**放射状に燃料ガスを噴射する**形式である
	② ガスノズルを二重管にして中心部に油アトマイザを装備して、**液体燃料と気体燃料の切換専焼バーナ**として使用する
	③ 都市ガス、天然ガス等の比較的発熱量の高いガスに多く採用される
リング形	**リング状のバーナ管の周囲に沿って設けた多数のガス噴射口から燃料ガスを空気流に向かって噴射**するもので、油アトマイザを装着して**液体燃料と気体燃料の同時混焼や切換専焼ができる**
マルチスパッド形	**ガスノズルを数本の管に分割し**、それぞれの先端に設けた噴孔からガスを噴射する構造である。**液体燃料と同時混焼および切替専焼が可能**。マルチランス形ともいう

問 1

出題頻度

ボイラーの燃焼装置に関し、次のうち適切でないものはどれか。

(1)　蒸気噴霧式オイルバーナは、比較的高圧の蒸気を霧化媒体として燃料油を微粒化するバーナで、霧化特性が良い。

(2)　ロータリカップ形の回転（噴霧）式オイルバーナは、回転する霧化筒に流し込んだ燃料油を筒の先端で放射状に飛散させ、筒の外周から噴出する空気流によって微粒化するバーナで、取扱いが簡単である。

(3)　ガンタイプオイルバーナは、圧力（油圧）噴霧式オイルバーナに送風機、油ポンプ、点火装置、安全装置などを組み込んで取扱いを容易にしたバーナで、小容量ボイラーに多く用いられる。

(4)　センタタイプガスバーナは、リング状のバーナ管の円周に沿って設けたガス噴射口から燃料ガスを空気流に向かって噴霧するバーナで、油アトマイザを装備して油燃料との混焼を行うことができる。

(5)　微粉炭バーナは、微粉炭と一次空気との混合物を噴射するバーナで、噴射された混合物は、燃焼室の高温輻射熱によって着火され、その周囲に供給される二次空気によって燃焼する。

解説　(4) センタタイプガスバーナは、バーナの中心から炉に向かって放射状に燃料ガスを噴射する方式で、中心部に油アトマイザを装着して**オイル・ガスの切換専焼バーナ**として使用されます。

解答 問1－(4)

問 2

出題頻度

気体燃料の燃焼方式に関し、次のうち適切でないものはどれか。

(1) 予混合燃焼は、気体燃料と燃焼用空気をあらかじめ混合してから燃焼室に導いて燃焼させる方式である。

(2) 予混合燃焼は、ボイラーなどの工業用ガスバーナの燃焼法として大容量から小容量のガスバーナまで広く用いられている。

(3) 部分予混合燃焼は、気体燃料と燃焼用空気の一部を予混合してノズルから噴射し、その周囲から供給する残りの空気で完全燃焼させる方式である。

(4) 完全予混合燃焼は、火炎の高温化や燃焼室の小型化等が図れるが、混合気の噴出速度が燃焼速度より小さくなるとノズル内への逆火が発生する。

(5) 拡散燃焼は、気体燃料と燃焼用空気を別々にバーナに供給し燃焼させる方法で、高温に予熱した空気を燃焼用として使用したり、気体燃料も予熱して使用することができる。

解説 (2) 予混合燃焼は、家庭用や業務用の**小型ガス器具**に用いられます。

工業用ガスバーナの燃焼法として大容量～小容量まで広く使用されるのは、拡散燃焼です。

問 3

出題頻度

ボイラーの燃焼装置に関する記述として、適切でないものは次のうちどれか。

(1) 圧力噴霧式油バーナは、油に高圧力を加え、これをノズルチップから炉内に噴出させて微粒化するものである。

(2) 回転式油バーナは、高速で回転する霧化筒の内面に流し込んだ燃料油が筒の先端で放射状に飛散し、筒の外周から噴出する一次空気流によって霧化する形式のバーナで、取扱いが簡単で自動化されているものがある。

(3) 拡散燃焼方式ガスバーナは、ガスと空気を別々にバーナから燃焼室に供給し燃焼させる方式で、バーナ内に可燃混合気を作らないため逆火の心配がない。

(4) リングタイプガスバーナは、空気流の中心にバーナ管を設け、バーナ管の先端に複数個のガス噴射ノズルのあるもので、基本的バーナとして広く用いられている。

(5) 微粉炭バーナは、一般に、微粉炭を一次空気と予混合して炉内に噴出し、噴出された混合物は、燃焼室の高温輻射熱によって着火され、その周囲に供給される二次空気によって燃焼する。

解説 (4) リングタイプガスバーナは、**リング状のバーナ管の内側**に設けた多数のガス噴射口から燃料ガスを空気流に向かって噴射するバーナで、油アトマイザを装備して油燃料との混焼を行うことができます。

解答 問2 －(2)　問3 －(4)

問 4

出題頻度

燃料の種類に応じた燃焼装置の燃焼器（バーナ）に関し、次のうち適切でないものはどれか。

(1)　油圧噴霧式オイルバーナは、0.5 ～ 4 MPa に加圧した燃料油をアトマイザ先端の旋回室に導き、旋回を与えてノズルから円錐状に噴射することにより燃料油を微粒化する。

(2)　ロータリカップ形の回転噴霧式オイルバーナは、回転する霧化筒の内壁に遠心力によって燃料油の油膜を形成して噴射し、その外周から逆方向に旋回する空気を噴射して燃料油を微粒化する。

(3)　センタファイヤ形ガスバーナは、バーナの中心から炉に向かって放射状に燃料ガスを噴射するもので、油アトマイザを装備して液体燃料と気体燃料の同時混焼を行う。

(4)　リング形ガスバーナは、リング状のバーナ管の円周に沿って設けた多数のガス噴射口から燃料ガスを空気流に向かって噴射するもので、油アトマイザを装備して液体燃料と気体燃料の同時混焼や切換専焼を行う。

(5)　微粉炭バーナは、微粉炭と一次空気との混合物を噴射するもので、噴射された混合物は、燃焼室の高温輻射熱によって着火され、その周囲に供給される二次空気によって燃焼する。

解説　(3) センタファイヤ形ガスバーナは、油、ガスの切換専焼バーナとして使用します。

問 5

出題頻度

ボイラーの燃焼装置に関し、次のうち適切でないものはどれか。

(1)　圧力（油圧）噴霧式オイルバーナは、比較的高圧の燃料油を霧化媒体として微粒化し旋回室に送り、先端のノズルから噴射させ、燃焼させるバーナである。

(2)　ロータリカップ形の回転（噴霧）式オイルバーナは、回転する霧化筒に流し込んだ燃料油を筒の先端で放射状に飛散させ、筒の外周から噴出する空気流によって微粒化するバーナで、取扱いが簡単である。

(3)　蒸気噴霧式オイルバーナは、比較的高圧の蒸気を霧化媒体として燃料油を微粒化するバーナで、霧化特性が良い。

(4)　ガンタイプオイルバーナは、圧力（油圧）噴霧式オイルバーナに送風機、油ポンプ、点火装置、安全装置などを組み込んで取扱いを容易にしたバーナで、小容量のボイラーに多く用いられる。

(5)　微粉炭バーナは、微粉炭と一次空気との混合物を噴射するバーナで、噴射された混合物は、燃焼室の高温輻射熱によって着火され、その周囲に供給される二次空気によって燃焼する。

解説　(1) 圧力（油圧）噴霧式オイルバーナは、**霧化媒体を使用しません。**比較的高圧の燃料油をアトマイザ先端の旋回室に導き、旋回させながらノズルから円錐状に噴射して微粒化します。

解答　問 4 －(3)　　問 5 －(1)

レッスン 6-3

微粉炭バーナおよび通風装置

重要度

1 微粉炭バーナ

微粉炭バーナは、燃焼室に噴射された微粉炭と一次空気の混合物が燃焼室の高温輻射熱によって着火され、周囲に供給される二次空気と反応しながら燃焼する方式のバーナです。

2 通風方式と通風装置

●表1●

項　目	特　徴
通風方式	自然通風方式、押込通風方式、誘引通風方式、平衡通風方式がある
送風機	多翼形送風機、ターボ形送風機（後向き形）、ラジアル形送風機などが使用される
通風装置	送風機（羽根車と軸受け）、ダンパおよびダクトから構成される

よく出る問題

問 1

出題頻度

ボイラーの燃焼装置に関し、次のうち適切でないものはどれか。

(1)　圧力（油圧）噴霧式オイルバーナは、比較的高圧の燃料油をアトマイザ先端の旋回室に導き、ノズルから旋回させながら円錐状に噴射して微粒化するバーナである。

(2)　蒸気噴霧式オイルバーナは、比較的高圧の蒸気を霧化媒体として燃料油を微粒化するバーナで、霧化特性が良い。

(3)　ロータリカップ形の回転（噴霧）式オイルバーナは、回転する霧化筒に流し込んだ燃料油を筒の先端で放射状に飛散させ、筒の外周から噴出する空気流によって微粒化するバーナで、取扱いが簡単である。

(4)　リングタイプガスバーナは、リング状のバーナ管の内側に設けた多数のガス噴射口から、燃料ガスを空気流に向かって噴射するバーナで、油アトマイザを装備して油燃料との混焼を行うことができる。

(5)　微粉炭バーナは、燃料の噴射口付近のレゾネータに空気などを吹付けて超音波場を形成し、ここを通過する小粒径の石炭を微粒化するバーナである。

解説　(5) 微粉炭バーナは、一般に、微粉炭を一次空気と予混合して炉内に噴出し、噴出された混合物は、燃焼室の高温輻射熱によって着火され、その周囲に供給される二次空気によって燃焼する方式です。レゾネータは、**超音波噴霧式の油バーナに用いられる音波共振体**です。

解答　問1 −(5)

レッスン6 燃焼方式および燃焼装置のおさらい問題

燃焼方式および燃焼装置に関する以下の設問について、正誤を○、×、または番号で答えよ。

■ 6-1 重油バーナ		
1	圧力（油圧）噴霧式オイルバーナは、比較的高圧の燃料油を霧化媒体として微粒化し旋回室に送り、先端のノズルから噴射させ、燃焼させるバーナである。	×：圧力（油圧）噴霧式オイルバーナは霧化媒体を必要としない
2	油圧噴霧式オイルバーナの点検と整備に関し、ノズル先端に付着した未燃油やカーボンは、ワイヤブラシや紙ヤスリで取ることは、誤っている。	○：バーナの先端が熱いうちに洗油につけ柔らかい布でふき取る
3	圧力（油圧）噴霧式オイルバーナは、比較的高圧の一次空気を霧化媒体として燃料油を微粒化して噴霧し、噴霧群に二次空気を供給して燃焼させるバーナである。	×
4	比較的高圧の燃料油をアトマイザ先端の旋回室に導き、その圧力エネルギーによってノズルから旋回させながら円すい状に噴射して微粒化するバーナは、油圧噴霧式オイルバーナである。	○
5	蒸気噴霧式オイルバーナは、比較的高圧の燃料油をアトマイザ先端の旋回室に導き、ノズルから旋回させながら円錐状に噴射して微粒化するバーナである。	×：表記は圧力噴霧式オイルバーナの説明
6	ロータリカップ形の回転（噴霧）式オイルバーナは、低圧の空気を二流に分割し、燃料油に旋回を与えた一部の空気によって油膜を形成して炉内に噴射し、残りの空気をその油膜に衝突させて微粒化するバーナである。	×：表記は低圧気流噴霧式オイルバーナの説明
7	ガンタイプオイルバーナは、蒸気（高圧気流）噴霧式オイルバーナに、送風機、点火装置、安全装置などを組み込んで、取扱いを容易にしたバーナで、小容量のボイラーに多く用いられる。	×：ガンタイプオイルバーナには油圧噴霧式オイルバーナが使われる
8	オイルバーナのうち、霧化媒体が必要なものは、次のうちどれか。 ① 高圧気流噴霧式オイルバーナ ② 戻り油形油圧噴霧式オイルバーナ	①
■ 6-2 ガスバーナ		
9	センタタイプガスバーナは、リング状のバーナ管の円周に沿って設けたガス噴射口から燃料ガスを空気流に向かって噴射するバーナで、油アトマイザを装備して油燃料との混焼を行うことができる。	×：表記はリングタイプガスバーナの説明
10	センタファイヤ形ガスバーナは、バーナの中心から炉に向かって放射状に燃料ガスを噴射するもので、油アトマイザを装備して液体燃料と気体燃料の同時混焼を行う。	×：液体燃料か気体燃料のいずれかの切替専焼バーナとして使用される
11	ガスバーナは、予混合燃焼方式と拡散燃焼方式に大別されるが、メインバーナには、予混合式ガスバーナが用いられる。	×：メインバーナには、拡散燃焼式ガスバーナが用いられる

12	予混合燃焼は、ボイラーなどの工業用ガスバーナの燃焼法として大容量から小容量のガスバーナまで広く用いられている。	×
13	リングタイプガスバーナは、空気流の中心にバーナ管を設け、バーナ管の先端に複数個のガス噴射ノズルのあるもので、基本的バーナとして広く用いられている。	×：リング状に設けられたガスヘッドからガスをバーナ中心に向けて噴射する構造

■ 6-3　微粉炭バーナおよび通風装置

14	微粉炭バーナは、燃料の噴射口付近のレゾネータに空気などを吹き付けて超音波場を形成し、ここを通過する小粒径の石炭を微粒化するバーナである。	×：微粉炭バーナは微粉炭と空気とを混合して炉内に噴射する
15	油タンクの点検と整備に関し、内部に入るときは、防じんマスクを装着する。	×：ガスマスクを着用する
16	通風装置の点検と整備に関し、特に関係のないものは、次のうちどれか。 ①　スートブロア　②　羽根車　③　軸受け ④　ダンパ　⑤　ダクト	①：スートブロアは、**水管に付着したすすの除去**に用いる

間違えたら、各レッスンに戻って再学習しよう！

模擬試験

模擬試験は２回分用意しています。

公表問題の出題頻度の多いものや出題年度の新しいものを中心に「よく出る問題」となるべく重複しないように構成しました。

今までの復習と試験前の総仕上げにご活用ください。

レッスン 1 模擬試験（第1回）

1 ボイラーおよび第一種圧力容器の整備の作業に関する知識

☑問1　機械的清浄作業の準備としてボイラーの冷却に関し、次のうち適切でないものはどれか。

(1)　ボイラーは、燃焼が停止していることおよび燃料が燃えきっていることを確認した後、ダンパを半開し、たき口や空気入口を開いて自然通風を行う。

(2)　レンガ積みのないボイラーは、できるだけ短時間で冷却し、燃焼室内部を40℃以下にする。

(3)　レンガ積みのあるボイラーは、少なくとも一昼夜以上冷却する。

(4)　ボイラーの冷却を速める必要があるときは、循環吹出しの方法により冷水を送りながら吹出しを行う。

(5)　ボイラーの残圧がないことを確認した後、空気抜き弁その他の気室部の弁を開いてボイラー内に空気を送り込んだ後、吹出しコックや吹出し弁を開いてボイラー水を排出する。

☑問2　ボイラーの性能検査における水圧試験の準備および水圧試験後の措置に関し、次のうち適切でないものはどれか。

(1)　水圧試験の準備では、フランジ形の安全弁および逃がし弁は、取付け部のフランジに遮断板を当ててふさぐ。

(2)　水圧試験の準備では、ねじ込み形の安全弁および逃がし弁は、ねじ込み部から取り外してプラグでふさぐ。

(3)　水圧試験の準備では、水圧試験用圧力計は、ボイラー本体に直接取り付ける。

(4)　水圧試験の準備では、水を張る前に、空気抜き用止め弁を開放し、他の止め弁は完全に閉止する。

(5)　水圧試験後、異状が認められないときは、圧力をできるだけ速く降下させる。

☑問3　ボイラーの機械的清浄作業終了後の組立て復旧作業および仮設設備の撤去作業に関し、次のうち適切でないものはどれか。

(1)　ふた、フランジなどのガスケット当たり面の状態を目視により確かめる。

(2)　機器の取付け位置や取付け順序を誤らないように機器の標示や合マークに注意する。

(3)　多数のボルトで固定するものは、軽く一通り締めた後、締付けが均一になるように対称の位置にあるボルトを順次強く締めていく。

(4)　配管の接続部に食い違いが生じた場合は、ジャッキでフランジのボルト穴の位置を合わせた後、ボルトを強く締める。

(5)　足場の解体は、高所から順に行い、足場材の移動は、他の機器、装置などを損傷しないように注意して行う。

☑問４　ボイラーの化学洗浄作業における予備調査に関し、次のうち適切でないものはどれか。

(1)　管系統図および実地調査により配管系統を確認し、薬液の注入・排出用および循環用の配管並びに薬液用ポンプの仮設位置を決定する。
(2)　止め弁などの洗浄液が触れる部分の材質や表面処理の有無を調べる。
(3)　ボイラー水の流れのよい部分および熱負荷が最も高い部分から試料としてスケールを採取する。
(4)　試料として採取したスケールの化学分析を行い、その成分および性質を把握する。
(5)　試料として採取したスケールは、その一定量を洗浄液内に投入して溶解試験を行い、効果的な洗浄方法を検討する。

☑問５　酸洗浄時における腐食防止対策に関し、次の文中の［　　］内に入れるAからCの語句または数値の組合せとして、正しいものは(1)～(5)のうちどれか。

「スケール組成によっては、洗浄液中に溶出してくる酸化性イオン（Fe^{3+}、Cu^{2+}）の量に比例して鋼材が腐食されるので、洗浄液に洗浄助剤として添加する［A］および［B］を考慮し、酸化性イオン濃度を次の値に保持する。

Fe^{3+}〔mg/L〕+ $2Cu^{2+}$〔mg/L〕<［C］〔mg/L〕」

	A	B	C
(1)	還元剤	銅イオン封鎖剤	1 000
(2)	潤化剤	銅イオン封鎖剤	100
(3)	潤化剤	腐食抑制剤	1 000
(4)	還元剤	腐食抑制剤	100
(5)	還元剤	銅イオン封鎖剤	100

☑問６　ボイラーの化学洗浄における中和防錆処理に関し、次のうち適切でないものはどれか。

(1)　中和防錆処理は、酸洗い後、金属表面が活性化されて発錆しやすい状態になるので、再び使用するまでの間の発錆や腐食を防止するために行う。
(2)　薬液循環による中和防錆処理を行うときは、薬液温度を80～100℃に加熱昇温し、約２時間循環させる。
(3)　中和防錆処理では、中和剤としてヒドラジンなどを用いる。
(4)　薬液循環による中和防錆処理を行うときは、薬液のpHを９～10に保持する。
(5)　中和防錆処理後は、必要に応じて水洗を行うが、水洗を省略するほうが良い場合が多い。

☑問7　ボイラーの機械的清浄作業および化学洗浄作業における危害防止の措置に関し、AからDまでの記述のうち、適切なもののみを全てあげた組合せは、次のうちどれか。

A　化学洗浄作業では、ゴム製品、プラスチック製品などの耐薬品性のある作業衣を着用する。

B　酸洗浄によって発生する窒素ガスを安全な場所へ放出するためのガス放出管を設ける。

C　昇降に使用する仮設はしごは、その上部を固く縛って固定したり、下端に滑り止めを設ける。

D　ボイラーの内部や煙道内に入るときには、マンホールや出入口の外側に監視人を置く。

(1)　A、B　(2)　A、B、C　(3)　A、C、D　(4)　B、D　(5)　C、D

☑問8　全量式安全弁の点検および整備の要領として、適切でないものは次のうちどれか。

(1)　ボイラーから取り外した安全弁を分解するときは、各調整部の位置を計測し記録したり、合マークを行う。

(2)　分解した部品は、詳細に点検し、付着しているごみや錆は洗浄液を湿らせた布でふき取る。

(3)　分解した弁体および弁座は、漏れの有無にかかわらず、すり合わせを行う。

(4)　弁体および弁座のすり合わせは、定盤およびコンパウンドを使用して行い、弁体と弁座の共ずりはしない。

(5)　すり合わせを行った弁体および弁座のすり合わせ面に光線を当て、輝いている部分と対照的に影のように見える部分があれば、すり合わせは良好である。

☑問9　光学的方法によって火炎を検出する火炎検出器の点検・整備の要領に関し、次のうち適切でないものはどれか。

(1)　保護ガラスは、くもり・汚れやき裂の有無を目視により点検し、くもり・汚れは柔らかい布でふき取る。

(2)　レンズは、汚れの有無を目視により点検し、シリコンクロスまたはセーム皮で磨く。

(3)　受光面は、変色や異状の有無を目視により点検する。

(4)　火炎検出器の取り付け状態や端子の状態などを目視により点検する。

(5)　温度検出器との連係動作を行い、火炎検出器の動作状況を目視により点検する。

☑問10　重油燃焼装置における油圧噴霧式オイルバーナおよび油タンクの点検・整備の要領として、適切でないものは次のうちどれか。

(1)　燃焼停止時に、バーナガンを取り外し、ノズル先端が冷却してから洗い油につける。

(2)　バーナのノズル先端に付着した未燃油やカーボンは、柔らかな布でふき取る。

(3)　バーナのノズルは、縁に傷があるときや縁が摩耗して丸みを帯びているときは交換する。

(4)　油タンクを清掃するときは、残油を全部抜き取り、油タンクの底部にたまっているスラッジを界面活性剤で溶かしてポンプでくみ取る。

(5)　油タンクの内部に入るときは、換気を十分に行い、送気マスクを使用する。

2 ボイラーおよび第一種圧力容器の整備の作業に使用する器材、薬品等に関する知識

☑問11　ボイラーの機械的清浄作業に使用する機械、器具および工具に関し、次のうち適切でないものはどれか。

(1)　チューブクリーナは、胴内や水管内部のスケールや錆の除去に使用する機械で、本体、フレキシブルシャフトおよびヘッドで構成されている。

(2)　ハンマヘッドは、チューブクリーナに取り付けて、胴内の硬質スケールを除去するときに使用する。

(3)　ワイヤホイールはチューブクリーナに取り付けて、水管内面に付着した軟質スケールを除去するときに使用する。

(4)　平形ブラシは、チューブクリーナに取り付けて、ドラム内面に付着した軟質スケールなどを除去するときに使用する。

(5)　スクレッパは、小型の清掃用手工具で硬質スケールを除去するときは、刃先の鋭いものを使用する。

☑問12　ボイラーの整備の作業に使用する照明器具に関し、次のうち適切でないものはどれか。

(1)　燃焼室、煙道、ドラムの内部では、防爆構造で、ガードを取り付けた照明器具を使用する。

(2)　燃焼室、煙道、ドラムの内部では、移動電線は絶縁の高いキャブタイヤケーブルを使用する。

(3)　狭い場所で使用する照明器具の配線は、できるだけ他の配線との交差や錯綜が生じないようにする。

(4)　コードリールに巻いたコードを長時間使用するときは、コードリールに巻いたままとせずに延ばして使用する。

(5)　作業場所の照明は、作業場所が局所的な明るさを維持し、周囲との明暗の差を大きくするように据え付ける。

☑問13　ボイラーの炉壁材に関し、次のうち適切でないものはどれか。

(1)　高アルミナ質耐火れんがは、粘土質耐火れんがより耐火度および高温での耐荷重性が高い。

(2)　耐火断熱れんがは、断熱性は高いが強度が低く、耐火れんがとケーシングとの間の断熱材として用いる。

(3)　普通れんがは、耐荷重性は高いが耐火度が低く、一般に400℃以上の温度には使用できないので外だきボイラーの築炉の外装などに用いる。

(4)　不定形耐火物には、キャスタブル耐火物とプラスチック耐火物があり、いずれも耐火度および強度が高く、成形れんがで施工しにくい箇所に用いられる。

(5)　耐火モルタルは、普通れんがの目地に用い、セメントモルタルは耐火れんがおよび耐火断熱れんがの目地に用いる。

☑問14　ガスケットおよびパッキンに関し、次のうち適切でないものはどれか。

(1)　ガスケットはポンプのような運動部分の密封に用いられ、パッキンは一般にフランジのような静止部分の密封に用いられる。

(2)　ゴムガスケットは、ゴムのみまたはゴムの中心に木綿布が挿入されたもので、常温の水に用いられる。

(3)　オイルシールは、紙、ゼラチンなどを加工したもので、100℃以下の油に用いられる。

(4)　金属ガスケットは、高温の蒸気やガスに用いられる。

(5)　パッキンには、編組パッキン、モールドパッキン、メタルパッキンなどがある。

☑問15　ボイラーの化学洗浄用薬品に関し、次のうち適切でないものはどれか。

(1)　硫酸は、洗浄剤として用いられるが、カルシウムを多く含むスケールの除去には適さない。

(2)　水酸化ナトリウムは、中和剤として用いられるほか、潤化処理にも用いられる。

(3)　アンモニアは、銅を多く含むスケールの洗浄剤として用いられる。

(4)　クエン酸は、塩酸に比べてスケールの溶解力は弱いが、残留しても腐食の危険性は小さい。

(5)　塩酸は、広く洗浄剤として用いられ、特に、シリカ系のスケール成分に対して溶解力が強い。

3 関係法令

☑問16　ボイラー（小型ボイラーを除く）の検査またはボイラー検査証に関し、法令上、適切でないものは次のうちどれか。

(1)　落成検査は、構造検査または使用検査に合格した後でなければ受けることができない。

(2)　落成検査に合格したボイラーまたは所轄労働基準監督署長が落成検査の必要がないと認めたボイラーについては、ボイラー検査証が交付される。

(3)　ボイラー検査証の有効期間は原則として1年であるが、性能検査の結果により1年未満または1年を超え2年以内の期間を定めて更新されることがある。

(4)　使用を廃止したボイラーを再び使用しようとするときは、使用再開検査を受けなければならない。

(5)　性能検査を受ける者は、検査に立ち会わなければならない。

☑問17　ボイラー（小型ボイラーを除く）の次の部分または設備を変更しようとするとき、法令上、所轄労働基準監督署長にボイラー変更届を提出する必要のないものは次のうちどれか。

ただし、計画届の免除認定を受けていない場合とする。

(1)　管ステー　(2)　管寄せ　(3)　節炭器（エコノマイザ）

(4)　過熱器　(5)　給水装置

☑問18　ボイラー（小型ボイラーを除く）の定期自主検査に関し、法令上、適切でないものは次のうちどれか。

(1)　定期自主検査は、1か月を超える期間使用しない場合を除き、1か月以内ごとに1回、定期に行わなければならない。

(2)　定期自主検査は、大きく分けて、「ボイラー本体」、「燃焼装置」、「自動制御装置」、「附属装置および附属品」の4項目について行わなければならない。

(3)　「自動制御装置」の水位調整装置および圧力調整装置については、機能の有無について点検しなければならない。

(4)　「燃焼装置」の煙道については、漏れの有無および保温の状態について点検しなければならない。

(5)　定期自主検査を行ったときは、その結果を記録し、3年間保存しなければならない。

☑問19　法令上、ボイラー整備士免許を受けた者でなければ整備の業務につかせてはならないものは、次のうちどれか。

(1)　伝熱面積が3 m^2 の蒸気ボイラーで、胴の内径が750 mm、かつ、その長さが1 300 mm のもの。

(2)　伝熱面積が14 m^2 の温水ボイラー。

(3)　内径が400 mm で、かつ、その内容積が0.4 m^3 の気水分離器を有し、伝熱面積が30 m^2 の貫流ボイラー。

(4)　最大電力設備容量が60 kW の電気ボイラー。

(5)　第一種圧力容器である内容積が9 m^3 の熱交換器。

☑問20　鋼製蒸気ボイラー（貫流ボイラーおよび小型ボイラーを除く）の水面測定装置に関し、法令上、適切でないものは次のうちどれか。

(1)　ボイラーには、ガラス水面計を2個以上取り付けなければならないが、胴の内径が750 mm以下のものおよび遠隔指示水面測定装置を2個取り付けたボイラーでは、そのうちの1個をガラス水面計でない水面測定装置とすることができる。

(2)　水柱管とボイラーを結ぶ蒸気側連絡管を、水柱管およびボイラーに取り付ける口は、水面計で見ることができる最高水位より下であってはならない。

(3)　最高使用圧力1.6 MPaを超えるボイラーの水柱管は、鋳鉄製としてはならない。

(4)　ガラス水面計でない水面測定装置として験水コックを設ける場合には、3個以上取り付けなければならないが、胴の内径が900 m以下で、かつ、伝熱面積が20 m^2未満のボイラーにあっては、その数を2個とすることができる。

(5)　験水コックは、その最下位のものを安全低水面の位置に取り付けなければならない。

4 ボイラーおよび第一種圧力容器に関する知識

☑問21　水管ボイラーおよび貫流ボイラーに関し、次のうち適切でないものはどれか。

(1)　二胴形の自然循環式水管ボイラーは、上部の蒸気ドラムと下部の水ドラムとの間に水管群が配置され、燃焼室には水冷壁が設けられる。

(2)　水管ボイラーは、高圧になるほどボイラー水の循環力が弱くなるので、ボイラー水の循環系路中に循環ポンプを設けて強制循環式とする。

(3)　水管ボイラーの水冷壁は、燃焼室炉壁に水管を配置したもので、火炎の放射熱を吸収するとともに、炉壁を保護する。

(4)　貫流ボイラーは、管系だけから構成され、蒸気ドラムおよび水ドラムがないので、高圧ボイラーに適していない。

(5)　水管ボイラーは、燃焼室の大きさを自由に作ることができるので、燃焼状態が良く、種々の燃料および燃焼方式に対して適応性がある。

☑問22　ボイラー用材料に関し、次のうち適切でないものはどれか。

(1)　炭素鋼には、鉄と炭素の他に、脱酸剤としてのケイ素やマンガン、不純物としてのリンや硫黄が含まれている。

(2)　炭素鋼は、炭素量が多くなると、展延性は増すが、強度と硬度は低下する。

(3)　鋳鉄は、強度が低く、もろくて展延性に欠けるが、融点が低く流動性がよいので、鋳造によって複雑な形状の鋳物を製造できる。

(4)　鋼管は、インゴットから高温加工または常温加工により継ぎ目なく製造したり、帯鋼を巻いて電気抵抗溶接によって製造する。

(5)　鍛鋼品は、インゴットから鍛造によって成形した後、一般に機械加工によって所要の形状や寸法に仕上げる。

☑問23　ボイラーの溶接工作に関し、次のうち適切でないものはどれか。

(1)　炭酸ガスアーク溶接は、ユニオンメルト溶接とも呼ばれる自動溶接で、溶接速度が速く、十分な溶け込みが得られる。

(2)　突合せ両側溶接は、一層目の溶込み不良部分を除去することができるので、良い溶込みを得ることができる。

(3)　自動溶接は、開先精度が低いとビート全体の欠陥を生じるおそれがある。

(4)　溶接後熱処理は、炉内加熱または局部加熱によって行い、溶接部の残留応力を緩和するとともに、溶接部の性質を向上させる。

(5)　溶接部に生じる欠陥のうち、通常、表面に開口していない融合不良は放射線透過試験または超音波探傷試験によって探知する。

☑問24　圧力容器のふた締め付け装置に関し、適切でないものは次のうちどれか。

(1)　クラッチドア式は、ふた板および胴の周囲に取り付けた爪に、クラッチリングを回転させてかみ合わせ、ふた板を締め付ける。

(2)　輪付きボルト締め方式は、ふた板および胴のフランジに設けた切欠き部にボルトを差し込んで、ふた板を締め付ける。

(3)　ガスケットボルト締め方式は、ふた板および胴の周囲に設けたフランジ部のボルト穴にボルトを差し込んで締め付ける。

(4)　放射棒式は、ふた板中央のハンドルを回転し、数本の放射棒を中心から伸ばして、その先端を胴側の受け金具に入り込ませ、ふた板を固定する。

(5)　ロックリング式は、ふたの外側の周囲に取り付けたロックリングを油圧シリンダで拡張して本体側フランジの溝にはめ込み、リングストッパを差し込んで固定する。

☑問25　ボイラーの安全弁、逃がし弁および逃がし管に関し、次のうち適切でないものはどれか。

(1)　安全弁および逃がし弁は、内部の圧力が設定圧力に達すると、自動的に弁体が開いて内部の流体を逃がし、圧力の上昇を防ぐものである。

(2)　安全弁および逃がし弁の弁体が開いたとき、弁体の軸方向の移動量をリフトという。

(3)　全量式安全弁の吹出し量は、のど部の面積で決まる。

(4)　逃がし弁の構造は、安全弁とほとんど変わらないが、蒸気の圧力によって弁体を押し上げて蒸気を逃がすものである。

(5)　逃がし管は、温水ボイラーの安全装置で、ボイラー水の膨張による圧力上昇を防ぐために設けられる。

☑問26　ボイラーの圧力制御用機器、温度制御用機器または水位制御用機器に関し、次のうち適切でないものはどれか。

(1)　オンオフ式蒸気圧力調節器は、ポテンショメータとコントロールモータとの組合せにより、オンオフ動作によって蒸気圧力を調節する。

(2)　比例式蒸気圧力調節器は、調整ねじによって、動作圧力と比例帯を設定する。

(3)　オンオフ式蒸気圧力調節器は、蒸気圧力の変化によってベローズとばねが伸縮し、レバーが動いてマイクロスイッチなどを開閉する。

(4)　揮発性液体などを用いるオンオフ式温度調節器は、温度の変化によって揮発性液体などが膨張・収縮し、ベローズなどが伸縮してマイクロスイッチを開閉する。

(5)　電極式水位検出器は、長さの異なった数個の電極を検出筒内に備え、水位の上下によって電気回路を開閉する。

☑問27　ボイラーの指示器具類に関し、次のうち適切でないものはどれか。

(1)　ブルドン管圧力計では、断面がへん平なブルドン管に圧力が加わり管の円弧が広がると、歯付扇形片が動いて小歯車が回転し、指針が圧力を示す。

(2)　ブルドン管圧力計のコックは、ハンドルが管軸と同一方向になった場合に開くように取り付ける。

(3)　ガラス水面計は、可視範囲の最下部がボイラーの安全低水面より上方になるように取り付ける。

(4)　丸形ガラス水面計は、主として最高使用圧力1 MPa以下の丸ボイラーなどに用いられる。

(5)　差圧式流量計は、流体が流れている管の中に絞りを挿入すると、入口と出口との間に流量の二乗に比例する圧力差が生じることを利用している。

☑問28　ボイラーの水処理装置および清缶剤に関し、次のうち適切でないものはどれか。

(1)　軟化剤は、ボイラー水中の硬度成分を不溶性の化合物（スラッジ）に変えるための清缶剤である。

(2)　軟化器は、残留硬度の許容限度である貫流点に達したら通水をやめ、通常、塩酸で樹脂再生を行う。

(3)　樹脂再生を行っても徐々に強酸性陽イオン交換樹脂が劣化するので、1年に1回程度、鉄分などによる汚染を調査し、樹脂の洗浄および補充を行う。

(4)　清缶剤の機能には、ボイラー本体へのスケールの付着の防止、ボイラー水のpHの調節などがある。

(5)　低圧ボイラーで使用される清缶剤には、リン酸ナトリウムなどがある。

☑問29　ボイラーの休止中の保管法に関し、次のうち適切でないものはどれか。

(1)　休止期間中に凍結のおそれがある場合には、乾燥保存法を採用する。

(2)　乾燥保存法では、ボイラー本体と給水管、蒸気管など連絡を遮断したうえでボイラー内を十分に乾燥し、適量の乾燥剤を入れてから各部の穴を密閉する。

(3)　6か月を超える長期間休止する場合には、満水保存法が採用される。

(4)　満水保存法では、ボイラー内面の腐食を防止するため、清缶剤を適量溶け込ませた水でボイラー内部を満たす。

(5)　乾燥保存法では、ボイラー内面の腐食を防止するためボイラーペイントを塗布する場合がある。

☑問30　ボイラーの燃焼装置に関し、次のうち適切でないものはどれか。

(1)　圧力（油圧）噴霧式オイルバーナは、比較的高圧の燃料油を霧化媒体として微粒化し旋回室に送り、先端のノズルから噴射させ、燃焼させるバーナである。

(2)　ロータリカップ形の回転噴霧式オイルバーナは、回転する霧化筒に流し込んだ燃料油を筒の先端で放射状に飛散させ、筒の外周から噴出する空気流によって微粒化するバーナで、取扱いが簡単である。

(3)　蒸気噴霧式オイルバーナは、比較的高圧力の蒸気を霧化媒体として燃料油を微粒化するバーナで、霧化特性が良い。

(4)　ガンタイプ式オイルバーナは、油圧噴霧式（圧力噴霧式）オイルバーナに送風機や油ポンプ、点火装置、安全装置などを組み込んで取扱いを容易にしたバーナで、小容量ボイラーに多く用いられる。

(5)　微粉炭バーナは、微粉炭と一次空気との混合物を噴射するバーナで、噴射された混合物は、燃焼室の高温輻射熱によって着火され、その周辺に供給される二次空気によって燃焼する。

模擬試験（第1回） 解答・解説

1 ボイラーおよび第一種圧力容器の整備の作業に関する知識

問1　解答－(2)

ボイラーの冷却は、なるべく**時間をかけて徐々に冷却し**、少なくとも40℃以下にします。また、れんが積みのあるボイラーでは、少なくとも1昼夜以上時間をかけて冷却します。

問2　解答－(5)

水圧試験圧力および方法では、水圧試験圧力は、最高使用圧力を原則とし、徐々に水圧を上げ、規定圧力を約30分間保持して、圧力の降下ならびに漏れの有無を調べます。水圧試験で漏れを認めたときは、適当な対策を講じます。
異状が認められない場合は、**圧力をできるだけ徐々に降下**させます。

問3　解答－(4)

配管の接続部分に食い違いがあれば、**原因を確かめ、配管に無理を生じさせない**で接続できるように、適切な対策を講じます。

問4　解答－(3)

試料の採取は、①ボイラー水の**停滞しやすい部分や流れの悪い部分**、②熱負荷が最も高い部分、③過去に障害を生じたことがある部分から行います。

問5　解答－(1)

スケール組成によっては、洗浄液中に溶出してくる酸化性イオン（Fe^{3+}、Cu^{2+}）の量に比例して鋼材が腐食されるので、洗浄液に洗浄助剤として添加する **A 還元剤** および **B 銅イオン封鎖剤** を考慮し、酸化性イオン濃度を次の値に保持します。

Fe^{3+}〔mg/L〕$+2Cu^{2+}$〔mg/L〕< **C 1 000**〔mg/L〕

問6　解答－(3)

中和剤としてアンモニアなどを用い、**防錆剤としてヒドラジン**などが用いられます。

問7　解答－(3)

誤りは、Bです。酸洗浄によって発生するガスは**水素ガス**です。この水素ガスを安全な場所に放出するためのガス放出管を設置します。

問8　解答－(5)

すり合わせ面の検査では、光線を当ててみて、**すり合わせ面が一様に輝いている場合はすり合わせは良好**です。輝いている部分と対照的に**影のように見える部分**はくぼんでおり、平面度が出ていないので、**すり合わせが不完全**です。

☑問9　**解答－(5)**

火炎検出器は、バーナの火炎からの光を電気信号に変換して発信するもので、主安全制御器と組合せて使用されます。火炎検出器の動作状況は、**主安全制御器**と連係動作を行い作動状況を点検します。

☑問10　**解答－(1)**

バーナガンを取り外し、ノズル先端が熱いうちに洗油につけます。その後、バーナのノズル先端に付着した未燃油やカーボンは、**柔らかい布でふき取ります**。ワイヤブラシや紙やすりなどを使ってはなりません。

2 ボイラーおよび第一種圧力容器の整備の作業に使用する器材、薬品等に関する知識

☑問11　**解答－(3)**

ワイヤホイールは、チューブクリーナに取り付けて**外部掃除、胴内の軟泥などの掃除**に使用されます。

☑問12　**解答－(5)**

作業場所の照明は、**全般的に明暗の差が著しくなく**、通常の状態でまぶしくないようにします。

☑問13　**解答－(5)**

耐火れんがおよび耐火断熱れんがの目地には、耐火モルタル、普通れんがの目地には、セメントモルタルが用いられます。

☑問14　**解答－(1)**

フランジとフランジの間のように**静止している部分に使われるのがガスケット**、ポンプの軸しゅう動部などの**運動部分に使われるものをパッキン**といいます。

☑問15　**解答－(5)**

塩酸は、**シリカ系以外のスケール成分に対して溶解度が大きく**、洗浄剤として広く用いられています。

3 関係法令

☑問16　**解答－(4)**

次の①から③までの者は、**使用検査**を受ける必要があります。

① ボイラーを輸入した者

② 構造検査または使用検査を受けた後1年以上設置されなかったボイラーを設置しようとする者

③ **使用を廃止したボイラー**を再び設置し、または使用しようとする者

④ **使用再開検査**は、使用を**休止したボイラーを再び使用**しようとする者が、受けなければなりません。

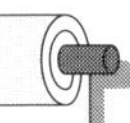

☑問17　解答－(5)

届出が不要な部分として、**給水装置**、空気予熱器、煙管、水管などが過去に出題されています。

☑問18　解答－(4)

定期自主検査の「燃焼装置」の煙道については、「**漏れその他の損傷の有無および通風圧の異常の有無**」を点検します。

☑問19　解答－(5)

ボイラー整備士の資格がなくても整備できるボイラーは**小規模ボイラー**まで、第一種圧力容器では、**加熱器（熱交換器、蒸煮器など）は内容積 5 m³ 以下**、その他の**反応器、蒸発器、蓄熱器は内容積 1 m³ 以下**の小規模第一種圧力容器に限られています。

(1)～(4) までは小規模ボイラー（60 kW の電気ボイラーの伝熱面積は 60 ÷ 60 ＝ 1 m²）。

(5) は、加熱器で内容積が 5 m³ より大きいので第一種圧力容器になりボイラー整備士の資格が必要です。

☑問20　解答－(4)

ガラス水面計でない水面測定装置として験水コックを設ける場合には、3 個以上取り付けなければなりませんが、胴の内径が **750 m 以下**で、かつ、**伝熱面積が 10 m² 未満**のボイラーにあっては、その数を **2 個**とすることができます。

4 ボイラーおよび第一種圧力容器に関する知識

☑問21　解答－(4)

貫流ボイラーは、管系だけで構成され、大口径のドラムを有していないので**高圧ボイラーに適しています。**

☑問22　解答－(2)

炭素鋼は、炭素量が多くなると**強度と硬度は増すが、展延性は減少します。**通常ボイラーに使用されるものは、炭素量 0.10 ～ 0.20 % 程度の軟鋼が用いられる。

☑問23　解答－(1)

ユニオンメルト溶接は、**サブマージアーク溶接**のことです。

☑問24　解答－(2)

輪付きボルト締め式は、ふた板の周りに切欠き部を設け、**胴側ブラケット**のボルト基部を支点として、ボルトを取り付けるものです。設問はガスケットボルト締め式です。

☑問25　解答－(4)

逃がし弁は水などの液体に使用され、蒸気などには安全弁が使用されます。

☑問 26　解答－(1)

オンオフ式蒸気圧力調節器は調整ねじにより、動作圧力と動作すき間を設定します。ポテンショメータとコントロールモータの組合せは比例式蒸気圧力調節器の組合せです。

☑問 27　解答－(3)

ガラス水面計は、**ガラス管の最下部が安全低水面を指示する位置**に取り付けなければならないと規格で定められています。

☑問 28　解答－(2)

軟化器に使用されている強酸性陽イオン交換樹脂の再生には、**食塩水（塩化ナトリウム）**が用いられます。

☑問 29　解答－(3)

満水保存法は、**最も長くて３か月程度休止する場合**、または一時的な休止の場合に採用される保存法です。3 か月以上の保存には乾燥保存法が用いられます。

☑問 30　解答－(1)

圧力噴霧式（油圧噴霧式）オイルバーナは、比較的高圧の燃料油をアトマイザ先端の旋回室に導き、ノズルから旋回させながら円錐状に噴霧して微粒化するバーナです。したがって、圧力噴霧式オイルバーナには霧化媒体は不要です。

レッスン 2 模擬試験（第2回）

1 ボイラーおよび第一種圧力容器の整備の作業に関する知識

☑問1　ボイラーの機械的清浄作業および化学洗浄作業に関し、適切でないものは次のうちどれか。

(1)　昇降に使用する仮設はしごは、その上部を固定するとともに、下端にすべり止めを設ける。

(2)　ボイラーの内部や煙道内に入る場合は、入る前に酸素濃度を測定して18％以上であることを確認する。

(3)　他のボイラーの吹出し管や安全弁からの突然の吹出しによる危険がないか確認する。

(4)　酸洗浄では、主として発生する水素ガスを安全な場所へ放出するためのガス放出管を設ける。

(5)　スチームソーキングを行う場合は、ボイラーの冷却が完了し、余熱がなくなってから行う。

☑問2　ボイラーのドラムの内側並びに煙管および水管の水側の清浄作業に関し、次のうち適切でないものはどれか。

(1)　水管以外の部分の清浄作業は、主に手工具を用いて手作業で行うが、必要に応じて、電動クリーナなどの機械工具を使用する。

(2)　手作業では、主としてスクレッパおよび穂ブラシを使用し、やむを得ずスケールハンマを使用するときは刃先の鋭いものを使用する。

(3)　水管をチューブクリーナを用いて清浄する場合は、予備調査を行い、チューブ先端が水管のくびれた部分に届く直前の位置を、フレキシブルチューブに標示しておく。

(4)　ドラムの圧力計、水面計および自動制御系検出用の穴は、入念に清掃する。

(5)　清浄作業終了後は、水洗し、除去したスケール、異物などを容器に集めて外に搬出するとともに、残留物がないことを確認する。

☑問3　ボイラーの機械的清浄作業におけるボイラーの開放および開放後の点検に関し、次のうち適切でないものはどれか。

(1)　酸素欠乏のおそれがある場合は、あらかじめ酸素量を測定し、18％以下の場合は強制換気などの処置をする。

(2)　水に浸漬する方が容易にはく離する性質のスケールである場合は、全吹出しを行わず、必要最小限の水を残して開放する。

(3)　炉内や煙道各部が十分冷却されていることを確認してから中へ入り、すすの付着状況、灰のたい積状況などを観察する。

(4)　マンホール、掃除穴などのふたが内ふた式の場合には、内部に落とし込まないようにするため、これらは取り外さない。

(5)　給水内管、気水分離器などの胴内部の装着物は、全て取り外し胴の外へ運び出す。

☑問４　ボイラーの化学洗浄作業においてスケールおよび腐食の状況を推測するための調査事項に該当しないものは次のうちどれか。

(1)　清缶剤の種類、使用量および注入方法

(2)　吹出し量および吹出し方法

(3)　給水量および復水の回収率

(4)　燃料の種類および使用量

(5)　工業用水にあっては再生サイクルの状況

☑問５　中小容量のボイラーの化学洗浄の通常の工程手順として、次のうち適切なものはどれか。

(1)　予熱 → 潤化処理 → 薬品洗浄 → 防錆処理

(2)　予熱 → 薬品洗浄 → 防錆処理 → 潤化処理

(3)　潤化処理 → 薬品洗浄 → 防錆処理 → 予熱

(4)　潤化処理 → 薬品洗浄 → 予熱 → 防錆処理

(5)　防錆処理 → 予熱 → 薬品洗浄 → 潤化処理

☑問６　ボイラーの酸洗浄における腐食の発生および防止に関し、次のうち適切でないものはどれか。

(1)　スケールの組成によっては、洗浄液中に溶出する鉄（Ⅲ）※イオンや銅（Ⅱ）※イオンの量に比例して、鋼材が腐食される。

(2)　洗浄液の濃度に著しい差が生じると、濃淡電池を形成して、鋼材が腐食することがある。

(3)　残留応力が存在する部分には、電気化学的腐食が発生することがある。

(4)　スケールの組成によっては、洗浄助剤として還元剤や銅イオン封鎖剤の添加を考慮し、対象になるイオン濃度を一定値以下に保持する。

(5)　異種の金属が接触すると生じる電気化学的腐食を防止するため、洗浄液として無機酸を用いる。

※鉄（Ⅲ）イオン：Fe^{3+}、銅（Ⅱ）イオン：Cu^{2+}

☑問７　ボイラーの機械的清浄作業および化学洗浄作業における危害防止の措置に関し、AからDまでの記述のうち、適切なもののみを全てあげた組合せは、次のうちどれか。

A　昇降に使用する仮設はしごは、その上部を固く縛って固定したり、下端にすべり止めを設ける。

B　他のボイラーの吹出し管や安全弁からの突然の吹出しによる危険がないか確認する。

C　酸洗浄では、主に硫黄や塩素を含む有毒ガスが発生するので、このガスを安全な場所へ放出するためのガス放出管を設ける。

D　灰出し作業では、高所の熱灰をあらかじめ落としておくとともに、余熱が少なくなってから熱灰に適宜注水を行う。

(1)　A、B　(2)　A、B、C　(3)　A、B、D　(4)　B、C　(5)　C、D

☑問8　全量式安全弁の点検および整備の要領に関するAからDまでの記述で、正しいもののみを全てあげた組合せは、次のうちどれか。

A　ボイラーから取り外した安全弁を分解するときは、各調整部の位置を計測して記録したり、合マークを行う。

B　分解した弁体および弁座は、漏れの有無にかかわらず、すり合わせを行う。

C　弁体および弁座のすり合わせは、定盤およびコンパウンドを使用して行い、コンパウンドは一般に、＃900を荒仕上げ用とする。

D　すり合わせを行った弁体および弁座のすり合わせ面に光線を当て、輝いている部分と対照的に影のように見える部分があれば、すり合わせは良好である。

(1)　A、B　(2)　A、B、C　(3)　A、B、D　(4)　A、D　(5)　C、D

☑問9　ブルドン管圧力計の点検および整備の要領に関するAからDまでの記述で、適切なもののみを全て挙げた組合せは、次のうちどれか。

A　圧力計を取り外すときは、圧力計を両手で持って静かに回して外す。

B　圧力計は、検査済みのものを予備品として用意しておき、故障したら取り替える。

C　圧力計やサイホン管を取り付けるときは、シールテープなどが内側に、はみ出さないようにする。

D　サイホン管を取り付けるときは、内部に水を満たしてから取り付ける。

(1)　A、B　(2)　A、C　(3)　A、C、D　(4)　B、C、D　(5)　C、D

☑問10　燃料遮断弁に使用される電磁弁の点検および整備の要領として、適切でないものは次のうちどれか。

(1)　電磁弁のコイルに通電したときの作動音によって、異常がないか点検する。

(2)　交流駆動コイルの電磁弁は、動作時のうなりが大きくないか点検する。

(3)　分解できるプランジャや弁ディスクは、分解して摩耗粉などを清掃する。

(4)　ガス弁は、出口側のガスを大気中に放出して弁越し漏れがないか点検する。

(5)　電磁弁を配管に取り付けたときは、燃料の流れる方向と弁に表示された方向が一致していることを確認する。

2 ボイラーおよび第一種圧力容器の整備の作業に使用する器材、薬品等に関する知識

☑問 11　ボイラーの機械的清浄作業に使用するチューブクリーナに取り付ける工具に関し、次のうち適切でないものはどれか。

(1)　ワイヤホイールは、外部清掃や胴内の軟泥などを除去するときに使用する。

(2)　LG ブラシは、胴内の軟質スケールを除去するときに使用する。

(3)　細管用カッタは、細い直管や細い緩やかな曲管のスケールを除去するときに使用する。

(4)　穂ブラシは、軟質スケールを除去するときに使用する。

(5)　平形ブラシは、ドラム内面に付着した軟質スケールなどを除去するときに使用する。

☑問 12　ボイラーの整備の作業に使用する照明器具などに関し、次のうち適切でないものはどれか。

(1)　燃焼室、煙道、ドラムなどの内部で使用する照明器具のコンセント接続部には、漏電遮断器を取り付ける。

(2)　燃焼室、煙道、ドラムなどの内部で使用する照明器具は、防爆構造で、ガードを付けたものを使用する。

(3)　燃焼室、ドラムなどの内部で作業する場合の照明は、照明用電源が 100 V のものを使用し、移動電線にはキャブタイヤケーブルなどを使用する。

(4)　コードリールに巻いたコードを長時間使用するときは、コードリールに巻いたままとせずに延ばして使用する。

(5)　作業場所の照明は、全般的に明暗の差が著しくなく、通常の状態でまぶしくないようにする。

☑問 13　ボイラーの炉壁材に関し、次のうち適切でないものはどれか。

(1)　不定形耐火物は、任意の形状に施工することができ、また、継目なしの１枚壁を作ることができる。

(2)　キャスタブル耐火物は、適当な粒度としたシャモット質などの耐火材料の骨材にバインダとしてアルミナセメントを配合したものである。

(3)　キャスタブル耐火物は、燃焼室の内壁などの高熱火炎にさらされる箇所に用いられる。

(4)　プラスチック耐火物には、ハンマやランマでたたき込んで壁を作る方法がある。

(5)　プラスチック耐火物は、乾燥しないようにして保存する。

☑問14　ボイラーの化学洗浄用薬品に関し、次のうち適切でないものはどれか。

(1)　硫酸は、カルシウム塩の溶解度が大きいので、カルシウムを多く含むスケールの除去に適している。

(2)　水酸化ナトリウムは、中和剤として用いられるほか、潤化処理にも用いられる。

(3)　アンモニアは、銅を多く含むスケールの洗浄剤として用いられる。

(4)　オーステナイト系ステンレス鋼の部分を含むボイラーに対しては、塩素イオンを含まない有機酸を使用する。

(5)　亜硫酸ナトリウムは、ボイラー運転中の脱酸素剤として用いられるほか、還元剤にも用いられる。

☑問15　ボイラーの整備に用いられる足場に関するAからDまでの記述で、適切でないもののみを全てあげた組合せは、次のうちどれか。

A　足場の種類として、単管足場、枠組足場、移動式足場、脚立足場などがある。

B　高さが12メートルの構造の張出し足場で、組立てから解体までの期間が50日の場合は、法令に基づく、当該足場の設置の届出を行う必要がある。

C　枠組足場は、建枠や床付き布枠を脚柱ジョイント、交さ筋かいなどを用いて組み立てる足場で、組立て、解体が容易であるが、強度が低い。

D　高さが2メートルの構造の足場の解体作業を行うときは、作業指揮者の直接指揮により作業する。

(1)　A、B　　(2)　A、C、D　　(3)　A、D　　(4)　B、C　　(5)　B、C、D

3 関係法令

☑問16　伝熱面積の算定方法に関し、法令上、適切でないものは次のうちどれか。

(1)　電気ボイラーの伝熱面積は、電力設備容量25 kWを1 m^2とみなして、その最大電力設備容量を換算した面積で算定する。

(2)　水管ボイラーの伝熱面積には、ドラム、エコノマイザ、過熱器および空気予熱器の燃焼ガスにさらされる面の面積は算入しない。

(3)　立てボイラー（横管式）の横管の伝熱面積は、横管の外径側の面積で算定する。

(4)　貫流ボイラーは、燃焼室入口から過熱器入口までの水管の燃焼ガスなどに触れる面の面積で伝熱面積を算定する。

(5)　水管ボイラーの耐火れんがでおおわれた水管の伝熱面積は、管の外側の壁面に対する投影面積で算定する。

☑問17　蒸気ボイラー（小型ボイラーを除く）の使用検査を受ける者が行わなければならない事項として、法令に定められていないものは次のうちどれか。

(1)　ボイラーを検査しやすい位置に置くこと。

(2)　水圧試験の準備をすること。

(3)　安全弁および水面測定装置（水位の測定を必要とするものの検査の場合に限る）を取りそろえておくこと。
(4)　放射線検査の準備をすること。
(5)　使用検査に立ち会うこと。

☑問 18　ボイラー（小型ボイラーを除く）の附属品の管理について行わなければならない事項として、法令に定められていないものは次のうちどれか。
(1)　蒸気ボイラーの常用水位は、ガラス水面計またはこれに接近した位置に、現在水位と比較することができるように表示すること。
(2)　安全弁が１個の場合、安全弁は最高使用圧力以下で作動するように調整すること。
(3)　燃焼ガスに触れる給水管、吹出し管および水面測定装置の連絡管は、不燃性材料で防護すること。
(4)　圧力計または水高計の目盛には、ボイラーの最高使用圧力を示す位置に、見やすい表示をすること。
(5)　温水ボイラーの返り管については、凍結しないように保温その他の措置を講ずること。

☑問 19　鋼製ボイラー（小型ボイラーを除く）に取り付ける温度計、圧力計および水高計に関し、法令上、適切でないものは次のうちどれか。
(1)　温水ボイラーには、ボイラーの出口付近における温水の温度を表示する温度計を取り付けなければならない。
(2)　温水ボイラーには、ボイラー本体または温水の出口付近に水高計または圧力計を取り付けなければならない。
(3)　温水ボイラーの水高計の目盛盤の最大指度は、常用圧力の 1.5 倍以上 3 倍以下の圧力を示す指度としなければならない。
(4)　蒸気ボイラーには、過熱器の出口付近における蒸気の温度を表示する温度計を取り付けなければならない。
(5)　蒸気ボイラーの圧力計は、蒸気が直接入らないようにしなければならない。

☑問 20　鋳鉄製ボイラー（小型ボイラーを除く）に関し、法令に定められていないものは次のうちどれか。
(1)　温水温度が 120℃を超える温水ボイラーは鋳鉄製としてはならない。
(2)　ボイラーの構造は、組合せ式としなければならない。
(3)　温水ボイラーには、ボイラーの本体または温水の出口付近に水高計または圧力計を取り付けなければならない。
(4)　給水が、水道その他圧力を有する水源から供給される場合には、この水源からの管を逃がし管に取り付けなければならない。

(5)　蒸気ボイラーの蒸気部、水柱管または水柱管に至る蒸気側連絡管には、圧力計を取り付けなければならない。

4 ボイラーおよび第一種圧力容器に関する知識

☑問21　炉筒煙管ボイラーに関し、次のうち適切でないものはどれか。

(1)　主として圧力1MPa程度までの工場用または暖房用として、広く用いられている。

(2)　全ての組立てを製造工場で行い、完成状態で運搬できるパッケージ形式にしたものが多い。

(3)　水管ボイラーに比べ、負荷変動による圧力変動が大きい。

(4)　加圧燃焼方式を採用し、燃焼室熱負荷を高くして燃焼効率を高めたものがある。

(5)　ボイラー効率が85～90％に及ぶものがある。

☑問22　鋳鉄製ボイラーに関し、次のうち適切でないものはどれか。

(1)　鋼製ボイラーに比べ、強度は低いが、腐食には強い。

(2)　燃焼室の底面は、ほとんどがウェットボトム式の構造となっている。

(3)　蒸気暖房返り管の取り付けには、ハートフォード式連結法が用いられる。

(4)　側二重柱構造のセクションでは、燃焼室側がボイラー水の下降管、外側が上昇管の役割を果たす。

(5)　蒸気ボイラーの場合は、その使用圧力は0.1MPa以下に限られる。

☑問23　日本工業規格（現：日本産業規格）の鋼種の規格の名称および記号の組合せとして、適切でないものは(1)～(5)のうちどれか。

	鋼種の規格の名称	鋼種の記号
(1)	ボイラーおよび圧力容器用炭素鋼およびモリブデン鋼鋼板	SB
(2)	溶接構造用圧延鋼材	SM
(3)	高圧配管用炭素鋼鋼管	STS
(4)	圧力配管用炭素鋼鋼管	STPT
(5)	ボイラー・熱交換器用合金鋼鋼管	STBA

☑問24　ボイラーの工作に関し、次のうち適切でないものはどれか。

(1)　胴板の曲げ加工では、一般に、板厚が38mm程度までの鋼板には曲げローラを使用するが、それより厚い鋼板には水圧プレスを使用する。

(2)　水管ボイラーの水管の管曲げ加工は、管曲げ後も断面が真円となるようにする。

(3)　波形炉筒は、厚板の場合には、鋼板を曲げ加工と溶接によって円筒形としたものを特殊ロール機を用いて波形に成形する。

(4)　煙管は、ころ広げまたは溶接により管板に取り付け、ころ広げだけで行うときは火炎に触れる端部を縁曲げする。

(5)　管ステーは、管板に設けたねじ穴にねじ込むかまたは溶接により管板に取り付け、ねじ込む場合は、火炎に触れる端部のころ広げを行い、縁曲げする。

☑問25　ボイラーの附属設備に関し、次のうち適切でないものはどれか。

(1)　再生式空気予熱器は、金属製の管の中にアンモニアなどの熱媒体を減圧して封入したもので、高温側で熱媒体を蒸発させ、低温側で熱媒体蒸気を凝縮させて伝熱を行う。

(2)　プレート形の伝導式（熱交換式）空気予熱器は、鋼板を一定間隔に並べて端部を溶接し、1枚おきに空気および燃焼ガスの通路を形成したものである。

(3)　エコノマイザは、排ガスの余熱を回収して給水の予熱に利用する装置である。

(4)　空気予熱器の設置による通風抵抗の増加は、エコノマイザの設置による通風抵抗の増加より大きい。

(5)　硫黄を含む燃料の場合、空気予熱器の燃焼ガス側には、低温腐食が発生しやすい。

☑問26　ボイラーの吹出し装置に関し、次のうち適切でないものはどれか。

(1)　吹出し弁には、スラッジなどによる故障を避けるため、仕切弁やY形弁が用いられる。

(2)　最高使用圧力1MPa未満の低圧ボイラーには、吹出し弁の代わりに吹出しコックが用いられることがある。

(3)　2個の吹出し弁を直列に設けるときは、ボイラーに近い方に急開弁を、遠い方に漸開弁を取り付ける。

(4)　連続運転するボイラーでは、ボイラー水の不純物濃度を一定に保つため連続吹出し装置が用いられる。

(5)　連続吹出し装置の吹出し管は、胴や水ドラムの底部に取り付ける。

☑問27　ボイラーの圧力制御用機器、温度制御用機器および水位制御用機器に関し、次のうち適切でないものはどれか。

(1)　比例式蒸気圧力調節器は、コントロールモータとの組合せにより、比例動作によって蒸気圧力を調節する。

(2)　オンオフ式蒸気圧力調節器は、調整ねじによって、動作圧力と動作すき間を設定する。

(3)　オンオフ式蒸気圧力調節器は、蒸気圧力の変化によってベローズとばねが伸縮し、レバーが動いてマイクロスイッチなどを開閉する。

(4)　揮発性液体などを用いるオンオフ式温度調節器は、通常、調節器本体、感温体およびこれらを連結する導管で構成されるが、導管がないものもある。

(5)　電極式水位検出器は、蒸気の凝縮によって検出筒内部の水の純度が低くなると、正常に作動しなくなる。

☑問28　ボイラーの外面腐食の原因となる場合として、適切でないものは次のうちどれか。
(1)　給水中に溶存酸素が含まれている。
(2)　重油に硫黄分が含まれている。
(3)　スートブロワや安全弁などからの漏水により、すすや灰が湿気を帯びている。
(4)　雨水の浸入により、保温材やれんが積みが湿気を帯びている。
(5)　煙管や水管の取付け部からボイラー水の漏れが生じている。

☑問29　ボイラーの水処理装置および清缶剤に関し、次のうち適切でないものはどれか。
(1)　軟化剤は、ボイラー水中の硬度成分を不溶性の化合物に変えるための清缶剤である。
(2)　軟化器は、残留硬度の許容限度である貫流点に達したら通水をやめ、通常、食塩水で樹脂再生を行う。
(3)　樹脂再生を行っても徐々に強酸性陽イオン交換樹脂が劣化するので、1年に1回程度、鉄分による汚染などを調査し、樹脂の洗浄及び補充を行う。
(4)　清缶剤の機能には、ボイラー本体へのスケールの付着の防止、ボイラー水のpHの調節などがある。
(5)　低圧ボイラーで使用される清缶剤には、炭酸カルシウムなどがある。

☑問30　ボイラーの燃焼装置に関し、次のうち適切でないものはどれか。
(1)　圧力（油圧）噴霧式オイルバーナは、比較的高圧の燃料油をアトマイザ先端の旋回室に導き、ノズルから旋回させながら噴射して微粒化するバーナである。
(2)　ロータリカップ形の回転（噴霧）式オイルバーナは、燃料油を筒の先端で飛散させ、筒の外周から噴出する空気流によって微粒化するバーナである。
(3)　ガンタイプオイルバーナは、蒸気（高圧気流）噴霧式オイルバーナに、送風機、点火装置、安全装置などを組み込んで、取扱いを容易にしたバーナで、小容量のボイラーに多く用いられる。
(4)　マルチスパッド（ランス）ガスバーナは、数本のガスノズルから、燃料ガスを噴射するバーナで、油アトマイザを装備して油燃料との混焼を行うことができる。
(5)　リングタイプガスバーナは、リング状の多数のガス噴射孔から、燃料ガスを噴射するバーナで、油アトマイザを装備して油燃料との混焼を行うことができる。

模擬試験（第２回）　解答・解説

1 ボイラーおよび第一種圧力容器の整備の作業に関する知識

☑問１　**解答－(5)**

スチームソーキングを行う場合は、**余熱のあるうちに湿り蒸気を吹かせて水分を十分に浸み込ませ**、長い柄の先端にワイヤブラシを取り付けて除去するか、または圧縮空気を吹き付けて除去します。

☑問２　**解答－(2)**

手作業では、主としてスクレッパおよびワイヤブラシを使用し、やむを得ずスケールハンマを使用するときは**刃先の鈍い**ものを用います。

☑問３　**解答－(4)**

内ふた式のマンホール、掃除穴は取り外す際、**内部に落とし込まないように注意して取り外します。**

☑問４　**解答－(5)**

スケール、腐食状況推測のための調査項目は、次のものがあります。

① 給水の種類として、軟水、脱塩水の再生サイクル

② 水処理の状況として、清缶剤の種類、使用量、注入方法、ボイラー水の分析

③ 運転状況として、吹出し量および吹出し方法、給水量および復水の回収率、燃料の種類および使用量、前回清掃作業後の実働時間

☑問５　**解答－(1)**

正しい工程は（1）です。

☑問６　**解答－(5)**

異種金属が接触する部分には、電気化学的腐食が発生するおそれがあるため、**洗浄時間の短縮**、洗浄液の**循環系統にバイパス**の設置などの対策を考慮します。

☑問７　**解答－(3)**　A、B、Dが正しい

C　酸洗浄では、**水素ガス**が発生しますので、この可燃ガスを安全な場所へ放出するためのガス放出管を設けます。

☑問８　**解答－(1)**　A、Bが正しい

C　弁体および弁座のすり合わせは、定盤およびコンパウンドを使用して行い、コンパウンドは一般に、**#500を荒仕上げ用**として、**#900を仕上げ用**として用います。

D　すり合わせを行った弁体および弁座のすり合わせ面に光線を当て、一様に輝いている場合は、すり合わせは良好です。

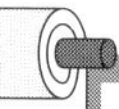

☑問9　解答－(5)　C、Dが正しい

A　圧力計を取り外すときは、コックを閉じ、コックをしっかり固定して、**圧力計首部のナットをレンチ（スパナ）でゆるめます。**

B　検査済みのものを予備品として用意しておき、**一定使用時間を定めて定期的**に取り替えます。

☑問10　解答－(4)

ガス弁の弁越し漏れの点検は、出口側のガスを**水中に放出**して弁越し漏れの有無を点検します。

2 ボイラーおよび第一種圧力容器の整備の作業に使用する器材、薬品等に関する知識

☑問11　解答－(2)

LGブラシやハンマヘッドは、胴内の**硬質スケール**を除去するときに使用します。

☑問12　解答－(3)

燃焼室、ドラムなどの内部照明用の電源は、**漏電遮断器**を使用するかまたは、電圧を**24 V以下**にします。移動電線は、キャブタイヤケーブルを使用します。

☑問13　解答－(3)

キャスタブル耐火物は、**高温火炎に触れない部分**や燃焼室以外の箇所に用いられます。

設問は、プラスチック耐火物の特徴です。

☑問14　解答－(1)

硫酸は、**カルシウム塩の溶解度が小さい**ので、カルシウムを多く含むスケールの除去には適していません。

☑問15　解答－(4)

B　高さが10 m以上の構造の足場では、組立てから解体までの期間が**60日以上**の場合は、作業開始の30日前までに労働基準監督署長に計画届けを提出しなければなりません。

C　枠組足場は、建枠や床付き布枠を脚柱ジョイント、交さ筋かいなどを用いて組み立てる足場で、組立て、解体が容易であるが、**強度が高く安全性も高い**足場です。

3 関係法令

☑問16　解答－(1)

電気ボイラーの伝熱面積は、電力設備容量**60 kWを1 m^2**とみなして、その最大電力設備容量を換算した面積で算定します。

☑問 17　解答ー(4)

使用検査、構造検査では**水圧試験**の準備が必要です。**放射線検査や機械的試験の試験片**を準備するのは溶接検査です。

☑問 18　解答ー(3)

燃焼ガスに触れる給水管、吹出管および水面測定装置の連絡管は、**耐熱材料**で防護します。

☑問 19　解答ー(3)

温水ボイラーの水高計も蒸気ボイラーの圧力計も、目盛盤の最大指度は、**最高使用圧力**の 1.5 倍以上 3 倍以下の圧力を示す指度としなければならないと定められています。法令での圧力は、全て最高使用圧力です。

☑問 20　解答ー(4)

「給水が、水道その他圧力を有する水源から供給される場合には、この水源からの管を**返り管**に取り付けなければならない。」と定められています。

4 ボイラーおよび第一種圧力容器に関する知識

☑問 21　解答ー(3)

伝熱面積当たりの保有水量が、水管ボイラーに比べて大きいので負荷変動に対する、**水位変動や圧力変動は小さい**、反面、起動から**蒸気発生までの時間は長くなります**。

☑問 22　解答ー(4)

側二重柱構造のセクションでは、**燃焼室側がボイラー水の上昇管**、燃焼ガスに触れない外側が下降管の役割をします。

☑問 23　解答ー(4)

圧力配管用炭素鋼鋼管の鋼種記号は、**STPG** です。

☑問 24　解答ー(3)

波形炉筒の工作で、**厚板の場合**は、炉内で加熱し、型を用いてプレスにより回転しながら成形します。

☑問 25　解答ー(1)

再生式空気予熱器は、**燃焼ガスにより加熱された伝熱エレメントが空気側に移動**して空気を予熱する形式のものです。設問は、ヒートパイプ式空気予熱器の説明です。

☑問 26　解答ー(5)

連続吹出し装置の吹出し管は、運転中ボイラー水が一番濃縮する蒸気ドラムや胴の**水面近くに設けられます**。胴や水ドラムの底部に吹出し管を取り付けるのは、間欠吹出しの場合です。

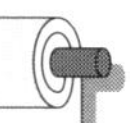

☑ **問 27　解答－(5)**

検出筒内には、蒸気が凝縮してできる蒸留水が溜まります。**蒸留水は、純度の高い水で電気が流れにくい**ので、水位検出器は、正常に動作しなくなります。

☑ **問 28　解答－(1)**

給水中の**溶存酸素は、内面腐食**の原因物質です。

☑ **問 29　解答－(5)**

低圧ボイラーに使用される清缶剤には、炭酸ナトリウムなどがあります。カルシウムは、硬度成分なので清缶剤に使用しません。

☑ **問 30　解答－(3)**

ガンタイプオイルバーナは、**圧力（油圧）噴霧式オイルバーナ**に、送風機、点火装置、安全装置などを組込んだバーナで、小容量のボイラーに多く用いられています。

参 考 文 献

1. ボイラー整備士試験（公表試験問題） 公益財団法人 安全衛生技術試験協会
2.「ボイラー・圧力容器整備据付関係法令」 一般社団法人 日本ボイラ整備据付協会
3.「ボイラー・圧力容器の整備」 一般社団法人 日本ボイラ整備据付協会
4. 小谷松信一、酒井幸夫「ラクラクわかる！ 一級ボイラー技士試験 集中ゼミ（改訂2版）」 オーム社（2018）
5. 南雲健治「ラクラクわかる！ 二級ボイラー技士試験 集中ゼミ」 オーム社（2015）
6.「ボイラー整備士過去問題・解答解説集」 TAKARA License（2011年4月版）
7.「ボイラー整備士過去問題・解答解説集」 TAKARA License（2015年10月版）

ラクラクわかる！
ボイラー整備士試験 集中ゼミ

2024年11月6日　第1版第1刷発行

著　者　小谷松信一
発行者　村上和夫
発行所　株式会社 オーム社

郵便番号　101-8460
東京都千代田区神田錦町3-1
電話　03(3233)0641(代表)
URL　https://www.ohmsha.co.jp/

組版　新生社　　印刷　三美印刷　　製本　協栄製本
ISBN978-4-274-23277-0　Printed in Japan